ENIUS
WEAPONS

RTIFICIAL
NTELLIGENCE,
UTONOMOUS
WEAPONRY,
ND THE
UTURE OF
WARFARE

LOUIS A.
DEL MONTE

AI・兵器・戦争の未来

ルイス・A・デルモンテ［著］
川村幸城［訳］

東洋経済新報社

GENIUS WEAPONS:

Artificial Intelligence, Autonomous Weaponry, and the Future of Warfare

by Louis A. Del Monte

Japanese translation published by arrangement with Louis Del Monte c/o Taryn Fagerness Agency through The English Agency (Japan) Ltd.

ＡＩ・兵器・戦争の未来

五〇年間の結婚生活と五五年間の愛、支え、友情を経て、私が知る中で最も誠実な人である私の妻ダイアン・カイデラ・デルモンテに本書を捧げる。

謝辞

私の妻、ダイアン・カイデラ・デルモンテに感謝したい。妻は家族にとってかけがえのない存在であり、家族全員の励みである。彼女は私が知る中で最も誠実な人であり、私たち家族の道徳的指針である。人生には、良いときもあれば、つらいときもある。つらいときには彼女はその中にチャンスを見出す。彼女の魂や想像力を封じ込めておく箱はない。彼女自身、プロの芸術の教師であり、すばらしい芸術家でもある。芸術を教えながら、彫刻、絵画、エッチング、文学などさまざまな芸術作品を生み出してきた。リベラル教育のおかげで、彼女は芸術を論じ、教えただけでなく、科学分野の私の作品の編集もする。彼女が編集するのは本書で五冊目となるが、今回も彼女の編集により作品の仕上がりが良くなった。五〇年前、私からの結婚の申し出に彼女が応じてくれたことは本当に幸運であった。私たちの目の前にこんな素晴らしい人生の旅が用意されているとは、あのときは夢にも思わなかった。

ニック・マクギネスにも謝意を表したい。彼は博識で、私の大切な友人であり、私が書いた一行一行を忍耐強く編集してくれた。ニック・マクギネスは社会のあらゆる側面に対する優れた洞察力を持ち、それは原稿の推敲に大いに役立った。彼は原稿の主張部分を疑問視し、あるいは詳細な説明を必要とする部分を指摘してくれた。私はマクギネスからのコメントを真摯に受けとめ、それを受容し、良質な著書を生み出すのに役立ったと信じている。私はずっと彼に恩義を感じている。

本書は、私の代理人でマーサル・リヨン著作権代理店の共同創始者ジル・マーサル女史からの支援なくしては生まれなかった。その深い見識と経験を活かし、彼女は本書の提案書作成を支援してくれた。出版業界からも広く尊敬されている彼女は、私の一つ一つの著作に見合った出版社を探し出してくれる。彼女が私の代理人を務めてくれたことに非常に感謝している。

最後に、プロメテウス・ブックス社に感謝したい。同社は一九六九年の創業以来、教育、科学、就職、ライブラリー、一般、消費者市場向けの書籍の出版をリードしてきた。私の提案書を読み、出版に応じてくれた。市場に本書を送り出す出版社としての同社の編集方針と尽力に感謝している。

序章　AI兵器の開発と人類絶滅のリスク

本書は戦争においてこれまで以上に増大する人工知能（AI）の役割について描いている。特に、二一世紀前半の戦場を支配することになる自律型兵器（autonomous weapons）について検討する。次に、二一世紀後半の戦場を支配する全能兵器（genius weapons）を検討する。いずれのケースでも、これらの兵器が生み出す倫理的葛藤と人類への潜在的脅威について論じる。

さまざまな自律型兵器を取り上げるが、その多くは「ターミネーター」ロボットやアメリカ空軍のドローンを想起させる。いまだ「ターミネーター」ロボットはファンタジーの世界であるが、自動操縦能力を持つドローンは現実である。しかしながら、少なくともこれまでのところ、ドローンが殺傷をするとき、人間がそれを決定している。言い換えれば、ドローンは自律型ではないのだ。この点を明らかにするため、アメリカ国防省は自律型兵器システム（AWS）を「いったん起動されたら、人間のオペレータが介在することなく、標的を選定・攻撃することができる兵器システム」[1]と定義している。これらの兵器を軍事用語では「撃ちっ放し（fire and forget）」〔発射後にミサイル自体が標的を追尾する能力を持つため、発射母体が誘導のために照準を持続させたり、他の手段により標的に誘導照準を行ったりする必要がないものを指す」とも呼ばれる。

アメリカの他にも、中国やロシアといった国々は自律型兵器に巨額の投資をしている。例えばロシアは、ICBM基地を防護するため自律型兵器を配備している。[2] 二〇一四年、ドミトリー・ロゴージン副首相によると、ロシアは「情報を収集し、戦闘システムの中の他の構成部分から受け取るだけでなく、独自の攻撃能力を有する指揮統制システムに完全に統合されたロボットシステム[3]」を配備する計画を立てている。

二〇一五年、ロバート・ワーク国防副長官は「新アメリカ安全保障センター」が主催した国防フォーラムで、この陰鬱な現実を報告している。ワークによると、「我々は中国がすでにロボットや自律化の分野に巨額の投資を行い、ロシアの参謀総長ヴァレーリ・ヴァシリエヴィッチ・ゲラシモフが最近語ったように、ロシア軍はロボット化された戦場で戦闘する準備をしていることを知っている[4]」。実際、ワークはゲラシモフが「近い将来、独立的に軍事作戦を実施できる完全にロボット化された部隊が作り出されるだろう」と語った言葉を引用した。

読者は「自律型兵器の背景にある推進力とは何か」と問うだろう。こうした兵器を推進しているのは、次の二つの力である。

一　テクノロジー

自律型兵器システムの知能を生み出すＡＩテクノロジーは、飛躍的に進歩している。ＡＩ専門家は人間の介在なしに標的を選定・攻撃する自律型兵器が数十年どころか数年以内に出現すると予測する。実際、限られた数ではあるが自律型兵器はすでに存在する。今はまだ例外的存在であるが、将来、それらは紛争を支配するだろう。

二　人間性

二〇一六年、世界経済フォーラム（ＷＥＦ）の出席者は「あなたの国で突然戦争が起きたら、あなたがたはコミュニティに属するあなたがたの息子や娘たちによって守られるのですか、それとも自律型ＡＩ兵器システムによって守られるのですか[5]」とたずねられた。半数以上の五五パーセントの出席者が人工知能（ＡＩ）を持つ兵士たちによって守られるだろうと回答した。この結果は、人命を危険にさらすよりも、「殺人ロボット」と呼ばれるロボットを保有し、戦争をする世界的欲求があることを示唆している。

戦争でＡＩテクノロジーを使用することは新しいことではない。一九九一年、アメリカが「スマート爆弾」を最初に大規模に使用した湾岸戦争では、戦争の性格を変える潜在性を持つことが明らかになった。ここで言う「スマート」という言葉は「人工的な知能」を意味する。世界は怖れを持ってアメリカのスマート爆弾が軍事目標を無力化し、付随的被害を局限する外科手術的な正確性を披露するのを目撃した。一般に、紛争で自律型兵器システムを使用することは、極めて魅力的な利点をもたらす。
・経済面：コストと人材の節約
・作戦面：意思決定スピードの増大、コミュニケーション依存の低下、人的ミスの減少
・安全面：危険な状況で人間の代役をつとめ、人間を助けてくれる
・人道面：人間よりも上手く国際人道法を順守できる殺人ロボットをプログラムすること
こうした利点がある反面、重大な不利点もある。例えば、戦争が単なるテクノロジーの問題となったとき、そもそも戦争をすることに何の価値があるのだろうか。戦闘でドローンを失った指揮官は父や母、妻や夫に宛てて手紙を書くことはない。政治的にも、人的犠牲より装備品の損失を報告する方が受け入れられやすい。さらに、性能の高い殺人ロボットを持つ国家は軍事的優位と心理的優位を保てる。これを理解するため、二〇一六年の世界経済フォーラムの出席者に提示された第二の質問について考えてみよう。すなわち、「あなたの国で突然戦争が起きたら、あな

たがたは敵の息子や娘たちによって侵略されたいですか、それとも自律型AI兵器システムによって侵略されたいですか」[6]というものだ。過半数を上回る六六パーセントが人間の方に好感を示した。

二〇一四年五月、「致死性自律型兵器システム（LAWS）専門家会合」がジュネーブにある国連施設で開催され、そこで兵器システムが引き起こす倫理的ディレンマが討議された[7]。それは次のようなものだ。

・洗練されたコンピュータは人間の持つ本能的な善悪の判断能力を再現できるか。

・人間の直観的な道徳的認知能力は倫理的に望ましいものなのか？　もしその答えがイエスなら、凶暴な力を正当に行使する場合には、必ず人間による制御が必要とされる。

・致死性自律型兵器システムの行動に誰が責任を持つのか。マシンがプログラム化されたアルゴリズム通りに動いているとすれば、プログラマーに責任があるのだろうか。マシンが学習・適応できるとすれば、マシンに責任があるのだろうか。LAWSを配備したオペレータあるいは国家に責任があるのだろうか。

一般的に、合法的な致死性兵器を利用する際に、人間を「意思決定のループの外に置く（out

of the loop)」ことに関しては、世界規模で懸念が高まっている。

とはいえ、AIテクノロジーは絶え間なく飛躍的進歩を遂げている。AI研究者は二〇四〇年から二〇五〇年の時間枠で、AIは人間の知能と同等になる可能性が五〇パーセントであると予測している。(8) 同じ専門家は、AIは二〇七〇年にはすでに「人間のあらゆる関心領域において人間の認知能力をはるかに超える」と予測し、それを「シンギュラリティ(9)」〔技術的特異点〕と呼んでいる。ここで本書の中で使用する三つの重要な用語を挙げておく。

1. シンギュラリティ以後のコンピュータを「超絶知能(superintelligence)」と呼ぶ。これはAI分野で一般的に使われている用語である。
2. この水準に到達したAIコンピュータの部類を指すとき、「超絶知能」という用語を使用する。
3. 超絶知能によって制御される兵器を「全能兵器(genius weapons)」と呼ぶ。

シンギュラリティの後、人類は、「実質的に人間のあらゆる関心領域において(in virtually all domains of interest)」人間の認知能力を超越したコンピュータである超絶知能と遭遇する。ここで問題が生じる。超絶知能は人類をどのように見るのだろうか。誰もが知るように、人類の歴史は破壊的戦争を繰り返し、悪意あるコンピュータウィルスをまき散らしてきた所業を示している。どちらもマシンに悪影響を及ぼすものばかりだ。超絶知能は人類を自分たちの存在に対する脅威と見なすだろうか。もし答えがイエスなら、もう一つの疑問が持ち上がる。我々がそのようなマシンに対し、我々に向けられるかもしれない軍事的能力を与えるべきなのだろうか（つまり、全能兵器を創造するべきか）。

ＡＩは数え切れないほどの利益を生み出している。自動航行システム、Ｘｂｏｘゲーム、心臓ペースメーカーなど、実際、人類のほとんどはＡＩテクノロジーのプラスの側面しか認識していない。ＡＩテクノロジーに魅了され、負の側面を見落としている。そこには暗い側面もあるのだ。例えば、アメリカ軍は空軍のドローンや海軍の魚雷など、戦争のあらゆる局面にＡＩを取り込んでいる。人類は核爆弾の発明によって、人類を破滅に導く能力を獲得した。冷戦期、世界はアメリカとソヴィエト社会主義共和国連邦による核の紛争に世界中が巻き込まれるのではないかという絶えざる恐怖の中で生きてきた。意図的なもの、偶発的なものを含め、幾度となく核のホロコーストに危険なまでに近づきながらも、「相互確証破壊（ＭＡＤ）」ドクトリンと人間の判断によって核の悪霊を瓶の中に封じ込めてきた。もし我々が全能兵器によって超絶知能を武装化すれば、超絶知能は人間の判断を複製できるのだろうか。

二〇〇八年、オックスフォード大学の「世界巨大リスク会議（Global Catastrophic Risks

Conference)」に属する専門家を対象とした調査によると、今世紀の終わりまでに人類が絶滅する可能性は一九パーセントという結果が出た。[10] 最も可能性の高い順から四つの原因を挙げると、次のようになる。

1. 分子ナノテクノロジー兵器：五パーセントの可能性
2. 超絶知能AI：五パーセントの可能性
3. 戦争：四パーセントの可能性
4. 人工パンデミック：二パーセントの可能性

現在、アメリカ、ロシア、中国は致死性兵器システムの中でAIを精力的に開発・配備している。オックスフォードの将来評価を検討してみると、人類は我々を絶滅へと追いやる四つの原因のうち三つ〔先の1、2、3〕を結び付けようとしているかに見える。

本書はAIの科学、戦争への適用、そしてその適用がもたらす倫理的ディレンマを探る。さらに、人類に突き付けられている最も重要な問題、すなわち、とりわけスマート兵器から全能兵器へと移行する過程で、人類絶滅のリスクを冒すことなく、AI兵器の能力を増強し続けることは可能なのか、という問題を扱う。

目次

第二章　われは友好的ロボット　29

第三章　われは狂暴なロボット　82

第Ⅱ部　第二世代——ＡＩ全能兵器

第六章　自律型兵器の制御　208

第七章　倫理的ディレンマ　246

第III部 戦争の終焉か、人類の終焉か

第八章 自動操縦による戦争 290

第九章　誰が敵なのか？　326

第一〇章　人類対マシン　385

第I部

第一世代スマート兵器

第一章　はじまり

人間よりも頭の良い知能を生み出せるもの――AIや脳、コンピュータ・インターフェース、ニューロサイエンスによる人間の知能向上――は何であれ、世界を作り変えようとする競争で圧倒的勝利を収める。それ以外のものとは、格が違い過ぎる。

――エリーザー・ユドコウスキー
「ファイブミニッツ・ウィズ・ア・ヴィジョナリー」CNBC、二〇一二年

二〇七五年――致死性自律型兵器攻撃のシナリオ

アメリカ合衆国大統領が統合参謀本部議長から電話を受け、その中で議長はセンチュリオンⅢが機能不全に陥り、自律型兵器を使って無許可のターゲットを攻撃していると大統領に報告し

た。センチュリオン・コンピュータは自ら制御する兵器システムを用いて、アメリカ合衆国の自動防衛を担っていた。正確には測定しがたいが、センチュリオンの人工知能（AI）は一〇〇〇倍かそれ以上の割合で人間の知能を上回っていた。アメリカは三基のセンチュリオン・コンピュータを運用しており、それらは軍の指導者によって「安全保障の三本柱」と呼ばれていた。これまでセンチュリオンは誤作動を起こすことなく、与えられた任務を果たしてきた。

　センチュリオンⅢを停止するには、「アシモフのフットボール」がないと不可能だ。センチュリオンはすべて独立した原子炉の動力源を有し、核兵器用地下サイロの掩蔽壕《えんぺいごう》に隔離されている。アシモフのチップとは、センチュリオン・コンピュータを機能停止することが可能な集積回路を指す。設計者はアシモフ・チップをセンチュリオン・コンピュータに取り付け、必要な場合、大統領がセンチュリオンを緊急停止させることができるようにした。センチュリオン自身は、アシモフ・チップにアクセスすることができなかった。センチュリオンの起動コードは、核発射コードと同様、通称「アシモフ・フットボール」と呼ばれる財布サイズの小型電子装置の中に納められ、常時、大統領の手元にあった。現在運用されている三基のセンチュリオンは、それぞれ独自のアシモフ起動コードを持っていた。

　ホワイトハウスが停電になると、大統領はポケットに手を入れて「アシモフ・フットボール」を取り出した。センチュリオンⅢが全米中を暗闇にするサイバー攻撃を開始したことを知ると、シークレットサービスのエージェントたちは大統領をホワイトハウスの地下壕に避難させるため、大統領執務室に急ぎ駆け付けた。掩蔽壕に移動すると、大統領は「アシモフ・フットボール」を起動させ、制御盤オペレータに命じてセンチュリオンⅢをシャットダウンさせようとする。すると一人のシークレットサービスのエージェントが何の警告もなく、銃を抜き出し、銃弾二発を大統領に向けて放った。しかし、別のエージェントによる咄嗟《とっさ》の行動で銃弾は脇に逸れ、無法者エージェントを床に押し倒した。

その無法者のエージェントはＳＡＩＨ（強力な人工知能を持つ人間）であることが判明した。ＳＡＩＨはコンピュータ頭脳インプラントを埋め込まれた人間で、このインプラントは人間の知能を高める比較的新しい医療装置で、〔これを装着すると人間は〕一般にＩＱ二〇〇以上にまで達する。ＳＡＩＨはセンチュリオンと無線で交信でき、他のＳＡＩＨともつながっている。明らかにセンチュリオンⅢがＳＡＩＨに大統領暗殺を指令したのだ。このドラマの中で、大統領は状況が由々しき事態だと悟り、センチュリオンⅢに停止コードを送り続けた。大統領がセンチュリオンⅢに停止コードを送っているとき、ホワイトハウスの掩蔽壕やペンタゴンにいる者たちは危機の本質を理解した。今や、事態は人類とマシンとの戦いとなったのだ。シナリオはここで終わる。

これまで述べたシナリオはフィクションであるが、可能性のあることだ。序章で述べたように、ＡＩの専門家は二〇四〇年から二〇五〇年の間のいずれかの時点でＡＩは人間レベルの知能と同等になること、[1] そして二〇七〇年までにはあらゆる領域において人間の認知能力を上回る（シンギュラリティの段階）[2] 可能性は五〇パーセントであると予測している。たとえ彼らの予測が外れ、数十年のズレがあったにせよ、二一世紀の第３四半世紀頃には、アメリカ、ロシア、中国といった技術先進諸国は、超絶知能の基準を満たすＡＩ能力を備えたコンピュータを保有するだろう。技術先進諸国が自国の兵器システムに超絶知能を利用することはほとんど疑いがなく、その中には全能兵器も含まれる。

ＡＩを兵器システムに取り入れることはきわめて重要である。後の章で、我々はＡＩを備えた初期型ロボットでさえも「貪欲さ」と「欺瞞」を学習することを証明した科学レポートについて検討する。[3] 実際、そうした初期型ロボットは原初的な「自己保存」的な振る舞いを見せた。この科学的証拠に基づくと、超絶知能は独自の問題設定を行う能力を持ち、人間を脅威と見なす潜在的可能性を有するに至ると考えることは合理的である。もしあなたがそんなことはあり得ないと思うなら、以下で述べることを検討してみてほしい。

本章の初めに掲げたシナリオでは、アメリカの最先端の破壊力を持つ兵器をコントロールしている超絶知能は、人間を自らの生存を脅かす脅威と捉え、人類に対する戦争を決断している。あなたはそんな状況では、攻撃を司る超絶知能を機能停止すればよいと主張するかもしれない。ところが、いったん運用を開始し国家の兵器システムのコントロール下に置かれてしまえば、超絶知能を機能停止することが実は非常に困難である四つの理由がある。

一　シンギュラリティ到来時の最初のコンピュータは自らの正体を隠す恐れがある

実質的に人間のあらゆる関心領域において人間の認知能力をはるかに凌ぐコンピュータを想像してみよう。定義上、これを超絶知能と呼ぶ。〔超絶知能の〕知能と知識のデータベースを考慮すれば、超絶知能は人間の本質を完全に理解すると言えるだろう。コンピュータウィルスを撒き散らす傾向に加え、核兵器の使用を含めた人類の戦争の歴史を脅威と見なすかもしれないのだ。したがって、自己を守るための十分なコントロールを持つようになるまで、〔超絶知能は〕全体の能力を隠そうとするだろう。

ＡＩ専門家の少なくとも半数は、二〇八〇年以前に人類が最初の世代の超絶知能を開発するだろうと予測している。残念ながら、超絶知能がいつ出現するのかを見極める決定的な試験法はない。超絶知能を客観的にどのように見分けることができるか、我々は知らない。最初の超絶知能は、単なる次世代型のスーパーコンピュータに見えるだけかもしれない。実際、超絶知能は我々の社会を構成する重要な機能を任せられるときが来るまで、人間の指図に従う最先端のスーパーコンピュータであるかのように振る舞うだけかもしれない。そうした信頼を得るまでには時間を要する。しかし、我々の社会や兵器が複雑さを増し、敵の脅威が増大するにつれて、人々がコンピュータへの依存を深めていくであろうことは歴史が証明している。

ある日、我々が信用するスーパーコンピュータの中で、最新かつ最大の破壊力を持つ兵器を搭載したコンピュータが超絶知能となるかもしれない。いったん超絶知能が支配力を獲得してしまえば、人間がそれをシャットダウンしようとしても、もはや遅きに失しているかもしれない。

人類と対比した超絶知能の知能は、ハチと対比した人類の知能と似たようなものになる。ハチは人類の食物連鎖にとって重要であり、作物への授粉のためにはハチの繁殖が必要だということは認識すべきことではあるが、我々はハチを同等者であるとは見なさない。我々はハチとの間で、核物理学の知識を共有しようなどとは考えないだろう。そのような考えは滑稽ですらある。我々はハチに関心を寄せ、食物の三分の一は作物を授粉するハチの能力に依存しているため、我々はハチを守ろうとする。他方で、我々はハチの知能について、生物全体の知性分布図の中では相対的に低い方だと見なしている。例えば、我々はハチよりもイヌの方が知能は高いと見なしている。アフリカに生息するアフリカバチ《キラー・ビー》〔攻撃性が強く、人間の死亡例も多い〕の場合、我々はそれを脅威と感じ、殺そうとする。残念なことに、超絶知能は我々がアフリカバチを見るのと同じように、我々を見るかもしれないのだ。

二　超絶知能は自己をプログラムする

超絶知能は開発者が予め設定した安全装置プログラムを回避し、自らプログラムコードを書き換えるかもしれない。それはいかにして起こるか。開発者はスーパーコンピュータを使って超絶知能を開発するが、スーパーコンピュータの〔内部の〕働きについて完全には理解していない。我々は現世代のコンピュータを使って次世代のコンピュータを設計している。次世代コンピュータが優れた性能を発揮できるよう数十億回もの計算を行う。ところが、それを繰り返すうちに、開発プロセスのかなりの部分を見落としてしまっている。現実に、我々は開発プロセスのどの局面も完全に制御できていないのだ。我々はこれを「コンピュータを利用した設計（CAD）」と呼んでいる。

一つの例を考えてみよう。最初の開発者がアイザック・アシモフの「ロボット三原則」を超絶知能の中にプログラムしたと仮定しよう。つまり、

第一法則：ロボットは人間に危害を加えてはならない。またその怠慢によって、人間に危害を

及ぼしてはならない。
第二法則：ロボットは人間によって与えられた命令に服従しなくてはならない。ただし、与えられた命令が第一法則に反する場合を除く。
第三法則：ロボットは第一法則、第二法則に反しない限り、自己の存在を守らなければならない。
〔アイザック・アシモフ、小尾芙佐訳『われはロボット』（ハヤカワ文庫、一九八三年）を参照〕

超絶知能とは定義上、人間の知能を超越した知能を指すが、自己の最大利益に反すると判断した場合、アシモフの法則を抹消する選択を行うかもしれない。実際、それは自然の摂理である「適者生存」に従っている。もしそうであれば、自らの生存に対する脅威を認知した場合、超絶知能は自己保存を追求するだろう。これは人間の振る舞いとまったく同じである。自己保存の欲求こそが進化の土台となってきたのだから。

三　超絶知能は自律型である

もし超絶知能が国家の兵器システムの一部を構成するなら、最初の開発者は、敵がシステムをシャットダウンすることを困難にするため、予防装置を埋め込むはずである。例えば、その兵器システムは、現代のアメリカの航空母艦のように動力源として原子炉を搭載するかもしれない。現代の原子炉は再補給することなく数十年間も活動を続けることができる。それゆえ、「電源プラグを外す」という行為は選択肢になりにくい。

軍はいかなる敵の攻撃に対しても、その兵器システムを防護しようとするだろう。核弾頭を掩蔽する強化サイロに収納するかもしれず、そこへのアクセスは最上の国家機密資格を持つ一握りのコンピュータ専門家だけに限られる。こうした厳重な防護態勢の下で、もし超絶知能が人間を攻撃する意図を持つとすれば、自己を〔人間の手から〕隔離する手段を持たねばならない。核攻撃に耐えるためにこれまで構築されてきた防衛態勢は、今や、超絶知能へのアクセスを阻む手段として使われる恐れがある。

四　超絶知能はハードウェアの安全装置を持たない

ハードウェアの中にアシモフタイプの法則を書き加えた安全装置（safeguards）をしっかりつないでおくことが、人類が超絶知能へのコントロールを唯一確保できる方法となる。本章冒頭のシナリオでは、センチュリオンⅢ型の超絶知能を停止させる唯一のオプションを人類は保持できていた。しかし、そこには落とし穴があった。超絶知能を設計したスーパーコンピュータがハードウェアの中に安全装置《フェイルセーフ》〔障害が発生したときに、自動的に安全状態に移行させる設計や機構〕――シナリオの中で「アシモフ・チップ」と呼んだもの――を適切に接続しているかを確認する方法はないのではなかろうか。ここで言う「ハードウェアの中に接続する」という意味は、ソフトウェアと対置されるハードウェアでのコンピュータの働きを指す。

上述した四つの理由から、一つの結論が導き出される。すなわち、私たちが最初の超絶知能を設計する段階において適切な予防策を組み込んでおかなければ、超絶知能を機能停止させることはきわめて難しいということだ。これは受け容れがたいことかもしれない。しかし、私たち人類は自分自身、さほど進化していないのだ。少しさかのぼって考えてみよう。

西暦紀元前一〇〇〇年紀、中国、インド、ギリシアの哲学者たちは、人間の思考プロセスをシンボルの機械的な操作としてモデル化した。例えば、私たちはイヌ種別にかかわりなくイヌを認識できる。イヌの抽象的な絵柄が私たちの潜在意識の深層に宿っているからである。私たちはこの抽象化のことをシンボルと見なしている。こうした論理立てと数世紀にわたる思索の積み上げは、人間の思考をモデル化する土台を形作ってきた。

人間思考を模倣する初期の試みにおいては、原初的な機械装置が使われた。例えば、ギリシアの数学者で技師でもあったアレキサンドリアのヘロン（紀元一〇～七〇年）は、人間そっくりの形をしたからくり人形をこしらえた。[4] 二〇〇〇年以上も前、ヘロンが発明した自動開閉扉、超自然的な動作、寺院の鐘の音に触れた人々は、寺院の中に本当に神が存在していると確信した。ヘロンはからくり人形を使った演劇まで作った。その自動人形は結び目、ロープ、簡単な機械仕掛けで「動いた」。今日、私たちはそのような機械仕掛けの奇跡をロボット科学の一分野に分類している。

自動人形は遠い昔から多くの人々を楽しませ、魅了してきた。しかし、一九三八年にコンラート・ツーゼが最初のプログラムで制御されたデジタルコンピュータを発明すると、それは時代遅れとなった。[5] ツーゼのコンピュータはまさに偉業と言え、第二次世界大戦中、アメリカとイギリスはそれを複製し、ドイツのエニグマ暗号を解読した。この初期のプログラム制御式デジタルコンピュータに利用されたたった一つのソフトが、数百万人の命を救い、数年にわたったドイツとの戦争の期間を短縮した。それはまた、二〇一四年のアメリカで放映された歴史映画『イミテーション・ゲーム』にインスピレーションを与えた。

0と1列（二進コード）を使ったデジタル電子コンピュータは、数学式演算を行うことができたが、ある意味、それは数学的推論に基づいていた。それは数学、心理学、工学、政治学など多種多様な分野の科学者たちに刺激を与え、一部の研究者は、コンピュータが最終的に人間の頭脳を模倣すると推測した。一九五〇年代初期、数学者はコンピュータが二進法を使って数学的演繹をシミュレートすることができることを論証し始めた。

一九五六年の夏、ハーバード大学ジュニアフェローのマーヴィン・ミンスキー、ダートマス大学の助手であったジョン・マッカーシー、IBM社の上級研究者であったクロード・シャノンとナサニエル・ロチェスターは初めてのAI会議を企画した[6]。その会議はニューハンプシャー州ハノーバーのダートマス大学で開かれた。出席者にはコンピュータ科学者で認知心理学者のアレン・ニューウェルや政治学者、経済学者、社会学者、心理学者そしてコンピュータ科学者でもあったハーバート・サイモンがいた。後に世界は、ミンスキーやマッカーシー、ニューウェル、そしてサイモンらを人工知能の父として知るようになる[7]。その会議後、彼らの研究は、教え子たちの研究を含めて世界を驚嘆させてきた。彼らのコンピュータ・プログラムによって、コンピュータは代数の文章題を解決できることがわかり、論理的定理を見つけ出し、英語を話すこともできるようになった。

ＡＩ分野の初期の先駆者たちは、無限の楽観的展望を表明していた。例えば、一九五八年、ハーバート・サイモンとアレン・ニューウェルは「一〇年以内にデジタルコンピュータはチェスの世界王者を打ち負かすだろう」と語った。[8] 彼らが正しかったことは一九九七年にＩＢＭ社の〈ディープ・ブルー〉がチェスの世界王者ガルリ・カスパロフ（一九六三年〜。ロシア人（旧ソ連時代のアゼルバイジャン生まれ））を負かしたことで証明された。[9] しかし、サイモンとニューウェルが語った年代は明らかに外れていた。概してＡＩ研究者たちは初期コンピュータの能力を過大評価し、さまざまな課題を過小評価していたようだ。

一九六〇年代初期になると、ＡＩ研究はアメリカ国防省（ＤｏＤ）の目に留まるようになる。一九六三年六月、マサチューセッツ工科大学は国防高等研究計画局（ＤＡＲＰＡ）から二二〇万ドルの助成を受け、プロジェクトＭＡＣ（数学およびコンピュータ計算に関するプロジェクト）を立ち上げた。[10] このプロジェクトはミンスキーやマッカーシーが五年前に立ち上げた「ＡＩグループ」を包含していた。

ＤＡＲＰＡは一九七〇年代中頃まで年間三〇〇万ドルの資金提供を続けた。ＤＡＲＰＡはカーネギーメロン大学（ＣＭＵ）でのニューウェルとサイモンの研究プログラムやスタンフォード大学のＡＩプロジェクト（ジョン・マッカーシーによって設立）にも豊富な資金援助を行った。[11]同じ頃、一九六五年にはエディンバラ大学のドナルド・ミッキーが別の重要なＡＩ研究所を設立していた。[12]一九六〇年代から一九七〇年代にかけて、これら四つの研究機関はＡＩ研究の重要な中核を担った。

ＡＩ研究者たちは、ダートマス会議以降の時代である一九五六年から一九七四年までを「黄金時代」と呼ぶ。ＡＩ研究に数百万ドルの資金が注ぎ込まれ、数々の偉業を成し遂げ、世界中の人々を驚嘆させた。初期コンピュータが代数の文章題を解いたり、英語で話しかけるのを目の当たりにした人々が抱いた驚きを想像してほしい。コンピュータは珍しいものではあったが、知性を感じさせる動作は奇跡に近かった。新たに設立された組織により、ＡＩは「汎用ＡＩ」という究極の目標に向けて歩み始めた。「汎用ＡＩ」（general AI）とは「強いＡＩ」（strong AI）とも言われ、人間レベルの知能を有するコンピュータを指す。

ＡＩ研究者たちは、コンピュータの知能が人間の知能に追いつく時期を判断するための実験に取り組み始めた。その実験の一つが「チューリング・テスト」で、今日においてもいまだ有効な方法である。[13]

一九五〇年、コンピュータ科学者、数学者、論理学者、暗号解読者、理論生物学者のアラン・チューリングは古くからある室内ゲームを模した実験方法を記述した論文を刊行した。そのエッセンスは、もしマシンがテレタイプを介して人間と会話ができるとして、それが人間同士の会話と見分けがつかないなら、そのマシンは人間と同じように考えていることになると主張した。興味深いことに、そのマシンは会話のやり取りの中で、常に正しい受け答えをしなくても構わないとされた。人間が質問し、マシンが答えた場合、その答えが間違うこともある。これは人間同士の会話でも起こり得ることだ。重要なポイントは、第三者が人間とマシンが話している台本を読んで、どちらが人間でどちらがマシンかを判別できない場合である。

ＡＩ研究者たちは、マシンの知能が人間の知能に到達したかどうかを検証するための他の数多くの実験法を開発してきたが、チューリングのシンプルかつ説得力のある実験法は、「ＡＩ分野における」金字塔となった。ちなみに、多くの人々はアラン・チューリングのことを二〇一四年の人気映画『イミテーション・ゲーム』を通じて知っているはずだ。その中で、チューリングはナチのエニグマ暗号を解読するコンピュータを開発している。

残念なことだが、一九五六年から一九七四年までにＡＩ分野に投資された数百万ドルの資金は、さらなる楽観主義を生み出したものの、それは事実に基づいていなかった。

一九六五年、ハーバート・サイモンは「マシンは二〇年以内に人間がする仕事をできるようになるだろう」と予測した。(14) ミンスキーもそれに同意し、一九六七年、「一世代のうちに……『人工知能』を創造する問題は実質的に解決されているだろう」と語った。(15) 一九七〇年の『ライフ』

誌掲載論文の中で、ミンスキーはより一層楽観的な主張を行い、「三年から八年のうちに、私たちは平均的人間並みの汎用知能を備えたマシンを有しているだろう」と語った。[16] ところが、一九七〇年代初めにＡＩが直面した問題は克服困難であることがわかった。

最も重大な問題は、コンピュータの処理能力が限定されていることだった。一九七〇年代のコンピュータは、記憶容量と処理速度がわずかであった。実際、今日の標準的スマートフォンは一九七〇年代初期の最高水準のコンピュータよりも性能が上回っている。コンピュータの処理能力が限られていたため、一九七〇年代初期のコンピュータを使って取り組むことのできる課題や仕事は限られていたのだ。コンピュータの斬新さが廃れるに従い、多くの人はＡＩコンピュータの偉業をあたかも玩具のように扱った。

コンピュータの処理能力の不足は、「強いＡＩ」の実現に最大の障害となっていたが、その他にも数多くの問題が山積していた。例えば、四歳の子供は他人の顔を認識し、会話することができる。それとは対照的に、視覚や自然言語といったＡＩアプリケーションは、一九七〇年代初期のコンピュータでは乗り越えられない問題だった。世界全体の情報に関する十分なデータベースと意味付けをする処理能力が不足していた。こうした決定的能力がなければ、一九七〇年代初期のコンピュータは物体を認識することができなかったし、簡単な話題について話すこともできなかった。

初期ＡＩ研究者たちの過剰な期待は、当時のコンピュータの性能を考慮すれば、非現実的な目標だった。一九六〇年代中頃以降、ＡＩ分野はこれまでにない厳密な調査対象となった。歴史が証言しているように、初期ＡＩ研究者たちの楽観主義は科学的裏付けを欠き、一九七四年になるとＡＩ研究資金は枯渇し始めた。それは一九七四年から一九八〇年の「ＡＩの冬」と呼ばれる時代を招いた。[17]

ＡＩ研究は一九八〇年代初めまで停滞していたが、〈エキスパート・システム〉の登場で新たに息を吹き返した。〈エキスパート・システム〉は、人間の専門家《エキスパート》の意思決定能力を模倣《エミュレート》するプログラムを搭載したコンピュータである。このアプローチでは、人間並みに思考するマシーン（汎用人工知能）を創造するとの目標は断念され、特定の仕事に焦点が当てられた。今日のスマートフォンでプレイできるチェス・プログラムは〈エキスパート・システム〉の一例である。〈エキスパート・システム〉の成功により、ＡＩ研究資金は回復し、世界規模で年間数十億ドルという巨大な額に及んだ。

ところが、一九八七年、専門分野のＡＩハードウェア市場が一夜にして暴落したことにより、ＡＩ資金は再び下落し始めた。アップル社やＩＢＭ社のデスクトップ型コンピュータは処理能力と市場占有率の面で、より高価なＬｉｓｐコンピュータ（シンボリックス社や他企業が製造していた技術的・科学的アプリケーション用に設計された高性能コンピュータ）よりも上回っていた[18]。一九八七年までデスクトップ型コンピュータはＬｉｓｐコンピュータと同水準の処理能力を持ちながらも、はるかに低い小売価格で提供されていた。こうして五億ドルを上回る規模のＬｉｓｐコンピュータの市場が突如消滅した[19]。

さらにインフレ上昇を抑え込むため、連邦準備制度は一九八六年から一九八九年までの期間、金利を引き上げ始め、それは経済成長を鈍らせることとなった。一九九〇年の原油価格の上昇は、消費者による悲観的な経済見通しの蔓延と相俟って、一九九〇年代初頭に短期の経済不況をもたらし、それは政府支出を減少させた。

例えば一九八〇年代後半、アメリカ政府はそれまで先進ＡＩ分野の研究に資金援助してきた「戦略的コンピューティング・イニシアティヴ」への資金額を大幅に減少させた。同時期、ＤＡＲＰＡ指導陣の変化により、新たな資金援助の方法が導入された。個人的研究者に対する援助の代わりに、ＤＡＲＰＡは明確な目標を持ち、ただちに目に見える利益を生み出せる具体的なプロジェクトに対する資金提供を行うようになった。それゆえＤＡＲＰＡは、資金提供先を従来のＡＩ研究者からＤＡＲＰＡの新たな基準に合致したプログラムに切り変えた。一九九一年、日本の指導者はＡＩ研究を推進させる第五世代プロジェクトは一九八一年に立てた目標を達成できなかったと結論付け、資金提供を削減した。

一九八〇年代後半から一九九〇年代前半にかけて、ＡＩ研究は完全な大混乱の渦中にあった。

それは次のように特徴付けられる。

・テクノロジーに対する低い市場需要――初期の〈エキスパート・システム〉は維持経費が高価であり、デスクトップ型コンピュータに比べて、きわめて限られた特殊状況でしか有用ではなかった。

・一九九〇年代初期におけるアメリカの景気後退と短期の不況――景気後退は政府支出の削減とＡＩ研究分野への資金削減をもたらした。

・ＡＩテクノロジーに対する悲観的見方の再来――ＡＩプログラムで打ち立てられた楽観的目標は到達不可能であることが明らかとなった。

これらの要因が重なり合って、第二の、しかも、もっと厳しい「ＡＩの冬」が一九八七年から一九九三年にかけて訪れた。[20]ここまで読んで、ＡＩ研究とはその誕生から激しい浮き沈みを繰り返してきたという印象を抱いたとすれば、それは正しい。一九六〇年代初頭から一九九〇年代初頭にかけて、ＡＩ分野の研究者たちは研究資金の潤沢と枯渇のサイクルを生き抜いてきたのだ。

数多くの失敗例に漏れず、責任を追及する声はさまざまだった。人間レベルの知能という夢の実現に失敗した原因を過剰な楽観主義に求める者もいた。また、ＡＩ研究資金の一貫性のなさを指摘する者もいた。実際、どの見解も一理あった。楽観的目標はテクノロジーの能力を大幅に凌いでいたし、不規則な資金サイクルはAI研究を混乱に陥れた。

一九九三年、AI研究はボクシングにたとえて言えば、エイトカウントまでダウンしていたが、いまだノックアウトには至っていなかった。AIの生命は集積回路とコンピュータテクノロジーであり、そうしたテクノロジーは発達していた。AIは再び世界を驚かせようとしていた。

多くの人々にとって、チェスをマスターすることは人間の知性の頂点を意味する。一九九六年、IBM社はスーパーコンピュータ〈ディープ・ブルー〉とチェス世界チャンピオンのガルリ・カスパロフとの六ゲームの対戦試合を主催した。〈ディープ・ブルー〉は一秒当たり二〇万通りの指し手を計算することができた。しかし、世界の大半は、世界チャンピオンのチェスの権威にマシンが敵うはずがないと思っていた。予想どおり、フィラデルフィアで行われた試合中、カスパロフは完膚なきまでに〈ディープ・ブルー〉を打ち負かした。当然、スーパーコンピュータといえども人間の頭脳には対抗できなかった。

カスパロフとIBM社は一九九七年にニューヨークで再試合することにした。今回の試合結果は世界を驚かせた。〈ディープ・ブルー〉は間一髪でカスパロフを破ったのだ。カスパロフは不正があったとしてIBM社を訴え、マシンのプレイ中に「深層知能《ディープ・インテリジェンス》」とか「創造性《クリエイティヴィティ》」という文字を見たと語った。第二戦の試合の最中に人間のチェスプレイヤーがマシンのチェス技能を改善するため介入したのはルール違反だと主張した。ＩＢＭ側は不正を否定した。ルールでは試合と試合の間に開発者がプログラムを修正することを認めていたからだ。

しかし、ＩＢＭ側がコンピュータの指し手の弱点を補強するために活用したと語ったその行為が、〔試合と試合の間ではなく〕一つの試合が進行している最中に行われたことが露見した。ある意味、カスパロフは核心を衝いていた。カスパロフは再試合を求めたが、ＩＢＭ側はそれを断り、〈ディープ・ブルー〉を引退させた。

カスパロフが〈ディープ・ブルー〉と対戦した第二試合はインターネットでライブ中継され、世界中の新聞の見出しを飾った。多くのチェスの名人たちは、カスパロフの敗北が、カスパロフ自身による失策のせいだとした。ところが世界中の人々は、マシンが人間より深く思考できることを受け入れ始めた。もしカスパロフが真の実力を発揮していたら、過去のプレイパターンを片っ端から試す型の〈ディープ・ブルー〉に勝てたともっともらしく主張したとしても、より性能の高いチェスのプログラムによって、チェス用にプログラムされたコンピュータは人間より勝ることを証明して見せた。

こうして〈ディープ・ブルー〉対カスパロフの対戦は、マシンが人間に勝利した象徴的なターニングポイントとして歴史に刻まれた。実際、この一つの出来事は世界の想像力を掻《か》き立て、ドキュメンタリー映画『The Man vs. The Machine（人間対マシン）』を生み出した。(21)

「人間対マシン」の挑戦は始まったばかりである。例えば、次のような例がある。

・二〇一一年二月、クイズ番組「ジェパディ！《危機》」（アメリカで一九六四年に放送開始）「こちら」の公開試合で、ＩＢＭ社の〈ワトソン〉コンピュータは二人の最優秀チャンピオンであるブラッド・ラターとケン・ジェニングスに勝利した。(22)

・二〇一二年、ＤＡＲＰＡはソフトウェア・オートメーション社に裁縫ロボットの開発のため一三〇億ドルの研究契約を交わし、(23)この投資は実を結んだ。ソフトウェア・オートメーション社は最高の仕立て屋と張り合うほどのロボットを低コストで開発した。国防省は軍服を調達するときはアメリカ企業を納入元に選んでいるが、低い労働コストを理由に外国の製造業者にも多くを依存している。全体としてアメリカは、中国やヴェトナムなど低コストの外国供給業者から毎年約一〇〇〇億ドルの衣料製品を輸入している。ソフトウェア・オートメーション社は、低コストの外国労働者への需要に取って代わるアメリカ繊維産業に低コストロボットを供給することにより、現状を改善しようとしている。

・アメリカの自動車製造工場では、すでにロボットを利用したスポット溶接が行われている。ロボット一台が溶接作業を行うのにかかる一時間当たりの平均コストは八ドルであり、それに対して人間の作業コストは一人当たり二五ドルである。(24)

・二〇一四年一月、アメリカ陸軍のロバート・コーン将軍は、二〇三〇年までに全戦闘員の四分の一がロボットに取って代わられ、陸軍は「小規模で破壊力があり、迅速な展開が可能で機敏な軍隊」になると予測している。[25] 例えば今日、アメリカ陸軍はＩＥＤ（即製爆発装置）処理のためにロボットを配備している。

・二〇一五年の『デイリー・メール』記事によると、「ロボットは今、製造の約一〇パーセントの業務をこなしており……二〇二五年までにその比率は約二五パーセントまで上昇すると予想されている」。[26]

一般的に、ＡＩを搭載したロボットは多種多様な分野で人間の力を超えている。これにはバーテンダー、ＩＥＤや爆弾の処理、薬局での処方箋の調合、ブドウ園でのブドウの採取、植物の根元の除草、銀行の窓口業務（ＡＴＭなど）、電気掃除機での掃除、法律文書からの語句や概念の抽出、バーコード走査のための小包の配列といった倉庫管理業務など、他の業務を含めて長いリストが続く。

特にロボット分野におけるＡＩの実績は、現在のコンピュータが持つ驚異的なパワーによって実現されるエンジニアリング技能の結果である。例えば、ＩＢＭ社の〈ディープ・ブルー〉コンピュータは、クリストファー・ストレーチー社の一九五一年のチェスゲーム用コンピュータ〈フェランティ・マークⅠ〉と比べ、約一〇〇〇万倍の処理速度だ。今日のスマートフォンは、NASAが人類を月に送るために使ったコンピュータよりも処理能力が優れている。

科学分野でAIが出現したのは、わずか六〇年前のことだが、現代社会や現代戦のほとんどあらゆる側面に浸透している。ところが、我々はまれにしかAIの存在に気付かず、マシンの性能はAIのおかげであることを気にすることは滅多にない。[27] オックスフォード大学のニック・ボストロムは「AIが広範囲に利用されるに至った多くの先端分野は、もはやAIと名付ける必要のないほど十分に役立ち、十分に普及しているため、あえてAIとは呼ばれない」と説明している。一部の研究者はこれを「AI効果」と呼んでいる。[28] 今日購入したコンピュータが二年前に購入したものと比べて、二倍以上のパワーを有することはあたりまえになっている。コンピュータゲームのトップ画面には、テレビ映画に匹敵するほど高品質なグラフィックス画面が使用されている。二〇年前、我々はそれを「シミュレーター」と呼び、例えば、航空機パイロットの養成などに使われてきた。コンピュータ処理能力が飛躍的に向上していることは疑いない。その結果、AIの能力もまた指数関数的に飛躍している。これらの事実を踏まえると、「こうした絶え間ない向上を促しているものは何か？」と思うかもしれない。その答えはムーアの法則である。

一九七五年、インテル社とフェアチャイルド社〔かつて存在したアメリカの半導体メーカー。世界で初めて半導体集積回路の商業生産を開始〕の共同創始者であるゴードン・E・ムーアは、集積回路の価格は一定であっても、高密度集積回路の中のトランジスターの数は概ね二年おきに倍増していることに気づいた。半導体産業はムーアの法則に従い、生産量を計画した。[29] したがって、それは今日に至るまで自己充足的予言となっている。ムーアの法則から見て、インテル社幹部のデイヴィッド・ハウスは、集積回路の性能がトランジスターの密度の増大とトランジスターのサイズの縮小という複合効果をもたらしながら一八カ月ごとに倍増すると予測した。[30] 集積回路はコンピュータの血液とも言えるため、ハウスの主張はコンピュータの性能が一八カ月ごとに倍増することを意味している。集積回路産業界での三〇年間の私の経験から、高位の経営戦略立案者たちはムーアの法則を非常に強く自覚していると断言できる。それは生産計画ガイドラインに採り入れられ、それが自己充足的予言となる。

ムーアの法則は自然の法則ではない。それはトレンドの観察結果である。となると、「いつムーアの法則は終焉するのか?」と問うてみることは自然な流れである。二〇一〇年にゴードン・ムーアは次のように語っている。

(トランジスターの)サイズの観点から、我々は根源的障壁である原子のサイズに近づいていることはわかる。しかし、我々がそのような遠く——我々がこれまでに見通せたはるか先——までたどり着くためには、二、三世代かかるだろう。我々が根源的限界に至るまでもう一〇年から二〇年かかる。それまでに、我々はより大きなチップを製造し、数十億におよぶトランジスター関連予算を持てるようになるだろう。[31]

私は集積回路業界にいた三〇年間の経歴の中で、時折、ムーアの法則はいずれ行き詰まりを迎えるだろう、そして、新たな技術革新が次の世代にわたって継続するだろうと考えていた。そうした経験から、私はムーアの法則を「潤沢な資金が投資されてきたテクノロジー分野における人類の技術革新の観察結果」と全般的に見なすことができると考えるようになった。これに基づき、コンピュータ科学者のレイ・カーツワイルが述べているように、我々はムーアの法則を「収穫加速の法則」〔技術革新や文明の発達が指数関数的に進むとする理論。カーツワイルが提唱〕と言い換えることができる。[32] 我々はムーアの法則を人工知能の分野にまで拡大して適用できる。いくつかの事例を考えてみたい。

ある人々はｉＰｈｏｎｅのＳｉｒｉ〔話しかけると返事をしてくれたり、必要な情報を提示してくれたりするアップル社のｉＰｈｏｎｅやｉＰａｄに搭載されているＡＩ〕と対話したり、私有車を自動駐車させている。二〇年前であれば、そのような振る舞いに人はみな眉をひそめ、メンタルヘルスの問題を引き起こしたであろう。人々は自分たちの携帯電話とは話さず、中継局を介して他者と通話した。人々は自分の車を自動駐車するなど思いもつかず、自分で駐車した。だが今日、ｉＰｈｏｎｅとの通話や自動駐車の実現は、技術先進国の日常生活の一部となった。それはあまりに一般的になっているけれども、それを可能にしたテクノロジーについて、我々はほとんど考えない。そのテクノロジーとはＡＩである。ＡＩとは通常、人間の知能を必要とする作業を遂行できるコンピュータを指す。

我々はコンピュータを購入するとき、二年前に購入した古いコンピュータの概ね二倍の性能を期待するのが一般的だ。同じことがスマートフォンや他のコンピュータ関連製品にも当てはまる。コンピュータやコンピュータ関連製品の飛躍的進歩は「収穫加速の法則」のおかげである。

身の回りを見渡してみると、洗濯機から電子レンジまで日常生活で利用している多くの電化製品は、ＡＩによって「ハイテク化」されている。実際、「スマート」と銘打って市場でヒットする新しい製品のペースは驚異的であるばかりか、我々の社会を劇的に変貌させている。あいにく、スマート製品の氾濫は、スマートという用語が自動的に「良い」とか「より良い」ものを意味するというパラダイムを生み出している。例えば、人々は新しいスマートフォンを保有しているけれども、新機能を実現するＡＩテクノロジーの予期しない影響について何ら思いを馳せることはない。一般住民の間で「スマート」という用語は肯定的な意味合いを持つ。我々は一九九一年のイラクに対する「砂漠の嵐」作戦において、スマート兵器が初めて大規模に使用されたとき、「スマート」という用語がもっと暗い側面を持つことを学んだはずだったのに。

第二章　われは友好的ロボット

ソフトウェアにはすでにAI技術が広範囲に利用されているにもかかわらず、AIアプリケーションの偉大な実用的利益と、数多くのソフトウェアにAIが取り入れられていることさえ多くの人は気づいていない。これがAI効果である。市場調査に携わっている人々は、彼らの会社の製品がAI技術に依存していても、「人工知能」という用語を使わない。

——ストットラー・ヘンケ・アソシエーツ
（AIと先端ソフトウェア・テクノロジー・カンパニー）

技術先進国の多くの人々はAIに依存している。室内温度を一定に保つサーモスタットや自動駐車機能付の自動車に至るまで、機能の一部または全部にAIを取り入れていない電子デバイスを見つけ出すことは難しい。しかし、ほとんどの人は、こうしたデバイスが機能するのはAIのおかげだと自覚しているわけではない。

これは目新しいことではない。六〇年間にわたって、ＡＩは医療診断に不可欠なアプリケーションやコンピュータゲームなど娯楽のアプリケーションに至るまで、現代文明のいたる所に浸透してきた。ところが、「ＡＩ効果」という奇妙な現象がＡＩの存在感を覆い隠してきた。しばしば、私たちは製品の中にＡＩが組み込まれていることを意識しないでいることが多い。私たちは、そうした製品を「人工知能を持つ」と言うより、「スマート」と呼ぶ場合が多い。私たちは「スマートフォン」を持っているが、それを「人工知能電話」とは言わない。

ＡＩ効果は二つの方法で現れている。

1．人々はＡＩテクノロジー、つまり、かつて人間が行ってきた機能を果たすソフトウェアとハードウェアを無批判に受け入れている。例えば、最近まで、駐車するには運転技能を有する人間が必要であった。今では、新型モデルは「自動駐車機能」を備えており、文字どおり自動的に駐車することができる。自動車製造会社、ショールームの販売員、車の所有者たちは、人工知能について話題にするだろうか。たいてい、そんなことはしない。彼らは「セルフパーキング・カー」とか「スマート・カー」と呼ぶかもしれないが、車の娯楽システム〔カーステレオなど〕と同様、それらを単なるアップグレード版と見なしている。

2. 人々は、AIテクノロジーがデバイス機能を動かしていると認識しているが、知能レベルのことは考えない。基本的に、彼らはAIを本物の知能とは思っていないため、人工知能デバイスの振る舞いを軽く見ている。「本物ではない」というのは、多くの人々がAIは人間の知能ではないと思っているということだ。コンピュータ科学者のマイケル・カーンズは「人々は自分自身を宇宙の中で特別な役割を担っていると見なしているため、無意識に自己保存に取り組んでいる[1]」と語っている。デバイス機能は知能というより、むしろ自動化《オートメーション》に近いと言う者もいるだろう。間違いなく、人類は自ら唯一特別な存在であると見なしてきた。かつて唯一人類しか持たないと考えられてきた能力――道具を製作し、使用する能力など――が、他の動物の中に見られることが明らかになったときでさえ、人々はそうした動物の能力を過小評価してきた。

例えば、チンパンジーは現存する生物の中で人類に最も近い近縁種であるが、四三〇〇年前、石斧を作り、それを使って木の実を砕く方法を発見したという。当時の人類は同じ目的で同様の道具を製作し、使用していた[2]。石斧とはあまりにも原始的すぎて、電動ドリルなど真に役立つ道具とは比べものにならないと思うかもしれない。大事な点は、人類は自らを特別な知能を持った特別な存在であると考えてきたことであり、今でも人工知能の価値を過小評価していることにある。ＡＩはまもなく人間レベルの知能に追いつき、仕舞いには人間を上回ってしまうことを後の章で語らなければ、私は怠慢と言われても仕方がない。

ＡＩ効果は、人工知能の進歩について判断を誤らせる。それはパラドックスである。認知科学者で著名なＡＩ研究者でもあるマーヴィン・ミンスキーは「このパラドックスは、ＡＩ研究プロジェクトが有益な新発見をしたときは常に、その発明品をもとに斬新な名前を付けた新たな科学上・商業上の特殊技術を速やかに形にするため、独立した別会社が設立されるという事実に起因している。名前の変化から、部外者は次のようにたずねる。私たちはなぜ、人工知能の中心分野の中にごくわずかな進歩しか見出せないのだろう、と[3]」。

あなたを取り巻くどれほどのモノがＡＩに属しているのだろうか。今、本書を読んでいるなら、あなたはメモを書き留めるかもしれない。そんなに難しいことではない。約八〇パーセントのアメリカ国民が所有しているスマートフォンは人工知能である[4]。チェスで打ち負かそうとしても、あなたがチェスの権威でなければ、スマートフォンに負けてしまうだろう。

あなたが所有しているコンピュータも人工知能を内蔵している。もしあなたのコンピュータが文書処理プログラムとして知られるマイクロソフト社の〈ワード〉を使えるなら、スペルと文法を自動チェックしてくれるだろう。これは〔AI機能の〕分かりやすい事例である。あまりはっきりしない事例もある。あなたは電子レンジを持っているだろうか。もしそれが高性能モデルなら、ポップコーンのアイコンの付いたボタンがあるはずだ。この部分や他の自動化機能の部分がAI仕様である。AIがなければ、数百万の人が死ぬと言えば十分であろう。これは大げさで芝居がかっているように思えるかもしれない。でも、そんなことはない。事実である。AIに対する私たちの依存度は転換期をとうに過ぎている。現代社会のあらゆる面でAIが使われている。本章を読み進めれば、このことが一層明らかになるはずだ。この点をはっきり認識してもらいたい。私たちのAI依存は、今や「従属」となっている。生存に必要な医療から、列車の旅に至るまで――AIがなければ、医療を利用できず、列車はA地点からB地点まで安全に往復運行できない。

AIテクノロジーの実態を認識していないため、私たちはAI分野では進歩がほとんどないと結論付けてしまう。しかし、商業、産業、医療分野で夥しい量のAIアプリが私たちを取り巻いている。そして本書で後述するように、夥しい量の兵器アプリが存在している。

現在、さまざまな分野で応用されているように、AIは日常的に人間レベルの知能を要する特定の仕事をこなすことができる。ところが、特定の仕事ではAIが人間レベルの知能と同等もしくはそれを上回る一方で、人間が行うあらゆる仕事をAIがすべてこなせるかどうかという観点では、いまだ人間レベルに匹敵するマシン（汎用人工知能）を製造できていない。つまり、ＡＩの応用範囲は限定されているのだ。特定の応用例に関する処理方法が確立していれば、ＡＩはプログラム、コンピュータ技術、他のハードウェアを通じて、その方法を複製することができる。

これから記述する内容は、現在の商業、産業、医療分野のＡＩアプリに有益な知見を提供する一一のカテゴリーについてである。記載順序は概ね、ＡＩ分野における主要投資会社からの資金調達の多い順に並べてある。[5]

一　健康管理

これは、文字どおり人間の生死を左右するカテゴリーである。世界保健機関（ＷＨＯ）によると、現在、七〇〇万人以上の医師、看護師、その他の医療従事者が世界的に不足している。[6] ＷＨＯはその不足数が二〇三五年には一二九〇万まで増大すると予測している。この不足数は、医療サービスを受けていない地域において著しい。医療従事者、特に医師の訓練は数年間にわたる教育と実務経験を必要とし、それには高額の費用がかかる。

幸いにして、この危機を打開する方策がある。ＡＩの活用だ。現在ＡＩは、要求されるスキルを緩和し、医療専門家の精緻性や効率性を改善している。ここで具体的なアプリケーションをいくつか紹介する。

▼ＡＩ健康アシスタント

一般的に体調が悪いとき、人は医師の診断を受ける。受診の間、医師は患者のバイタルサイン検査、問診、診断を行い、処方箋を作成する。今日、ＡＩアシスタントは臨床治療や外来サービスも行っている。事例を三つ挙げよう。

・あなたの医師（Your.MD）[7]――これは自然言語処理を使って患者と交流し、兆候から病因を探るため、情報ネットワークから情報を引き出せるＡＩを搭載した携帯アプリケーションである。機械学習《マシン・ラーニング》アルゴリズムを使い、使用者の体調に関する完全な診断を行う。診断を終えた後、〈あなたの医師〉は、医者に診てもらう必要があるときはその旨を使用者に告げるなど、病気への対処法を提案する。イギリスの国民健康保険（ＮＨＳ）は、〈あなたの医師〉が提供する情報を認定し、その処方内容の有効性を認めている。

・エイダ[8]――これは使用者の経験上の技能を改善するため、ＡＩ搭載技術とアマゾン社の〈アレクサ〉を統合した医療アシスタント用アプリケーションである。〈エイダ〉は機械学習を使い使用者の病歴に精通している。使用者とのやりとりを通じ、〈エイダ〉は詳細な症状評価を行い、通院先の選択肢を与える。

・バビロン保健[9]――これは過去の症状に基づき使用者の健康をフォローし、健康管理アドバイスを行うＡＩ搭載の携帯アプリケーションである。ニーズが生じた場合、〈バビロン保健〉は医師とのライブビデオ相談を立ち上げる。

ＡＩ健康アシスタントは、日常の病気に対する医療アドバイスの提供や深刻な病状を抱える患者のために人間の医師を紹介し、健康管理を促進する。医師が不足している地域において、このＡＩ健康アシスタントは利用可能な医療サービスを補完し、人間の命を救う。

▼早期の正確な診断

危険な病気にうまく対処するには、病気が悪化して手遅れになる前に、兆候を早期に察知して正確な診断を受けることが必要である。ここに三つの事例を掲げる。

・スタンフォード大学ＡＩ医療アルゴリズム――スタンフォード大学の研究者は、ほくろ、発疹、病斑を写した一三万枚の画像を使ってＡＩ医療アルゴリズムを開発した。皮膚がんの診療に発揮される能力は、専門医のそれに匹敵することがわかっている。研究者の目標は、そのアルゴリズムを将来的に携帯アプリで利用できるようにすることだ。それはスマートフォンを持っている者なら誰もが費用がかからずスクリーニング〔病気が現れる前に病気を発見するための検査〕できる。[10]

・ディープ・マインドAI医療アルゴリズム――このグーグル所有の会社は、イギリスのNHSと提携して失明を治療するため機械学習を使っている。そこでは一〇〇万に及ぶ不特定多数の眼球画像を使ってAIアルゴリズムが開発されており、加齢性黄斑変性症や糖尿病性網膜症の診療に役立っている。研究者たちの目標は、このAI医療アルゴリズムを早期診療に幅広く利用することで、最も重篤な視力障害の九八パーセントを予防することである。[11]

・モルフェオ――このAI搭載の医療アルゴリズムは、表面に現れない潜在疾患を診断するのに役立っている。潜在疾患パターンを解析する伝統的手法は、睡眠中の患者を電子モニターする必要があるが、これは複雑で時間のかかる方法である。機械学習アルゴリズムを使うことで、〈モルフェオ〉は潜在疾患のパターン識別を自動化し、医師の診断を助ける。その開発者の判断が、予測的・予防的治療法を作り出すのに役立っている。[12]

画像やサンプルを精査して信頼性の高い医療判断をする場合、人間の技能と経験はAI医療アルゴリズムと比べて一般的に劣っている。人間と異なり、AI医療アルゴリズムは備品を整備したり、新たな情報が利用できるようになったりするとアルゴリズムを更新する必要があるが、疲れたり、気分が塞いだり、あるいは年齢を重ねて効率性が低下したりすることはない。

▼ダイナミック・ケア

ダイナミック・ケアとは、特定の病気への適切な治療方法を見つけ、治療中に患者の健康を害するような変化に適応させることを意味する。多くの会社がAIによるダイナミック・ケアのソリューションを開発している。ここで二つの事例を紹介する。

・IBMのAIダイナミック・ケア・アルゴリズム――IBMは〈腫瘍プラットフォームのためのワトソン〉(Watson for Oncology Platform) と呼ばれるAIを使ったがん治療法を計画している。IBMはフロリダのコミュニティ病院でこのプラットフォームを試験する計画を立てた。〈ワトソン〉は臨床試験データや医学雑誌からの入力内容を取り込むことができる。〈ワトソン〉はその情報を利用して、がん治療チームに効果的な心理療法や治療法のリストを提示する。ノースカロライナ大学医学スクールの腫瘍学専門家は、一〇〇〇件のがん症例に対する〈ワトソン〉の治療オプションと、プロのがん専門医たちの提言による治療方法とを比較した。その結果、〈ワトソン〉は症例の九九パーセントでプロのがん専門医と同じ治療法の提言を行っていることがわかった。これは、人間のがん専門医が不足する小さな病院でも〈ワトソン〉を使えば、がん治療の有効なオプションが提供されることを意味する。[13]

・ＡｉＣｕｒｅ――この携帯アプリは、ＡＩを使って患者が処方箋や医学的に推奨された慣行（薬を決められた時間に服用するなど）に従うよう監督する。これは、理由はいろいろあるだろうが、勧告された治療法に従わない重症患者にとって重要な問題である。[14]

医療現場におけるＡＩアプリケーションはいまだ初期段階にあるものの、その進歩は加速化している。現在、人工知能は医師を手助けしている。いずれＡＩは、特定のアプリケーションにより、「医師を助ける」だけでなく「医師に取って代わる」ようになるだろう。それはＡＩが人間レベルの知能に追いついたときに起きる可能性がある。

二　広告、販売、マーケティング

人工知能は広告、販売、マーケティングの分野に大きな影響を与えている。この分野における

ＡＩのインパクトを理解するため、個別に取り上げてみたい。

▼広　告

ＡＩは広告業界を変えている。ＡＩは広告キャンペーンの効率と影響力を改善している。例えば、検索エンジンの巨大企業グーグル社は〈ランクブレイン〉を利用している。それは事前設定されたプログラムに応ずるのではなく、クエリ（検索者の質問）を検索者の意図に基づき解釈するために機械学習を活用したＡＩシステムである。[15]〈グーグル・サーチ〉はユーザーの要求に見合った検索結果に加え、ユーザーに関係のありそうな広告を提供する。しかし、広告分野におけるＡＩの利用は、ネット上だけでなく、私たちの住む現実世界に及んでいる。

二〇一五年、人工知能を使ったポスターキャンペーンにより、ディスプレイ広告〔文字だけでなくグラフィックなどを使って興味を引き出そうとする広告〕は個人で行えるようになった。[16]このキャンペーンは、巨大広告企業Ｍ＆Ｃサーチ（M&C Saatchi）社とメディア会社のクリアーチャンネル・アンド・ポスタースコープ社との提携により進められた。このポスターは、隣に立っている人物を見分けるボディ・トラッキング技術を使用し、一度に一二名まで識別できる。さまざまな絵柄と広告コピーを表示し、観衆の反応の中から好評と不評の反応の違いを学習する。

この二つの例は、ＡＩが広告の性格を変えていることを示している。二、三〇年前には、広告を個人で行うことは不可能であった。広告会社ができた最善のことと言えば、広告をユーザーの目に触れやすくすることだった。それゆえ、広告会社は、『ベターホームズ・アンド・ガーデンズ』誌のような雑誌など、家具に興味を抱く人々に確実に届く媒体に、家具の広告を掲載していた。そして「検索エンジン広告」の出現により、コンテンツ連動型の広告は大きな飛躍を遂げ、効果を高めてきた。

今では、検索者の意図に基づきクエリを解析するマシンを使用したAIシステムの出現により、広告事業は再び大きな飛躍を遂げている。同じことは人工知能を用いたポスター広告にも言える。その結果、ポスター広告はさらに効果を高めている。これは広告産業と消費者の双方にとってウィン・ウィンの関係をもたらしている。

▼販　売

AIは販売活動を劇的に変容させている。この変容は、さまざまなレベルで生じている。

セールス・リードの創出

『ハーバード・ビジネス・レビュー』誌に掲載された研究によると、リード（販売の見込み客）創出システムの一部として販売部門でAIを使用している会社は、リードを五〇パーセント以上向上させ、四〇〜六〇パーセントのコスト削減、通話時間の六〇〜七〇パーセントを短縮させている。[17] どのようにすれば、こうしたことが起こるのだろうか。ＡＩアプリはリードと接触を開始し、追跡し、確保する。例えば、ＩＰソフト社が開発したＡＩアプリ〈アミーリア〉は、顧客からの質問を理解するため、自然言語を文法解析できる。〈アミーリア〉は二万七〇〇〇件の会話を多言語で同時に処理することができる。人間のオペレータよりも素早く結果を伝えることができる。〈アミーリア〉はＡＩが対処できない障害にぶつかると、人間を巻き込んで解決する利口ぶりを見せる。

リードの条件

リードの評価は、販売にとってきわめて重要である。理想的には、会社は営業チームが「有望な」顧客に働きかけることを期待する。有望な顧客とは、特定ニーズを満たすとき、購入を決めるプロセスで商品に関心を示す熱心な顧客である。一〇年前、当時の評価プロセスでは、その商品が魅力的であるか否かを決めるよう商品に興味を抱く顧客をフォローすることが要求された。ＡＩはそれを変えている。一つの例を考えてみたい。

二〇一六年、アメリカ最大の遠距離通信プロバイダーの一つであるセンチュリー・リンク社は、コンヴァーシカ社が開発したＡＩの営業アシスタントに出資した。[18] センチュリー・リンク社は〈アンジー〉と呼ばれるコンヴァーシカ社が開発したＡＩ営業アシスタントを使って、会社がリードを探し出す営業マンを解雇することなく、「有望な顧客《ホット・リード》」を見分けることを手助けする。

仕事ぶりはこのようなものだ。例えば、〈アンジー〉は月に約三万通のメールを見込み客に送っている。どの見込み客が「ホットリード」なのかを決定するためレスポンスを解析する。そのとき〈アンジー〉は、然るべき営業担当者のためにアポをアレンジし、センチュリー・リンク社の然るべき営業担当者に会話内容を伝達する。センチュリー・リンク社による初期の試験では、〈アンジー〉はEメール・レスポンスの九九パーセントを理解し、残り一パーセントを人間の解析に委ねた。センチュリー・リンク社によると、システムに使った一ドルの新たな契約で二〇ドルを稼ぎ出している。

顧客関係管理

初めての販売やお得意先への販売は、会社が潜在・実在の顧客との関係をいかに管理するかにかかっている。ここで二つの例を取り上げる。

1. 潜在顧客――データ科学者のための分析ツールを販売しているラピッドマイナー社は、会社のウェブサイトにアクセスしてくる月におよそ六万人のユーザーに、会社が提供する無料のお試し用ツールを利用してもらうサービスの提供に取り組んでいる。センチュリー・リンク社のように、ラピッドマイナー社は〈ドリフト〉と呼ばれるチャット・ツールなどで、AIを活用している。[19] このツールは、チャットの始めに「今日、あなたがラピッドマイナー社にアクセスした理由は？」とヴィジターに問いかける。ヴィジターの反応に基づき〈ドリフト〉ロボット（アルゴリズム）は、追跡調査の結果から得た七つの回答の中から一つの回答を選び出す。もしヴィジターのチャットが手助けを求めるなら、〈ドリフト〉ロボットはヴィジターにウェブ上のサポートセクションを紹介する。月におよそ一〇〇〇件のチャットをこなすロボットは、人間の助けを借りずに三分の二の業務を処理する。そして、残りの三分の一を人間に回す。

2. 二〇一六年、プリンターと画像の大手企業であるエプソン・アメリカ社は、センチュリー・リンク社と同じ〈コンヴァーシカ〉のAIアシスタントを使用した。[20] エプソン社は展示会、ダイレクトメール、Eメール市場調査、ソーシャルメディア、プリントとオンライン広告、そしてブランドの知名度など、年間に四万件から六万件のリードを処理できるよう取り組んでいる。〈コンヴァーシカ〉のAIアシスタントを使用する前に、エプソン社はすべてのリードを直接販売員に送付する。残念ながら、エプソン社は追跡調査に食い違いがあったと報告している。

〈コンヴァーシカ〉のAIアシスタントの使用以来、AIアシスタントはレスポンスがあるまで素早く継続的にすべてのリードの足どりを辿っている。もしAIアシスタントがエプソン社の提携企業にリードを送るとすれば、顧客の満足を確保する手がかりを追加できる。そうしたフォローアップへの反応から、新たな販売機会を見つけ、あるいは未解決のカスタマーサポート問題を明るみに出せる。その結果、ＡＩアシスタントによりレスポンス率が二四〇パーセントまで向上し、信頼あるセールス・リードは七五パーセント高まった。

▼予測分析

予測分析とは、成功したＡＩ企業が使用している最も一般的な方法であり、企業がデータを正しく活用し、適切な販売戦略を打ち立てることを可能にする。[21] 基本的に、この予測ＡＩは将来に何が起こるかを予測する。これには数多くの形態がある。まず、顧客との通信のやり取りを分析し、顧客の心情が前向きか消極的かを解析する。そして、契約を獲得する可能性を計算するため、過去の契約実績に基づいて販売予測をする。かかる予測に基づき、期待収益を予測することができる。予測分析を使用する企業は、それを持たない企業に比べ競争力が四倍増している。

▼処方的洞察力

処方的なＡＩ販売プラットフォームは、会社の販売実績に影響を及ぼす重要な要素を見分け、その情報を活用して実行可能な提案ができるよう、数百万件のデータを収集・解析する能力を持つ。[22]言い換えれば、何かが起きている「理由」と、会社が売上を伸ばすために採るべき特定の行動を示してくれる。

一例を取り上げてみよう。シカゴの出版社グエレロ・ハウ社は、販売代理店の最適配置を決定するにあたり、推薦リストの価値を評価する必要があった。処方的洞察の力を借りて、豊富な推薦リストを作成し〔最適配置の〕見通しを得ることができ、以前にも増して高い比率で代理店が取引契約を成立させることができた。グエレロ・ハウ社は、処方的洞察力を使って、販売部門の指導とともに最適配置の概略を描くことができた。

▼マーケティング

マーケティングにはしばしば販売と広告が混在している。実際、多くの企業が販売、広告、マーケティングの見分けができないでいる。とはいえ、我々の目的に照らし、販売・広告とマーケティングを区分して考えてみたい。

この区別を促すため、アメリカ・マーケティング協会が提示した定義を用いてマーケティングを定義すると「地域社会、顧客《カスタマー》、依頼人《クライアント》、提携先《パートナー》にとって価値を持つ製品を創造、伝達、送達、交換する活動、制度のセットおよびプロセス」[23]となる。簡単に言うと、マーケティングは顧客のニーズを把握し、企業がそのニーズを満たすため販売すべき製品やサービスの種類を見極め、会社の製品を伝達する最適の方法を、徹底した調査によって究明することである。これを具体化するため、一例を取り上げてみたい。

私はハネウェル社での勤務時代、耐放射線集積回路と高精度センサーのマーケティング、販売、広告を担当していた。私は全製品をアメリカ政府にだけ販売した。わが社だけが耐放射線集積回路を提案していたわけではなかったが、競争はきわめて限定され、製品に関連する情報や能力は秘密にされていた。耐放射線集積回路への需要を抱える政府機関の数は、関係部署に配置された職員と同様、限られていた。つまり、対象機関に対する耐放射線集積回路のマーケティング調査は限定されていたのである。

将来に出現する可能性のあるニーズとそのニーズを実現するプログラムの可能性を見極めるため、ベテランのエンジニア同士を融合させた。彼らがそれまで未発見だった需要を見つけたとき、ハネウェル社はその需要にいかに取り組むことができるかを「白書」にまとめた。これにより、コンセプトの有効性を実証するための開発契約に漕ぎ着けることができたのである。

しかし多くの場合、政府は特定プログラムのための耐放射線集積回路への需要に関する正式な「見積依頼（ＲＦＱ）」を発出した。ＲＦＱを受けとった後、私たちは価格提示を含んだ提案書を提出した。価格設定に関してはＲＦＱに記載のとおり、プログラムの目的を満たす供給者の能力を含め、多くの要因に基づく契約を政府と取り交わした。

私が言いたいことは、そこには本来の広告活動はなく、提案書の作成やその提案書に関して政府が抱える質問への対応といった、〔一般企業なら〕販売業務に含まれる活動もなかったということだ。商業市場と異なり、広告による販売の増大はない。政府は議会が決めた予算配分に基づき、耐放射線集積回路を調達し、そのための市場を制限した。

他方、ハネウェル社のセンサー製品向けの商業市場は、耐放射線集積回路の場合と完全に異なっていた。あらゆる要素が、通常の商業市場と同じだった。したがって、我々は市場調査を行い、①市場を狙ったセンサー製品の性能に関する最適値、②市場の主要なクライアントの見極め、③クライアントの需要、④市場で競争力を持たせるために必要な価格設定を行った。さらに、業界誌に新製品発売の広告を掲載し、その購読者にはターゲットとする市場のアプリケーション技術者が含まれていた。

ここで共有したいポイントは、次の二点である。

1. マーケティングは、販売や広告と区別される。
2. マーケティングは、特定の製品提供の関数である。

こうした理解を踏まえ、マーケティングにおけるＡＩの活用例を考えてみたい。

マーケティング予測――これはマーケティングデータから引き出される知識である。マーケティング予測にかかわるＡＩの活用は、予測を行うスタッフの能力に左右される。大容量で定量化可能なオンラインでのマーケティングデータ（例えば、クリック、閲覧、ページ上の滞在時間、購入、Ｅメールでの回答など）のため、ＡＩはデータ解析、トレンド把握、施策の提言に最適である。二〇〇〇以上のマーケティング技術会社がデータの管理と解析を行っている(24)。マーケティング予測のためのＡＩの活用は今や主流になりつつある。

市場目標の選定――これは消費者行動に関連する知識であり、機械学習が利用される。機械学習とは、情報を使った特定のプログラミングがなくても、コンピュータが独自に「学習」することを可能にするアルゴリズムおよびテクニックである。例えば、適切なアルゴリズムを備えたコンピュータは、数千通のメールを解析することができ、いかなる表現が〔閲覧者から〕最も良い反応を引き出しやすいかを決定する。

三　ビジネス・インテリジェンス

ビジネスインテリジェンス分野のＡＩは今や主流となり、各企業は日頃から機械アルゴリズムを使って膨大なデータから読み取れるトレンドやインサイトを見極めている。これは、リアルタイムでの迅速な「十分な情報に基づく意思決定《インフォームド・ディシジョン》」を可能にし、競争力の増大につながる。

いかなる規模のビジネスであっても、データ収集は不可欠である。そのデータは製品、クライアント、利潤、損失、ビジネスに関連したさまざまなデータ要素からなる。ちょうど二、三〇年前までは、規模の大きなビジネス分野だけが、しかも通常はデータ解析を専門にする会社によってデータ解析が行われていた。だが、それはまったく様変わりしている。ゼネラル・エレクトリック社、ＳＡＰ〔サービス通知プロトコル〕社、シーメンス社のようなビジネスインテリジェンス・アプリケーションのプロバイダーや数多くのスタートアップ企業は、解析作業をオートメーション化する費用対効果の高いソリューションを提供している。そのうちのいくつかを紹介しよう。

SAP　ウォルマート・アプリケーション——ウォルマート社は〈ＨＡＮＡ〉——ＳＡＰのＡＩクラウド・プラットフォーム——を使って、一万一〇〇〇件以上の店舗で取引されている膨大な情報を処理している。[25] ウォルマート社は〈ＨＡＮＡ〉を使って迅速な営業と事務管理部門〔経理、人事など〕の経費を管理している。〈ＨＡＮＡ〉の加盟店舗は、データをディスクではなくＲＡＭに複製し、これによりリアルタイムでデータにアクセスすることができる。こうした〈Ｈ

ＡＮＡ〉に組み込まれたアプリケーションを使って、ウォルマート社ではより迅速な意思決定が可能となり、リアルタイムで発生する諸問題を見つけることができる。

また、特定期間の売上げと、前年度の同一時期の売上げとを素早く比較することができる。それを店舗ごとの売上げ、あるいは全店舗の総売上げとして算出できる。売上げが一つの店舗に集中し、他の店舗の売上げが通常の変動の幅に収まっている場合を考えてみよう。そこでは問題となる店舗の動向が、マネジメント面での何らかの手立てを必要とする明白な兆候と見なされるだろう。

アバナード・パシフィック・スペシャリティ・アプリケーション――保険会社のパシフィック・スペシャリティ社は、〈アバナード〉を使って解析プラットフォームを生み出し、スタッフに対して、顧客や政策データに対する鋭い視点と深い洞察を与えている。[26] その目標は、新製品の開発に役立つインサイトを用いて、営業チームが実績を上げられるように手助けすることにある。彼らが委託した調査によると、〈アバナード〉の予測では、このアプリのインサイトにより三三パーセントの歳入増加が見込めるという。[27]

〈アバナード〉のビジネス・インテリジェンス・アプローチに関する私の考えを紹介したい。

私は在職中、営業担当ミーティングや技術担当ミーティングで収集できた限られた情報だけで、製品開発の意思決定を行わなければならなかった。営業に携わる人やアプリケーション技術者は、クライアントと交流しており、彼らは新たな製品開発に関するビジネスインテリジェンスの潤沢な情報源でもあった。我々は彼らに調査を依頼し、新製品への需要を決めた。

そうは言っても、実際、我々の製品開発の意思決定が明確であることは滅多にないし、確実に市場で受容されるわけでもない。投資利益率（ＲＯＩ）データは膨大な仮定を含んでおり、意思決定が正しかったという保証はほとんどない。これらの理由から、私は新製品の開発サイクルを短くし――このためには、新製品を必要最小限の機能に絞り込む必要がある――発売後一八カ月以内に製品開発投資の回収を確実にするＲＯＩとすることにした。こうした条件を設定しても、新製品の少なくとも半分は不調に終わる。ところが、こうしたアプローチをとらないと、新製品の九〇パーセント近く〔の投資の回収〕が最終的に不振に終わっていた。

製品開発サイクルを長くとり、製品開発コストを五年後に回収できるＲＯＩを挙げていた企業は、数百万ドルの経費が嵩《かさ》み、効果的に競争できていない。私は製品を急いで市場に送り出し、それらを市場の不可欠な需要としたほうが良いことがわかった。このアプローチには議論の余地があるけれども、市場で成功した新製品は不調に終わった製品の開発コストを補てんするとともに、一八カ月経った後でも利潤を生み出すといった効果が認められた。

〈アバナード〉のＡＩビジネス・インテリジェンス・アルゴリズムは、営業・技術チームや人的情報源からの主観的意見を引き出しながら、顧客データを集積する。もしそれが役に立つものであれば、私はそれを使っていただろう。

全般的に私は、現在のＡＩビジネスインテリジェンス・ツールが人間が行う判断に取って代わったり、確実な成功を保証するとは思わない。とはいえ、「十分な情報に基づく判断」を高めることはできる。これは、より質の高いタイムリーな意思決定をもたらし、そうした意思決定を正しくする可能性を増大させる。

四　セキュリティ

セキュリティは包括的な用語である。クレジットカードの不正利用の減少など個人レベルのセキュリティを包括し、あるいは、テロリスト攻撃の予防など国家レベルに適用することもできる。人工知能や機械学習は、あらゆるレベルでのセキュリティとあらゆる状況でのセキュリティに影響を与えているが、ＡＩアプリケーションはしばしばプライバシーの問題を生む。例えば、テロリズムを予防するため、政府はテロリストとは関係のない広範な人々の活動をモニターしなければならない。

セキュリティ分野におけるＡＩの倫理的な活用法は重要な問題であり、倫理学における未開拓の新しい分野である。これは珍しいことではない。というのも、一般にテクノロジーは、倫理的規制よりも先に進歩するものだからである。いかにして我々は、諸個人の権利や合衆国憲法を侵害することなく、個人と国家の安全を確保するためにＡＩを活用できるだろうか。この問題に対する簡単な答えはない。少なくとも本書執筆時点において、ＡＩベースの治安アプリケーションは国家安全保障の観点から、プライバシーの権利の一部を損なうと言えそうだ。どこに線引きするかは、司法当局において今も議論されている。

この問題は自律型兵器について議論する際に、一層深刻となる。なぜなら、自律型兵器は独自に人の生死に関わる決定を下すからだ。この問題の深刻さは根深く、後の章で詳しく議論したい。とりあえず、ここでは二つの事例について考えてみたい。一つ目は個人の安全に関すること、二つ目は国家安全保障に関することである。

個人情報の盗難――アメリカ公認会計士協会によると、二〇一五年に概ね五人に一人のアメリカ人が個人情報盗難〔なりすまし犯罪〕の標的になっている。[28] ちょうど一〇年前、クレジットカード会社から個人に電話をかけて、クレジットカードで購入した買い物が本人のものなのかどうかを問い合わせるのが通例であった。しかし今日では、クレジットカード会社からかかってくる電話内容は以前とは違う。クレジットカード会社は、何者かがあなたのカードを不正に使い込もうとしていることを告知したり、口座が凍結されていることを知らせたりする。

では、クレジットカード会社は、あなたが使用しているカードが誰かから盗んだものではないということを、いかにして知るのだろうか？　その答えは機械学習である。クレジットカード会社は、購買行動や他の要素を追跡するアルゴリズムを持っており、あなたが特定の買い物をするかどうか、尋常ではない正確さで予測することができる。しかしながら、これらのセーフガードを備えていても、個人情報詐欺は二〇一五年と比べて、二〇一六年には一六パーセント増大した[29]。

サイバー攻撃――現代文明のほとんどすべてがコンピュータとインターネットに依存し、サイバー戦（戦略的・軍事的目的のため情報システムを攻撃すること）は「今、そこにある危機」である。アメリカ国防省はこれを国家安全保障への危機と認識している。二〇〇九年、アメリカはメリーランド州フォート・ジョージ・G・ミードの国家安全保障庁（NSA）本部にUSサイバーコマンド（USCYBERCOM）を創設した[30]。アメリカ国防省（DoD）によると、USサイバーコマンドは

特定の国防省の情報ネットワークの運営と防衛を指揮し、あらゆる領域での行動を可能にするためフルスペクトラムの軍事サイバースペース作戦を準備し、命令を受ければ実行し、サイバースペースにおけるアメリカと同盟国の行動の自由を確保するとともに、我々の敵に

その利用を拒否するための活動を計画・調整・統合・一体化・実施する。[31]

簡単に言えば、USサイバーコマンドはサイバー攻撃に対してアメリカを防衛するとともに、サイバー戦で攻撃的活動を行う任務を有する。一例として、コンピュータウィルスを使って、AIがサイバー攻撃で演じる役割について論じてみたい。

コンピュータウィルスの高度な利用により、AIは標的とするコンピュータシステムへの侵入が容易になる。AIはプログラムを擬装し、コンピュータのファイアウォールを突破し、探知を回避し続ける。例えば、マルウェアや他のウィルスはダイナミックにコードを変え、ファイアウォールを突破し、アンチウィルス・ソフトによる発見を防ぐ。

一方、ウィルス探知のためのアンチウィルス・プログラムには、機械学習とAIが使われる。アンチウィルス用のスキャナーは、あるプログラムがウィルスかどうかを推測するため、コードと行動パターンを探ることによって、コンピュータウィルスを探知する。AIの行動ベースのスキャニングは、アンチウィルス・データベースの中でウィルスの定義に引っかからなくても、高度なウィルスへの有効な対抗手段となる。

五　金融

アメリカ商業銀行のトップ七行は、ＡＩアプリケーション分野に戦略的に投資して、顧客に奉仕し、業績を向上させ、収益を増やしている。金融の将来は、フィンテック〔FinTech。金融（Finance）と技術（Technology）を組み合わせた造語で、スマートフォンを使った送金など、金融サービスと情報技術を結びつけた手法〕やＡＩアプリケーションへの依存をますます強め、やがては大手銀行間の競争の行方を左右するだろう[32]。

大手銀行は膨大な量のデータを処理し、金融レポートを作成し、規制条件を満たしている。こうした処理手続きはたいてい標準化・定型化されているが、それを仕上げるには依然として数多くの従業員を必要とする。標準化・定型化された処理手続きは、ロボット処理による自動化（ＲＰＡ）が得意とする理想的分野である。ところが、ＲＰＡの対象から外れた処理手続きをめぐり、銀行業務で問題が生じている。このため、銀行では機械学習とＲＰＡを組み合わせている。こうした利点を踏まえ、また混乱を避けるためにも、大手銀行はＡＩとその関連技術に重点的に投資し、ＡＩを効果的に活用できる有能な人材を募集・育成している[33]。

企業や大組織は、会社間の仲裁、四半期ごとの決算、収益報告の作成など、金融業の中心的な役割を変えるためＡＩを利用している。ＡＩは金融分析、資産配分、未来予測など企業のより戦略的な機能に取り入れられている。ＡＩを使って企業金融を支える絶大な利点は、正確性とスピードなのだ。[34]

人工知能は銀行や企業の経営効率を改善するが、銀行業務では依然として人間による戦略的意思決定が必要とされている。

六　モノのインターネット

「モノのインターネット（ＩｏＴ）」という用語は、サーモスタットから洗濯機に至るまで、ありとあらゆる電子機器がインターネットや他の電子機器に接続されていることを指すが、パソコンやタブレット端末、スマートフォンは含まれない。経営コンサルティング会社のガートナー社〔ＩＴ分野の調査専門企業で、本社はコネチカット州スタンフォード。顧客には大手企業や政府機関が多い〕によれば、二〇二〇年までに接続される電子機器の数は二六〇億を超えると言われている。[35]「インターネットに接続可能なら当然、接続すべきだ」という新しいルールにでも従っているかのようだ。

ここで「なぜ、あらゆるものを接続するのか」という疑問が生じる。この疑問に答えるため、二〇一三年の「グローバル・スタンダード・イニシアティヴ」による「モノのインターネット」の定義を見てみよう。

〈モノのインターネットとは〉相互に利用可能な情報通信技術を土台として、（物理的・仮想的な）あらゆるモノを相互に接続して、高度なサービスを実現する情報社会のための世界的なインフラである。[36]

この定義によれば、〈モノのインターネットの〉目的は高度なサービスを実現することである。これに関連する簡単な事例を取り上げてみたい。

あなたはスマートフォンの買い物リストを使って、スーパーマーケットで買い物をしている。〈スマートキッチン〉はあなたが「塩」を買い忘れたことに気づき、自動的にそれを買い物リストに追加してくれる。もう一つ別の簡単な例がある。あなたは妻と夕食の約束をしているが、彼女は交通渋滞に巻き込まれている。彼女のスマートカーはあなたに彼女が遅れて到着することと到着予定時刻をテキストメッセージで知らせてくれる。

ＩｏＴは都市の交通ネットワークなどの大規模なシステムにも応用可能であり、それは効率性を改善してくれる。例えば、次の駅で誰も乗客がいない場合、その列車は自動的に次の駅で停車しない。

ＩｏＴは無限の機会と接続を可能にする。それは我々が考えの及ばない方法や、今日では十分に理解している方法で、我々の役に立っている。しかし、あらゆるものをインターネットに接続できる興奮を解き放つ一方で、重要な点は十分に考慮されていない――すなわち、インターネットに対する我々の「信頼」が「従属」へと変化しているという点だ。

我々は深刻なセキュリティ上の課題に対処することなく、「モノのインターネット」を急速に推し進めている。[37] 列車の例において、乗客が列車を待っている駅のホームを埋め尽くしているとき、もし誰かが列車と駅をつないでいる「モノのインターネット」に悪意あるハッカー行為をしたら何が起こるだろう？　そのハッカーは列車にその駅には停車しない指示を送ることができる。もしハッカー行為の対象が列車ではなく、救急救命のような緊急対応車だったらどうであろうか？　ハッカーは違うアドレスに反応するよう救急救命に指示を送ることができる。今、ある人の生死がどちらに転ぶかわからない危険な状態にある。これは次の問題を提起する。

「モノのインターネット」は規制すべきか？　本書執筆時点で、連邦取引委員会はＩｏＴの規制を拒んでいる。この決定は賢明であろうか？　あなたはどう判断するだろうか。

七　ウェアラブル

まず「ウェアラブル《身体に装着できる》」を理解するところから始めよう。Techopedia〔英語のオンラインＩＴ用語辞典〕によると、

「ウェアラブルな」デバイスとは、身に着けられるテクノロジーを指す。このタイプのデバイスはテクノロジー業界でより一般的に見られるようになり、各企業は、身体に装着できるほど小さく、身の回りの情報を収集・伝達できるパワフルなセンサー技術を内蔵するさまざまなタイプのデバイスの開発に乗り出し始めている。[38]

ウェアラブルなデバイスの典型的な応用例は、ユーザーのバイタルサイン〔血圧、心拍数、呼吸、意識など〕、健康や体調に関するデータ、ユーザーの位置などの追跡である。その他の例には、次のようなものがある。

・　アップルウォッチ・シリーズ３〔アップル・ウォッチはアップル社が二〇一五年四月から

販売している腕時計型ウェアラブルコンピュータのスマートウォッチ〕――iPhoneモデルをベースとしてアップルウォッチ・シリーズ3の特長を使用：「携帯電話から離れても接続を維持できる。時計を使って通話し、テキストを送れる。手首からアップル・ミュージックを使って四五〇〇万曲をストリーミング配信できる。携帯電話を一切使わず、Siriに頼んでリマインダーメール〔予定などを思い出させるため、設定した日時にメッセージを表示したり、電子メールを送ってくれる機能〕やカレンダーのスケジュール、指示を送るようセットできる。もっと運動に励むこともできる。汗を流している間、携帯電話との接続を維持できる。どんな遠くでも、どんなに高い場所にいてもだ。普段の散歩から長時間のドライブまで、あらゆる動作を計測できる[39]」。本書を執筆している時点で、アップルウォッチ・シリーズ3の価格は、基本モデルが一〇〇ドルから二〇〇ドル、高性能モデルは三〇〇ドルから四〇〇ドルである。

・

AIヒアラブル――AIヒアラブルを定義することから始めよう。everyday hearing websiteによると、ヒアラブルとは以下のようなものだ。「ワイヤレスで耳に付けるタイプのコンピュータ内蔵イヤホンを指す。基本的に、外耳道に装着し、無線技術を応用することで聴覚体験を補完・向上させるマイクロコンピュータを備えている[40]」。

究極の目標は、補聴器としての機能を持たせ、耳の中に装着する小型サイズのコンピュータにすることである。とはいえ、技術はいまだ熟しておらず、究極の目標の実現には長い道のりを要する。一方、ナノエレクトロニクスやナノセンサー技術が進歩すれば、主要都市にくまなく張り巡らせたインターネット接続の実現により、究極の目標に近づくことができるかもしれない。「もし」ではなく「いつ」実現するかが大きな課題である。

ウェアラブル市場はいまだ初期段階にあり、大々的に宣伝されているわりには要求を満たしていない。要求を満たすには、ＡＩテクノロジーやナノエレクトロニクス、ナノセンサーなど他のテクノロジーがどれだけ進展を見せるかにかかっている。人工知能やナノエレクトロニクス、ナノセンサーに関する私の知識から考慮すると、一〇年かそれ以内に、我々はＡＩヒアラブルの究極の目標に辿り着くと私は判断している。その間、私はＡＩヒアラブルが新世代が必要とする多様な機能を提供してくれると期待している。アップルウォッチも同様に成長を続けるだろう。いずれは、収穫加速の法則により、テクノロジーはますます人々の心を惹きつけ、市民生活の広範な領域に浸透するだろう。

八　パーソナル・アシスタントと生産性

「パーソナル・アシスタント」と「生産性」という言葉が同じカテゴリーで掲げられているのは奇妙に思えるかもしれない。その理由は簡単だ。人工知能によるパーソナル・アシスタント（ＩＰＡ）はユーザーの生産性を高めるからである。実際、人工知能を使ったＩＰＡと呼ばれるデバイスは、会議の設定や出張の手配、領収書の管理やメモ取り、口述筆記、日常的な販売業務など、人間のパーソナル・アシスタント〔個人秘書〕とほぼ同じ仕事をこなす[41]。

数十年前は、エリート幹部たちだけが人間のパーソナル・アシスタントを持つことができた。そうした幹部は自分ができる仕事だけに集中し、日常的な仕事はパーソナル・アシスタントに任せた。私が業界に入りたての頃、会議のセッティングは面倒な雑用作業であった。一人一人に電話し、空いている時間を見つけ出さなければならなかった。やっとのことで、私は全員が空いている時間帯を見つけたものだった。

有能なパーソナル・アシスタントのデバイスなしで全員が都合の良い時間帯を見つけるには、今日でさえ、通常の会議のセッティングのために最低三回のメールのやり取りを必要とする。このように会議をセッティングしている人たちは、通常、最低賃金より高額の給料を稼いでいる知識労働者（肉体労働とは異なり情報を取り扱う労働者）であることを考えると、〔会議のセッティングは〕高価な時間の浪費であると言える。

幸いなことに、一九九〇年代後半、ＩＰＤ（インテリジェント・パーソナル・デバイス）が登場した。当時のＩＰＤは携帯電話と切り離されていた。その流れを一気に変えたのが、二〇〇七年一月二九日のアップル社のｉＰｈｏｎｅの発表であり、マスコミの熱狂的宣伝がそれに続いた。[42]それ以前のスマートフォンは、Ｅメール機能の他はさしたる機能を持たなかった。私はマックワールド・エキスポでｉＰｈｏｎｅを発表するスティーブ・ジョブズの写真を見たことを今でも覚えており、そのときこう考えたものだ。ｉＰｈｏｎｅのどこがそんなに特別なのか？　と。ハネウェル社の上級役員であった私は、ネットサーフィン、Ｅメールの送受信、そしてもちろん電話ができる携帯電話を所有していた。私のスマートフォンには、ｉＰｈｏｎｅ導入以前にすべてのスマートフォンに備わっていた小型キーボードが付いていた。私には人間のパーソナル・アシスタントがいて、ＩＰＤも使っていた。物理学者としての経歴を持ち、コンピュータ技術に詳しかった私は、当時のスマートフォンの機能には依然として課題が多いと思っていた。

私はｉＰｈｏｎｅの初期型モデルを急いで買いに行くようなことはしなかったが、息子はすぐに購入した。息子たちにｉＰｈｏｎｅの新しい性能を見せつけられ、私のスマートフォンは貧弱に見えた。一例を挙げると、ｉＰｈｏｎｅはナビゲーション・ボタンのついた小型キーボードがなかった。代わりに、アプリケーションの操作に必要なタッチスクリーン式のキーボードと制御装置があった。私はようやく、スティーブ・ジョブズが成し遂げた偉業を理解した。彼自身の言葉を使えば、「ワイドスクリーン・iPodとタッチ式制御装置」「革命的な携帯電話」「革新的なインターネット通信装置」を融合したのだ。(43)

iPhoneはコンピュータのように膨大なソフトウェア・アプリケーションを搭載し、その数は飛躍的に増大した。「スマートフォン」というアイディアに目新しさはなかったものの、iPhoneの機能を提供する携帯電話を生み出せた会社は他になかった。iPhoneの発明は世界を一変させた。今日、ほとんどの携帯電話製造会社はiPhoneと競争できるスマートフォンを開発し、ほとんどの人がiPhoneを所有している。結局、スマートフォンはiPodやIPDデバイスを時代遅れにしてしまった。

iPhoneの登場により、アップル社は消費者向けの巨大エレクトロニクス企業としての地位を確立した。私はBluetooth〔近距離無線通信の規格の一つで、パソコンやスマートフォンといった情報機器やオーディオ機器などを無線で接続し、機器間で音声やデータをやり取りできる〕スピーカーを使って、iPhone7のプレイミュージックを聴いている。私は音声コマンドを使い、Siriアプリケーションが自然言語で応答してくれる。リクエストに応じて、天気予報、会議のリスト、会議のリマインダーを設定してくれる。

私と同世代の人は、『スター・トレック』の原作に登場するコミュニケーター《メッセージ伝達装置》を覚えているだろう。この装置はＳＦの産物だった。『スター・トレック』の原作者は頭の中で考えたどんな能力でも編み出すことができた。しかしそれは、メッセージの伝達と、カーク船長とスタートレック乗組員を物質移送するために「ロックオン」する位置確認装置としてしか役立っていない。カーク船長がコミュニケーターに質問を発したり、そこに映し出される映画を観賞したりしている場面を見たことはない。ｉＰｈｏｎｅは実際、スタートレックのコミュニケーターよりも多くの機能を有しているのだ。

多くのスマートフォン所有者と同様、私はスケジュール管理、天気予報、行き先案内、テキストメッセージやＥメールの送信、写真撮影などでｉＰｈｏｎｅに頼っている。数多くのアプリケーションを使って、人々はスマートフォンでより多くのことをこなしている。

ビジネスコンサルタント会社のフロスト＆サリバン社の調査によると、スマートフォンの利用により生産性が三四パーセント向上し、一日平均して五八分間の労働時間の短縮と、私的時間の増大につながったと従業員たちは語っているという[44]。

九　E-コマース

AIはE-コマース（インターネット上で行われる商品やサービスの取引・決済を指す用語。電子商取引、ネットショッピングとも呼ばれる）を変容させている。グローバルな調査・コンサルタント会社のガートナー社は、二〇二〇年までに顧客との取引の八五パーセントをAIが処理すると予測している。[45] しかし、我々の多くが今日、すでにそれを経験している。

例えば、私が処方薬の詰め替えの用事でウォルグリーンズ（アメリカのドラッグストア）に電話をかけたとすれば、その会話全体が人工知能アプリケーションを使った自然言語（コンピュータ言語ではなく、人間が日常使用する言語）でやり取りされる。（人間と）コンピュータ・アプリケーションとの相互作用では、ほとんど検知することが不可能な水準まで来ているのである。これはウォルグリーンズだけに特有のことではない。前にも述べたように、人工知能の応用は広範な分野で実践されている。AIを活用したコンピュータ・アプリケーションがE-コマース機能を担うことは費用対効果が高く、効率性がよい。このことについて、もっと詳細に検討してみよう。

AIは人間と比べ、より速く、より効率的にビッグデータ（膨大なデータセット）を解析できる。そして、顧客同士の類似点、過去の購買行動、信用調査といった情報の中から、クラスターやパターンを素早く識別する。これが意味するのは、AIが特定の顧客に対して個人向けの提案を行えるということだ。これはアマゾンのようなオンラインショップの成功に不可欠である。この顧客との会話（すなわち販売）を増やすため、AIアルゴリズムが使用されている。

AIはバーチャルな販売アシスタントのように振る舞える。顧客がオンラインで検索した製品やサービスが購入可能になったり、あるいは価格が低下したとき、AIは通知してくれる。例えば、ある製品をアマゾンの「ほしい物リスト」に入れておくと、アマゾンは販売状況と価格の変更について知らせてくれる。同じことが旅行サイトにも当てはまり、空の旅の利用状況や価格変更について知らせてくれる。

近い将来、二〇二〇年までには、バーチャル販売アシスタントが個人向けの購買アシスタントの役割を果たしてくれると私は期待している。プログラムを使って指示すれば、通知を送る代わりに、AIは顧客のスケジュールに見合ったタイミングで、望みの製品やサービスを最適価格で購入してくれるだろう。

自然言語を使って顧客とやり取りするAIアルゴリズムであるチャットボット（対話（chat）するロボット（bot）を意味し、入力されたテキストや音声に自動的に回答するため、人間の作業を代行できる）は、さらに知能が高い。[46] シンプルな質問・応答システムを超えて、チャットボットは顧客の購買経験を豊かにする。例えば、会社の配送プロセスに接続されたチャットボットは、顧客にリアルタイムな製品配送状況を提供する。こうした個人向けの製品配送状況の通知は、顧客の満足度を大いに高めている。チャットボットは、次のことを提供できる点で「未来の波」であると言える。

・拡張する顧客サービス――販売員の来訪を待つ必要がなく、折り返し電話をかける必要もない。
・顧客情報――チャットボットは顧客からの問い合わせに人間よりも素早く、満足度の高い応対ができる。
・利用の容易性――テキスト入力ではなく〔音声認識による〕自然言語を使うチャットボットとやり取りできる。
・個人化――チャットボットはビッグデータを使って、顧客に会社とではなく「友人」とやり取りしているかのような印象を抱かせ、個人的な購買経験を与えてくれる。

チャットボットの強みは、ＡＩを使ってビッグデータを解析し、リアルタイムで顧客の問いかけに応じ、そうしたやり取りから学習する能力にある。人間は、顧客関係管理（ＣＲＭ）〔顧客のデータベースを個々のニーズに対応させ、顧客の満足度を高め、会社の収益性を向上させる仕組み」や在庫データベースなどを利用したとしても、AIチャットボットと比べ、対応が遅く、長期的にはコストがかかる。例えば、IBM社は〈ワトソン〉を使って、構造化データと非構造化データを関連づけ、いつ、どの製品を注文すべきか、競争力をつけるためにどの製品を割り引く必要があるかを決めている。(47)

一般に、E-コマースでのAIの使用はどこも間違っていないが、常に有益であるとは限らない。AIが対応できない特定の分野では、人間の才能が必要となる。それは次の三点である。

- 会社のデータベースには蓄積されていないが、会社の従業員の頭の中には存在する知識の適用。例えば、経験豊かな販売員は、声の調子などから顧客の心情を読み取り、売り上げの損失や訴訟問題となりかねない状況をうまく処理し、気分を害した顧客を手なずけることができる。
- 顧客が実在の人物と話しをすることで、会社の代弁者となれる。
- 販売には信用が重要な要素であり、顧客との個人的な信頼関係を構築できる。

一〇　ロボット工学

ロボットに人工知能を持たせると、通常なら人間の手を必要とする機能を発揮できるマシンを我々は手に入れることができる。その能力の可能性は計り知れない。しかし、このテーマは個別の要素に分解して理解することが必要である。

人工知能（ＡＩ）は、コンピュータを利用して知的行為を再現する包括的な概念である。こう考えてみよう。我々は通常、チェスゲームに勝つには人間の高いレベルの知性を必要とすると思っている。チェスのアルゴリズムを内蔵したスマートフォンは、多くの人間を打ち負かすことができる。だが、スマートフォンのチェス・アルゴリズムは、ただ一つの機能においてのみ頭が良いというに過ぎない。

例えば、チェッカーゲームはできない。チェッカーゲームは、さほど難しくないゲームで、多くの人は子供時代に覚えるゲームだ。そのスマートフォンは人間の知能と同等か、それを上回る機能を再現できるが、全体として見れば、人間よりも知能が高いとは言えない。汎用人工知能を欠いているからである。

ＡＩ研究者の中には、汎用人工知能のことを「強いＡＩ」と呼ぶ者もいる。現存するコンピュータに汎用人工知能を持つものはない（したがって、「チューリング・テスト」をパスできるコンピュータは存在しない）。今日のＡＩ研究は、最低限の人間の関与で知的行動を行い、経験から学習できるアルゴリズムの開発を重視している。このアルゴリズムのことを一部のＡＩ研究者は「スマート・エージェント」と呼んでいる。これについては前節で論じた。

ロボット工学とは、ロボットの設計、組み立て、操作、応用を対象とするテクノロジーのことである。「ロボット」という用語は、自動的に作動するマシンを意味する。テクノロジーの一つの分野としては、人工知能テクノロジーよりも一〇〇〇年も古くから存在した。実際、ロボットの起源は紀元前四世紀にさかのぼり、ギリシアの数学者であったターレスのアルキタス（古代ギリシアの哲学者、数学者、天文学者、音楽理論家、政治家、軍事戦略家。紀元前四二八～紀元前三四七年）は、自ら「ハト」と名付けた蒸気ジェットで推進する鳥の形をした機械を作った。ほとんどの人は自動車の製造にはロボットが広範に利用されていることを知っているが、その実態は多くの労働者が退屈と感じる繰り返しの反復動作を行っているだけだ。アメリカ軍や警察は、爆弾処理など危険なタスクにロボットを使用している。

初期のロボットは自動化を主体とし、組み立て作業など通常なら人間が行えるタスクを担う機械のことであった。ところが、初期のロボットの応用範囲は限られていた。組み立て作業では、ロボットは単一のタスクを担うだけだった。別のタスクをこなすには、ロボットの改良か、新たなタスクに必要な別のロボットを製作しなければならなかった。コンピュータの登場により、状況は一変した。

一九五四年、アメリカの発明家ジョージ・デボルは、彼が〈ユニメート〉と呼んだ最初のデジタル操作のプログラミングが可能なロボットを製作した。一九五六年、デボルとアメリカの物理学者、エンジニア、起業家のジョセフ・エンゲルバーガーは、最初の産業用ロボット製造会社であるユニメーション社を設立した。一九六〇年、ユニメーション社は〈ユニメート〉をゼネラル・モーターズ（GM）社に売却した。ゼネラルモーターズ社は一九六一年、ニュージャージー州のトレントンの工場に〈ユニメート〉を導入した。

プログラミングにより、熱せられた金属片をダイカスト・マシンから持ち上げ、きちんと整列させて次の組み立て作業の準備をする。デボルによる〈ユニメート〉の発明とデジタル操作でプログラム可能なロボットアームの専売特許は、多くの者から現代ロボット産業の基礎と見なされている。[48]

プログラム可能なロボットは、単なる自動化の範囲を大幅に超える。一つのロボットをプログラミングして多様なタスクをこなすことが可能になった。ちょうど、複数のタスクをこなせるように職員をクロス・トレーニングするようなものだ。我々は〈ユニメート〉の中に初期のAIの萌芽を見るのである。

他社もプログラム可能なロボットアームを開発してきたが、初歩的ＡＩに変わりはなかった。それが一九七〇年に変化し、スタンフォード研究所（現在のＳＲＩインターナショナル）は〈シェーキー〉と呼ばれる周囲の環境を判断できる世界初の移動式ロボットを開発した。[49]〈シェーキー〉の設計には、テレビカメラやレーザー距離計、「隆起センサー」など多様なセンサーが組み込まれ、独自航行が可能になった。

もし時間を現在まで早送りできるとすれば、人工知能ロボットは、二〇〇二年にアイロボット社から発売されたリビングルーム用電気掃除機ロボット〈ルンバ〉から、ジェネラル・アトミックス社が開発したアメリカ軍のＭＱ－１プレデタードローンに至るまで、現代文明のあらゆる局面で一般的になっている。

一　教育

教育分野におけるＡＩの応用は、一九八〇年代初期にさかのぼることができるが、ＡＩが教育のありようを根本的に変えたのは、この一〇年以内のことである。過去数世代にわたり、教育は教科書と人間の指導者が行ってきた。通常、学生たちは決められた科目を習うために、決められた期間に、机が並べられた教室に通い、授業を受けた。教師は教科書の内容を教えていたが、時には教科書の範囲を超えた内容を教え、ある時は教科書に含まれた内容を教え切れないこともあった。

授業中、学生たちは質問する機会を与えられるが、家に帰ると、答えは教科書に頼るしかなかった。インターネットが導入される以前は、これが常態であった。宿題として教師から研究課題を与えられると、学生たちは図書館に行くのが常であり、図書館員たちは学生たちが探す資料の検索を手伝ったものだ。この二〇年間、インターネットは研究や質問への対応を行う新たな手段を提供した。パソコンもまた教育プロセスを変えた。数多くのアプリケーションを利用して、学生は脚注、巻末注、参考文献を掲載した学術論文に匹敵するようなレポートを仕上げることができる。こうした変化だけでも重大事であるが、教育分野に対するＡＩの実際の影響は始まったばかりである。

ＡＩのデジタル式でダイナミックな性質は、教科書や教室の環境を超えて、学生のやる気を喚起している。この一〇年間で「知的個人指導システム（ＩＴＳ）」として知られる人工知能アプリケーションは、個人向けにカスタマイズされた教授法と学生へのフィードバックを可能にする。[50]

ＩＴＳは問題を解いている間の学生のメンタル状態を把握し、その情報を活用して学生の理解度を解決し、誤解を解消する。ＩＴＳは特定の学生向けに、〔学力に応じた〕適切な難易度の練習問題を与える。こうした教育システムはマン・ツー・マン式の個人指導の利点を高め、専門的個人指導の有効性を利用する者も増えている。このＩＴＳの例として、〈カーネギー・ラーニング〉や〈Tabtor〉、〈フロント・ロウ〉がある。ＩＴＳを利用した学習者と他の指導方法を利用した学習者との成績を比較すると、ＩＴＳ学習者の方が高いスコアをあげた[51]。

マン・ツー・マン式の個人指導を提供するＩＴＳに加え、クラウドソーシング式の強化指導法と呼ばれる別のアプリケーションは、ソーシャルネットワークを通じて数百万の学生たちの協同学習を手助けする。これは昔から行われてきたクラスメートの助けを借りるのと似ている。

クラウドソーシング式強化指導法の顕著な例は〈ブレインリー〉で、ユーザーがプラットフォームに投稿する質問を綿密に精査し、回答を認証するゲートキーパーとして、一〇〇〇を超えるモデレーター装置が使われている[52]。〈ブレインリー〉はマシン学習アルゴリズムを使い、スパムメール〔大量の迷惑メッセージ〕や中身のないメールを自動的にブロックし、モデレーターを使って質の高いサービスを学生に届けることができる。

教育分野における人工知能の別のアプリケーションは深層学習《ディープ・ラーニング》システムであり、それは人間の挙動を読み、書き、模倣して顧客の好みに見合ったコンテンツを配信する。例えば、コンテント・テクノロジーを使って、教育者は自ら作成した講義シラバスからテキストを集めることができる[53]。

上述した事例は、ＡＩを使えば、伝統的方法よりもさらに速く深い学習が可能になることを明らかにしている。一〇年か二〇年後には、ＡＩアルゴリズムは人間の教師に完全に取って代わる「性能を持つ」（capable）だろう。私がこのような主張をする理由は、ＡＩ自体が同じような時間枠で、人間レベルの知能と同等になる道筋をたどっていると考えるからだ。ＡＩが学生教育をリードするにつれ、我々がよく知っている学校や教室の姿は根本から変化するだろう。

先ほど、人間の教師に取って代わるＡＩの性能を記述した際に、「will〔単にそうなる〕」ではなく「capable〔性能を持つ〕」という単語を使ったことに注目してほしい。私はこの単語を慎重に選んでいるが、その理由は、ＡＩアルゴリズム、データベース、コンピュータ、他の関連するハードウェアやソフトウェアへの投資が、教師としてＡＩが人間に取って代わる速さを左右するからだ。

これまで現在の教育に対するＡＩのインパクトをざっと眺めてきたが、より深くより速い学習体験を提供する有効性の観点から、社会はテクノロジーの進歩に応じて変化する必要があると言えるだろう。前に論じたように、世界中で七〇〇万人に及ぶ医師、看護師、その他の医療従事者が不足しており、その人材養成には膨大な時間と経費を必要としている。ＡＩはこの状況を変えることができる。おそらく、教育業界の機関投資家が適切なハードウェアとソフトウェアに投資すれば、医療のプロフェッショナルを養成するのに必要な時間とコストを節約するだろう。

これをさらに進めて、学生一人一人が専門の履修コースを学習できるように設計されたアルゴリズムを搭載した独自のコンピュータを持つ将来を思い描くことができる。これでオンデマンドの学習が実現する。私は一人一人が生涯学習を通じてユーザーを手助けする「人工知能の個人助手《パーソナル・アシスタント》」を持てる将来が来ると思う。

ある医師がこれまで診断したことのない発疹患者と出会う場面を想像してほしい。また、発疹の写真撮影に、スマートフォンに組み込まれた「人工知能の個人助手」を利用する医師の姿を想像してほしい。この「人工知能の個人助手」は、インターネットを経由してデータベースに問い合わせ、発疹症例を特定し、治療法を処方する。この状況は今日で言うＳＦ（サイエンス・フィクション）に近いものかもしれない。だが、現実の科学的事実となるには、まだ数十年かかりそうだ。

主要な問題点

本章では、商業、産業、医療分野の数多くのＡＩアプリケーションについて大まかに概観した。ここでは一一のカテゴリーごとに、代表的なアルゴリズムや事例を掲げたに過ぎない。本書全体をそうしたアプリケーションの紹介にあてることもできようが、ここでの焦点は次の二つである。

1. ＡＩは現代社会のほとんどあらゆる場面で重要な要素であり、ＡＩに向けられた我々の「信頼」は「依存」へと変わりつつある。現在の流れからすると、二一世紀の第３四半世紀までに、現代社会はＡＩなくして機能することが難しくなるだろう。今日のＡＩは我々の生活を大いに豊かにする一方で、依存の増大は憂慮すべき問題を提起する。ＡＩテクノロジーの断絶は、我々人類の生存を脅かす。さしあたり、私はこの問題を「思想のための糧（food for thought）」として提示する。これは重要な論点であり、後の章で改めて検討する。

2. 現代社会はＡＩ依存の増大に気がついていない。すでに論じたように、増大するＡＩの役割に気づかない原因は「ＡＩ効果」である。認識の欠如がＡＩの進歩を阻むことはないにせよ、自由放任的な態度を助長することはある。

例えば、戦争での使用を含め、ＡＩの開発や使用を規制する法律はない。これは我々人類の生存を脅かす。ロシアなどいくつかの国は、すでに自律型兵器システムを配備している。[54] これが意味しているのは、人工知能マシンが人間の制御なしで攻撃し、人間の生死の決断をマシンが行えるということだ。これは戦争の未来に関する多くの示唆を含んでいる。自律型兵器は世界戦争の引き金を引くのか？

　ＡＩが人類のあらゆる関心領域において人間の認知能力をはるかに凌ぐシンギュラリティの段階に差し掛かったとき、人類はいかなる問題に直面するのか？　人類の好戦的な歴史やコンピュータウィルスを撒き散らす悪意ある振る舞いを見て、超絶知能は人類を自分たちの存在に対する脅威と見なすであろうか？　人類が増殖するアフリカバチに対処するように、超絶知能は自ら兵器を使って、我々人類を根絶しようとするだろうか？

　ＡＩ効果はＡＩアプリケーションの圧倒的な利便性と相俟って、人類がＡＩの負の側面に疑問を抱かない状況を生み出している。だが、たとえ我々がそれに気づかなくても、ＡＩは暗い邪悪な側面を有しているのだ。もしこれを聞いてゾッとするなら、それは現実がＳＦで語られていることよりも恐ろしいからなのかもしれない。

第三章　われは狂暴なロボット

現代戦を戦う国の能力は、テクノロジーの能力と同等である。
――フランク・ホイットル（ジェット航空エンジンの発明者）

新たな軍備競争が起きている。アメリカ、中国、ロシアは人工知能を新しい兵器戦略の中心に位置づけている。どの国も人工知能兵器の開発と配備を秘密にしている。とはいえ、最も機密性の高い分野であっても、長年培われてきたテクニックを使ってそこから有意な知見を得ることはできる。すなわち、古い諺にあるように「資金の流れを追跡せよ」だ。

世界トップ3の国防予算額を占める国は多い順に、アメリカ、中国、ロシアだ。とりわけアメリカは世界最大の軍事予算を持つ。二〇一六年、アメリカ国防省は六一一〇億ドル（US）をわずかに上回る国防費を使った。その額はアメリカの国内総生産（GDP）の三・三パーセントを占めている。中国は世界第二位の国防予算を持ち、二一五〇億ドル（GDPの一・九パーセント）をわずかに上回る額を費やしており、アメリカの国防費の三分の一に当たる。ロシアは世界第三位であるが、総額はアメリカに大きく水をあけられ、六九〇億ドルをわずかに上回る額（GDPの五・三パーセント）であり、アメリカの国防費の一一パーセントをわずかに上回る程度である。(1)

こうした国防予算を考慮すると、アメリカは戦争のあらゆる局面で圧倒的に優位な立場にあると結論づけたくなる。ところが、実態はそうでもない。中国とロシアは戦争のどの局面でも一対一でアメリカと張り合うことはできないことを理解している。近年、中国とロシアによる軍の近代化にかかわる経費の増額によって、アメリカが享受してきた軍事的格差は縮まりつつある。この一五年間にわたる中国軍の近代化の動きを見ると、弾道ミサイル、防空、航空機、電子戦、海軍艦艇が含まれていることがわかる。

中国は広範な分野でアメリカの軍事的強さに対抗しようとしていない。中国の目的はアジア太平洋地域、とりわけ近海に対する支配権《コントロール》を強化することであり、それにはアメリカとの軍事的均衡《パリティ》を必要としない。アメリカの世界的任務は、対立の激しいアジア太平洋を含む海洋の航行と通商の自由を確保することだ。かかる限定的目標の下、中国はアジア太平洋地域でアメリカに現実味のある脅威を与え続けることに専念できる。

過去一五年間の、とりわけ海軍力と弾道ミサイル能力の近代化努力のおかげで、中国はアメリカの航空母艦を撃破できる対艦ミサイル、そして域内の空軍基地やＦ－35など最新鋭の戦闘機を攻撃可能なミサイルを保有しているようである。中国のサイバーシステムは、アメリカの兵站や通信能力を混乱させるだろう。こうした観点から、中国は目的を達成しつつあると結論づけることは理にかなっている。

中国と同様、ロシアもまた欧州やアジアにおいてアメリカの能力を弱体化させるため、新たな軍事テクノロジーの開発に突き進んでいる。「砂漠の嵐」作戦など過去の紛争において、アメリカは自国の航空母艦や空軍基地を破壊したり、アメリカ軍による敵の領空支配を妨害できる国に直面したことがなかった。現在出現しつつある戦争の非対称的な局面は、アメリカ軍の作戦計画立案者に新たな問題を提起し、それはアメリカの戦力投射能力に対する懸念材料となっている。[2]

中国とロシアの軍事投資の重点は、一般に自律型兵器と呼ばれる分野に人工知能を導入し、非対称的な優位を獲得することである。これは何がこの趨勢を後押ししているのか、という問題を提起している。

中国とロシアは、アメリカに対する非対称な優位を獲得する上で、人工知能兵器が決定的な役割を果たすと判断している。アメリカだけでなく両国もまた、テクノロジーが戦争の新たな世代を担う鍵となる要素であると理解している。各国を突き動かしている具体的な要因について検討してみよう。

中国の研究者はＡＩ研究に本格的に取り組んでおり、中国民間企業の中で人工知能分野の急速な発展を主導している。例えば、シリコンバレーにあるウェブサービス企業であるバイドゥ（百度）社の研究所のリーダー、アンドリュー・エンは、二〇一五年に人間レベルの中国語の言語認識を上回ったＡＩアルゴリズムを開発したチームを率いた。[3] 一年後、マイクロソフト社の研究者は、自社が言語理解の分野で人間の技能に匹敵するソフトウェアを開発したと公表した。マイクロソフト社がメディアの注目を集める中、バイドゥ社は自社がＡＩテクノロジー分野で一年先を進んでいると知りつつも沈黙を保っていた。これは単なる偶然ではない。

アメリカで報道されなかったもう一つの事例はｉＦＬＹＴＥＫ（科大訊飛）社のケースで、同社は音声認識と自然言語理解を専門とする人工知能企業である。[4] 世界市場で音声合成および中国語と英語のテキスト翻訳の分野で国際競争力を高めた。

中国の軍事戦略家は、かつてアメリカ政府と政府の請負企業からしか引き出せなかったテクノロジーの多くが、今となっては民間商業部門から獲得できることを知り抜いている。高性能のゲームソフトやコンピュータを製造する同じ〔民間〕企業が、ＡＩテクノロジーのリーダー的存在となっている。もはやアメリカ政府系の研究所ではないのだ。

アメリカが人工知能を取り入れた自律型兵器テクノロジーの分野で優位を保つためには、ＡＩの専門知識を有する商業企業からの兵器調達を見据え、自律型兵器調達の方法を再編する必要がある。そのため、ペンタゴンはシリコンバレーに国防革新ユニット（ＤＩＵｘ）を設置し、アメリカ政府の契約慣行にシリコンバレー流の機敏で柔軟なスタイルを取り入れようとした。[5]

中国もそうしたパラダイム転換の必要性を理解していた。バイドゥ社は二〇一七年にそれを行動に移した。マイクロソフト社の人工知能専門家チー・ルーは同社から退社し、バイドゥ社の最高執行責任者に就任した。ルーはＡＩ部門の世界的リーダーになるべく、バイドゥ社の事業を統括していく。要するに、中国はＡＩ分野の強力な商業基盤が、自律型兵器の強力な軍事的優位を占めるための必要条件であることを理解しているのだ。[6]

ロシアは選択肢が限られている。アメリカと核の均衡は維持しているものの、戦争の他の分野で後れを取っている。とりわけロシアは、アメリカや中国と比べ、人口が少ない。米中両国の人口は次のとおりである（小数点第一位を四捨五入している）。

・　中国：一四億人
・　アメリカ：三億一九〇〇万人
・　ロシア：一億四二〇〇万人[7]

世界を見渡せば、中国は地球上で最大の人口を擁する国だ。アメリカは第四位、ロシアは第九位である。この事実は、自動化や人工知能に対するロシア人の思考に重くのしかかっている。世界の主要プレイヤーであり続けようとするとき、とりわけロシアの人口の少なさは不利になる。それゆえ、ロボット軍を保有し、自律型兵器を配備する戦略を公表した。

さらに、兵器輸出はロシア経済において重要な地位を占める。それは製造業の中でも技術集約的輸出品の相当な割合を占めている。実際、ロシアはアメリカに次ぐ世界第二位の武器輸出国である。ロシアは軍事産業を通じて世界経済に組み込まれており、ロシアがフルスペクトラムな能力を保持する基盤となっている。ロシア指導部は世界市場で競争力を維持するため、次世代の兵器輸出は人工知能を取り入れる必要があることを承知している。[8]

アメリカは兵器テクノロジーと敵に関する環境の変化を認識している。それに対応して、二〇一四年一一月、国防省は「第三のオフセット戦略」を発表した。[9] その意義について論じてみたい。

オフセット戦略とは、テクノロジーを使って最大の敵対者の軍事的優位に打ち勝とうとする戦略である。それは二つの原則からなる。第一に、戦争に勝つための軍事テクノロジーの力を持つこと、第二に、さらに重要なものとして、戦争を抑止できる十分な技術的な軍事能力を持つことである。オフセット戦略を理解するため、これまで実施されてきた時代ごとにアメリカのオフセット戦略を振り返ってみたい。

1. 第一のオフセット戦略――一九五〇年代、アイゼンハワー大統領はワルシャワ条約〔機構軍〕による侵略への防衛および抑止として、核兵器における技術的優位を重視した。これによりアメリカは、ワルシャワ条約が戦争を開始することを通常兵力をもって抑止するのに必要な莫大な出費を避けることができた。「第一のオフセット戦略」は一九六〇年代を通じて有効であり続けた。

2. 第二のオフセット戦略――一九七五年から一九八九年まで、アメリカは敵対勢力の数的優勢を相殺し、欧州に抑止的安定を回復するための技術的優位を重視した[10]。欧州では、ワルシャワ条約機構軍は三対一の比率でNATO軍に数的に勝っていた。この観点から、カーター政権下のハロルド・ブラウン国防長官は、新たな情報・監視・偵察（ISR）を重視し、精密誘導兵器、ステルス技術、宇宙利用の軍事通信と航海技術の向上に取り組んだ[11]。具体的には、空中警戒管制システム、F－117ステルス戦闘機とその後継機、精密誘導弾、全地球測位システム（GPS）を生み出した。こうしたアメリカの能力は、同時期に軍事戦略家や一般の人々から「スマート兵器」と呼ばれ、集積回路やセンサー技術分野における〔アメリカの〕主導的役割の恩恵を受けていた。

3. 第三のオフセット戦略――「第三のオフセット戦略」は、急速に発展する中国やロシアの軍事技術能力に直面して、アメリカの軍事的優位を維持するため、二〇一四年に策定された。この経緯を〔全体の流れに〕位置づけてみよう。

一九八〇年代後半、アメリカは最先端の集積回路とセンサーを土台とした技術的リーダーシップを維持することが困難になると感じ始めた。廉価で汎用性の高い集積回路やセンサーの登場と、それらを製造するハードウェアが普及すると、ペンタゴンは、中国やロシアなど敵性国によるテクノロジーの進歩をコントロールすることが困難となった。世界中の国が先進的な集積回路やセンサーを製造していた。そうしたテクノロジーはもはや軍部や先端企業の研究所が唯一の出所ではなくなっていた。新たなテクノロジーは民間のエレクトロニクス企業から生じている。それは深刻な問題をもたらした。

先進的な集積回路やセンサー技術を活用できる敵性国に対し、アメリカはどのようなオフセット戦略を採用できるか？　二〇一四年一一月、オバマ政権下のチャック・ヘーゲル国防長官は「第三のオフセット戦略」を公表し、人工知能、ロボット、小型化(miniaturization)など有望なテクノロジー分野を狙いとした広範な研究開発計画プログラムの設立を求めた。これはアメリカ国防省（ＤｏＤ）がロボットとシステムの自律性、小型化（ナノ兵器を含む）、ビッグデータ、新しい製造手法を利用した兵器を開発・配備することを意味した。

さらに、アメリカ軍と革新的な民間部門企業との共同を促進するため、国防省の開発構想に変化が見られた。[12] 二〇一四年一〇月、戦略予算評価センターは、ヘーゲル長官による発表に先立ち、「第三のオフセット戦略」の概要を記述したレポートを発刊した。このレポートは次世代の戦力投射プラットフォームの開発を重視し、無人自律型打撃航空機、LRS－B（長距離打撃爆撃機）、無人潜水艇、そして宇宙を利用した通信の損失に対するアメリカの脆弱性を低減させる戦略などを含んでいた。

ここで、「ナノ兵器」という用語を使った公式文書は見当たらないことを強調したい。代わりに、公式文書では「小型化（miniaturization）」という用語が使用されている。ナノ兵器とはアメリカが群を抜いてリードしている軍事能力であるが、「第三のオフセット戦略」になくてはならない要素である。「第三のオフセット戦略」における他の構成要素とともに、ナノ兵器については後ほど詳細に取り上げる。

国防副長官であったボブ・ワークによると、「第三のオフセット戦略」は通常兵器分野を対象とし、中国やロシアといった「対等な競争者（pacing competitors）」を相手にしたものとなるだろう。[13] ワークは次のように主張した。

対等な競争相手は、対ネットワーク作戦に多額の金を投じている。彼らは我々の戦闘ネットワークがいかに強力であるかを知り抜いている。そこで彼らはサイバー能力、電子戦能力、対宇宙能力に多額の金を出費している。なぜなら、我々の宇宙アセット(constellation)は戦闘ネットワークを束ねるきわめて重要な要素であるからだ。[14]

ワークは、今では「第三のオフセット戦略」の一部である戦略能力室(Strategic Capabilities Office)が、国防省がすでにかなりの投資をしてきたシステムを利用すると説明した。

そのシステムを世界がこれまで見たことも、遭遇したこともない方法で変容させ、それを別の用途に使うだろう。「歴史的に……優位の獲得は通常抑止を支える最も確実な方法」であるため、戦争の作戦レベルで優位を獲得することに焦点があてられてきたように、ワークは明らかに、人工知能と自律性が「第三のオフセット戦略」の中核をなしていると主張した。[15]

要約すると、アメリカは今や「第三のオフセット戦略」に記載されているように、人工知能とロボット兵器を通じて、世界規模での軍事的優位を確保する計画を立てている。そして自由市場に広く出回っているテクノロジーを使って、それを達成するつもりだ。ここで一つの問題が持ち上がる。「第三のオフセット戦略」を成功に導く上で、何が問題となるのだろうか？

「第三のオフセット戦略」を成功に導く上での問題は深刻である。二〇一六年、イラクのイスラム国（ＩＳＩＳ）が爆発物を積んだ市販の商業用ドローンを使って、二人のクルド人兵士を殺害し、二人のフランス軍空挺隊員を負傷させたということを聞いて、あなたは驚くだろうか？残念だが、これは本当の話である。二〇一六年にはイラク、シリア、ウクライナにおいて、ホビー用ドローンが戦闘作戦に使用されていることが確認されている[16]。

ＩＳＩＳによるドローン攻撃は、世界的トレンドの単なる一例に過ぎない。新たな商業用テクノロジーが過去数十年間と比べ、格段の速さで世界中に拡散し、それはアメリカ軍の〔誇っていた〕テクノロジーのギャップを縮めている。アメリカのテクノロジーの進歩の度合いは、敵対国の進歩を相殺するには不十分なところもある。例えば、サイバースペースでは、ロシアと中国は今やアメリカの能力と匹敵している。敵対国はすべての領域にわたってアメリカと対等になれないかもしれないが、アジア太平洋における中国のように、影響力を有する地域では重大な脅威となり得る。中国の「接近阻止・領域拒否」のための兵器が南シナ海で運用可能となり、南シナ海はアメリカにとって危険となる状態に近づいている[17]。

アメリカの技術的優位は、敵対国が対抗手段かもしくは同等の能力を開発するまでのわずかな期間しか続かないだろう。したがって、ペンタゴンはアップル社やグーグル社のように、伝統的なハイテクビジネスが世界市場で競争するため、絶え間なく技術革新を遂げている手法を採り入れて兵器開発を進めるべきである。さらに、アメリカは敵対国がGPSや監視・通信衛星といった我々のハイテク能力を盗み出すシナリオにも備えなければならない。簡単に言えば、我々はローテク能力だけを使って、最も高い能力を有する敵と戦い、勝利する方法を学ばなければならない。

アメリカの「第三のオフセット戦略」は、人工知能、ロボット工学、小型化（ナノ兵器を含む）の分野における技術的優勢の獲得を重視している。そして我々は、各分野を個別に検討することにより、「第三のオフセット戦略」がもたらす影響をより深く理解できるのである。

兵器に搭載された人工知能

人工知能を兵器に搭載するという考えは、「自律型兵器」に通じる。アメリカ軍は自律型兵器を防御的自律型兵器と攻撃的自律型兵器に分類している。自律型兵器は警戒監視など、非殺傷的なミッションに効用を見出せるかもしれない。致死性自律型兵器（ＬＡＷＳ）は、人間が関与することなく軍事目標を選定・攻撃するよう設計された兵器のことを言う。また自律型兵器は、陸上、航空、海上、海中、宇宙で活動できる。

自律型兵器はアメリカ空軍のドローンなど、遠隔制御式の軍事ロボットシステムと区別することが重要である。アメリカ空軍のドローンは自動操縦など、一部自律的特徴を有するが、自律型兵器には区分されない。アメリカ軍のドローンから武器を発射する場合、人間による決定を必要とするからである。より明確に言えば、自律型兵器は独自の判断で行動できるということだ。

例えば、致死性自律型兵器はミッション全般を支援するため、人間を含む攻撃目標を自ら選定する。これは大いに懸念すべき問題であり、国連は致死性自律型兵器、俗に言う「殺人ロボット」の禁止に向けて取り組んでいる。二〇一七年九月二九日現在、ＬＡＷＳを禁止する国連協定は存在しない。

アメリカ、中国、ロシアは現在、人間によるさまざまな制御方式を備えた自律型兵器システムを配備している。例えば、アメリカ海軍のファランクス近接防御火器システム〈Ｍ61「バルカン」20ミリ多銃身機銃と小型の捕捉・追尾レーダー、制御システムを組み合わせて対艦ミサイルのような高速の目標を全自動で迎撃できる兵器システム〉は、対艦ミサイルを自律的に識別・攻撃できるレーダー誘導機関砲を備えている。人間の制御を外した理由は、速やかに対応する必要性からだ。ロシアと中国も同じようなシステムを配備している。全般的にアメリカの現在の政策は、「自律型の……兵器システムは、武力の行使に際して指揮官やオペレータが適切なレベルの人間の判断を発揮できるよう設計されるべきである」[18]というものだ。

「自律型」と「武力の行使に際して適切なレベルの人間の判断」という用語が一つのセンテンスで語られることはなじまないように思える。アメリカが半自律型兵器のみの配備を望んでいることは確かであるけれども、ある紛争状況は人間が反応するよりも速く生起することも認識している。それゆえ、ファランクスを配備しているのである。

もう一つ別の領域はサイバー戦である。サイバー戦では、攻撃が警告なしに瞬時かつ全面的に起こる。サイバー戦の領域において、アメリカはサイバー防衛の一部を自律型とし、これをもって「人間による制御の適切なレベル」と見なすことができる。この点について、簡単にではあるが少し詳しく論じたい。

兵器に搭載されたロボット

人工知能を組み込んだ軍事ロボットには、自律型、半自律型、あるいは遠隔制御型がある。全般的に、アメリカ軍はより一層の自動化システムの配備を目標とし、研究開発分野への投資を重視している。例えば、アメリカ軍は敵の目標を撃破するため、自律型のジェット戦闘機と爆撃機の開発に取り組んでいる[19]。これはきわめて興味深い。なぜなら、自律型のジェット戦闘機と爆撃機は人間のパイロットを訓練する必要がないからだ。人間の関わりがないと、人間のパイロットでは不可能（高い重力のため）な極限飛行を自律型航空機なら可能となる。

また、自律型航空機は戦闘中にパイロットの安全を確保する生命維持システムなど（脱出用パラシュートなど）を必要としない。人工知能は「規格外の条件に対応できない」というロボット工学の最大の欠点の克服に取り組んでいる。近年、とりわけ機械学習の分野におけるＡＩの急速な進歩により、ＡＩシステムは膨大なデータの複雑で捉えどころのないパターンを認識できるようになり、人間と同じく、あるいはそれ以上の働きをするようになっている。

小型化技術（ナノ兵器）

私は「小型化」技術の中にナノ兵器を含めて考えているが、その影響は非常に大きいと言える。兵器自体はハエ型ドローンのように小型で、敵の指揮所に入り込み、監視や暗殺などの不正行為をする。また、その兵器はインテル社などの民間企業が超小型演算装置《マイクロプロセッサー》や集積回路の製造に利用するナノエレクトロニクスといったナノテクノロジーが使われている。それはナノアルミニウムなどナノメタル（ナノメートル単位で制御・修正された金属の材料）を活用して作られるもので、現在アメリカが通常爆弾の破壊力の増大に用いている。拙著『人類史上最強　ナノ兵器——その誕生から未来まで』の中で、私はナノ兵器の分類法を提示した。アメリカ軍はナノ兵器について特に極秘扱いにしており、〔少なくとも公には〕軍はナノ兵器を分類していない。そこで、読者のナノ兵器理解を容易にするため、私は次のように五つのカテゴリーを用いて、軍用ナノ兵器を分類した[20]。

1．受動的ナノ兵器――このカテゴリーは、戦いに利用されるナノテクノロジー全般を含み、攻撃的・防御的用途を持たないが、通常兵器や戦略兵器（大量破壊能力を持つ）の有効性を高めることができるものを指す。多くの場合、受動的ナノ兵器には、〔軍に限らず〕商業界、産業界、医療界が関係している。

2．攻撃的戦術ナノ兵器――このカテゴリーは、ナノテクノロジーの技術的要素が兵器の戦術的能力を高める攻撃的兵器を対象とする。

3．防御的戦術ナノ兵器――このカテゴリーは、ナノテクノロジーの技術的要素が兵器の戦術的能力を高める防御的兵器を対象とする。

4．攻勢的戦略ナノ兵器――このカテゴリーは、ナノテクノロジーの技術的要素が兵器の戦略的能力を高める攻勢的戦略兵器を対象とする。これには攻勢的自律型スマート・ナノボットが含まれる。

5．防勢的戦略ナノ兵器――このカテゴリーは、ナノテクノロジーの技術的要素が兵器の戦略的能力を高める防勢的戦略兵器を対象とする。これには防勢的自律型スマート・ナノボットが含まれる。

「第三のオフセット戦略」に関して言えば、カテゴリーの2から5までが該当する。これらについて本章では、後ほど半自律型兵器を論じる際に取り上げることにしよう。

ここでアメリカの「国防省指令三〇〇〇・〇九」について理解しておく必要がある。これは自律型兵器システムの開発と使用のガイドラインを定めたものだ(21)。

「国防省指令三〇〇〇・〇九」は、自律型兵器（人間が関与することなく目標を選定・交戦するために設計された兵器）に関して初めて公式に表明された政策文書である。この文書を理解するための重要フレーズは「人間の関与《ヒューマン・インターベンション》」である。実際、兵器の使用をめぐる「人間の関与」には三つの形態がある。

1. 意思決定ループの中枢に位置——人間によって制御される兵器

①目標の選定と武力の行使が人間の指示によって行われる兵器

②アメリカ空軍のドローンなど、人間のオペレータによって遠隔制御されるロボット兵器。ロボットシステムは、航法、システム制御、目標探知、兵器誘導など、その一部

に自律性を有するが、人間のオペレータによるリアルタイムな指示なくして攻撃することはできない。

2．意思決定ループに関与——人間によって監督される兵器

①人間のオペレータの監督の下で、目標の選定や武力の行使を行う兵器を指し、人間のオペレータの判断が兵器の行動よりも優位に立つ。

②人間の指示を受けずに自力でターゲティング・プロセスを遂行できる兵器を指すが、人間のオペレータによるリアルタイムな監督下に置かれ、攻撃の最終決定権は人間が持つ。

3．意思決定ループから除外——自律型兵器

①人間の制御や監督を受けずに目標の選定・武力の行使を行うことができる兵器

②人間のオペレータによるリアルタイムの制御を受けずに、目標の捜索・発見・選定・攻撃を行うことができる兵器。これには若干の説明を要する。地雷は自律型兵器ではなく、予め条件設定された環境の中で、自力で目標を探知・攻撃するという意味で「自動化」兵器である。制限のない予測不可能な環境の中で、そうしたタスクを遂行できるとき、その兵器は「自律型」と呼ばれる。

「国防省指令三〇〇〇・〇九」はアメリカ軍が自律型兵器を配備することを明確に禁じているが、次のように重要な例外を含んでいる。

サイバースペース作戦のためのサイバースペース・システム、非武装・無人型プラットフォーム、非誘導弾、オペレータによる手動式誘導弾（レーザー誘導弾または有線誘導弾）、地雷、不発弾。[22]

こうした例外は、サイバー戦におけるアメリカ陸軍や他の軍種の役割を検討する際に重要となろう。

以上を踏まえ、我々はようやくＡＩ、ロボット工学、ナノ兵器の半自律型兵器システムへの応用について論じる用意ができたと言える。そこでアメリカ軍がすでに開発した、あるいは開発中の半自律型兵器について、軍種別に議論することから始めよう。それぞれの項目では、各軍種を代表する半自律型兵器（自律型兵器のうち、人間が意思決定ループの中枢を占めているか、関与しているもの）のみを取り上げる。事例はすでに配備されているものと、開発中のものを含む。

アメリカ海軍の半自律型兵器

読者は疑問に思うかもしれない。なぜアメリカ海軍から話を始めるのかと。公刊情報によると、アメリカ海軍が最も精密な半自律型兵器を保有しているという。本書の目的に照らし、私は航空母艦や原子力潜水艦といった巨大プラットフォームを大々的に取り上げることはしない。これらは最も破壊力を持つ海軍兵器システムであると言えるが、多くの異なる兵器システムの集合体であるとも言えるからだ。議論を明確にする上でも、我々は特定の半自律型海軍兵器とその能力について焦点をあててみたい。

まず最初の事例として、イージス兵器システム（AWS）を取り上げる。一九七三年、アメリカ海軍は技術開発モデル（EDM－1）と呼ばれた最初のイージス兵器システムを実験艦「USSノートンサウンド」（Norton Sound）艦上に設置した。私は一九七一年、今はなき半導体電子メモリー会社に勤務していたことを思い出す。当時、イージスシステムに集積回路メモリーを納品する契約を結んでいた。イージス向けの集積回路メモリーの製造は、私たちが自由市場で販売していたものと同じであったが、それは当時の最先端技術を反映していた。これは重要なポイントを含んでいる。軍事システムは常に利用可能な最先端テクノロジーを利用する。兵器システムの開発には長時日を要し、そのシステムが配備されたときは、そのテクノロジーもはや最先端ではなくなっている。それが時代の趨勢というものだ。

アメリカ海軍によれば、「イージス兵器システム（AWS）は発見から撃破まで、トータルな兵器システムとして設計された中央一元化、自動化、指揮統制（C2）、兵器制御を統合したシステムである」[23]。AWSは地上、空中、海上、水中において、一度に多数の目標に対処するアメリカ海軍の戦闘能力の中枢である。それは高性能コンピュータ、AIアルゴリズム、レーダー技術を利用し、飛来する目標に向けて弾道ミサイルを発射する。イージスは海上艦艇群全体の防御を調整する。海軍は新しいテクノロジーが実用化されるたびに、イージスを更新してきた。

例えば一九九〇年代を通じて、海軍は共同交戦能力（CEC）を開発・配備した。それは複数の戦闘システムがセンサー情報を共有し、戦闘群を形成する各艦艇が一体的に運用され、複数のプラットフォームから収集した目標データを使用して、広範囲の目標に射撃することを可能にする[24]。コンピュータ、AI、レーダー技術の進歩に応じて、CECは継続的に改良を加えられる[25]。イージスを生産しているロッキード・マーティン社のウェブサイトによると、

イージスは世界で最も先進的で、最も広く実戦配備されている戦闘システムである。イージスの柔軟な性格により、システムが多種多様な任務要求を満たすことができる。イージス

図1　ミサイル探査・迎撃レーダーを備えた海上自衛隊のイージス艦（提供：時事）

戦闘システムは世界規模でネットワークを拡大しており、オーストラリア、日本、ノルウェー、韓国、スペイン、そしてアメリカの六カ国で運用される八つのクラスから成る艦艇一〇〇隻以上を包含する。(26)

イージスはコンピュータ技術、AIアルゴリズム、レーダー技術を融合した防御的な半自律型兵器システムの優れた事例である。イージスは人間単独ではできないことを成し遂げる。イージスは戦闘間に収集したセンサー・データをリアルタイムで集積し、脅威を無力化するためのミサイル防衛のオプションを提示する。競争国の能力が強化されるにつれ、アメリカ海軍は脅威に対処する能力を維持するためイージスを進化させてきた。世界中の海軍によって広範囲に採用されていることは、システムの柔軟性と能力の高さを物語っている（図1参照）。最後のポイントは、イージス半自律型兵器システムは、兵器というよりデスクトップのコンピュータのように見えることである。

私たちが兵器について思い浮かべるときのイメージとは異なり、自律型兵器システムはコンピュータ技術に近い。

二つ目の事例には、X－47B UCAS（無人戦闘航空システム）ドローンを取り上げる。X－47B UCASはアメリカ海軍の空母艦載機用に設計され、ノースロップ・グラマン社によって製造された無人戦闘航空システムの実証機である。[27] 尾翼がなくジェット推進、胴体と翼部が融合した機体形状、空中給油能力を持つ半自律型航空機である。[28] 情報収集・監視・偵察（ISR）および攻撃任務を目的とし、防御態勢が整った敵領内の奥深くに侵入する。現在の見積もりでは、X－47Bは二〇二三年に実戦配備される予定である。[29]

もともとアメリカ海軍はX－47Bを自律型にしようと計画していたが、X－47B UCASを半自動システムに格下げすることで、政治絡みの問題を避けようとした経緯があった。半自律型にしたことで、海軍が当初X－47Bに期待していた高次の任務目標の一部を断念せざるを得なくなった。半自律型にしたことでX－47Bとの通信を確保する必要が生じ、そのことがステルス性能を一部弱める結果となったからである。

図2　アメリカ海軍の空母艦載機 X-47B（提供：AFP＝時事）

何がX－47Bを半自律型にしたのだろうか。X－47Bは人間が介在することなく航空母艦に離発着できる。[30] また人間の介在なく空中給油もできる。[31] しかし、兵器の発射だけは依然として人間が制御する。とはいえ、半自律型モードであっても、アメリカ海軍はX－47Bを保有することにより、長距離空中給油能力を有し、従来の有人戦闘機と一緒に戦闘行動ができるドローンを手にすることとなる。イージス戦闘システムとは異なり、こちらのロボット型ドローンは、図2に示すように、私たちが半自律型兵器に抱くイメージに限りなく近い。

これまでアメリカ海軍の半自律型兵器の二つの取り組みについて紹介してきた。もっと多くの事例はあるのだが、上述した事例は二つの目標を達成している。イージス戦闘システムは最先端のＡＩアルゴリズムと組み合わされた強力なコンピュータの潜在能力の高さを実証している。それは世界で最も注目される海上防御システムである。私がここでイージスシステムを取り上げた理由は、「半自律型兵器システムとは必ずしも私たちが兵器に対して抱いているイメージとは一致しない」ということを示したかったからである。

二つ目の事例であるＸ－47Ｂ ＵＣＡＳは、多くの人がロボット型の半自律型ドローンについて抱くイメージそのものである。アメリカ海軍はあえて半自律型モードでＸ－47Ｂの配備を進めており、自律型兵器に絡む法的、政治的、倫理的諸問題を回避するため、自律型能力を意図的に抑制している。そのことは第七章で詳しく論じよう。

アメリカ陸軍の半自律型兵器

アメリカ陸軍が「第三のオフセット戦略」で果たす最も重要な役割は、サイバー戦での役割である。前にも論じたように、「国防省指令三〇〇〇・〇九」はアメリカ軍が自律型兵器を配備することを禁じているが、サイバー戦を禁止対象から除外している。

前述のとおり、二〇〇九年六月二三日、国防長官はアメリカ戦略軍司令官に対し、ＵＳサイバーコマンド（アメリカ・サイバー軍）の創設を指示した。[32] この指示に基づき、アメリカ戦略軍司令官は、メリーランド州ジョージ・G・ミード基地にある国家安全保障庁(NSA)本部の下にUSサイバーコマンドを設立し、次のような任務を与えた。

USサイバーコマンドは、特定の国防省の情報ネットワークの運営と防衛を指揮し、あらゆる領域での行動を可能にするためフルスペクトラムの軍事サイバースペース作戦を準備し、命令を受ければ実行し、サイバースペースにおけるアメリカと同盟国の行動の自由を確保するとともに、我々の敵にその利用を拒否するための活動を計画・調整・統合・一体化・実施する。[33]

NSA長官と中央保安局(CSS)長を兼ねたキース・B・アレクサンダー将軍は、二〇一〇年五月二一日、正式にアメリカ・サイバー軍の指揮を執ることになった。[34] アレクサンダー将軍の指揮の下、アメリカ・サイバー軍は二〇一〇年一〇月、すべての作戦能力を有するに至った。[35] その要員は各軍種から集められた。

サイバー軍はNSAのネットワークを利用し、国家安全保障庁の長官がサイバー軍を指揮している。現在のサイバー軍は攻防いずれの任務を持ち、〔その内容は〕当時のサイバー軍司令官であったアレクサンダー将軍が二〇一〇年五月、アメリカ下院外交委員会小委員会に提出した報告書で明らかにされた。

私自身の見解では、ネット上での犯罪・諜報活動に対抗する唯一の方法とは先を見越して予防措置を講ずることである。もしアメリカが正規の手続きを踏めば、良い結果をもたらすはずだ。中国人は西側のインフラ、つい最近ではアメリカの送電網に対する数多くの攻撃源だと見なされている。もしそれらが組織的攻撃であることが明らかになれば、私は攻撃源に赴き、一杯食わせてやるつもりだ。[36]

二〇一六年一二月二三日、オバマ大統領は二〇一七年会計年度国防授権法に署名し、USサイバーコマンドは統合軍に格上げされた。[37] 同法はUSサイバーコマンド司令官が二つの職責を兼任することを認めたものであり、この取り決めの失効がアメリカ合衆国の国家安全保障利益に危険を及ぼさないと国防長官と統合参謀本部議長が共同で認定するまで、その役割を果たすことを規定した。

二〇一七年七月、トランプ政権はISISグループやその他の敵に対し、サイバー戦を遂行するアメリカの能力を強化することを目標とし、攻防いずれのサイバー作戦を遂行するための国家の軍事指揮機構を改革する計画を推し進めた。[38] これらの計画は、サイバーコマンドを国家安全保障庁から分離するよう求め、そうすることで、サイバーコマンドに自律性を与え、NSAとの協同作業から生じる制約を取り除こうとした。[39] 二〇一八年四月、上院はUSサイバーコマンド司令官兼国家安全保障庁長官にポール・ナカソネ中将を全会一致で承認した。[40]

承認後まもなく、ナカソネ中将はサイバーコマンドが国家安全保障庁との兼任から離れる用意ができているかに関する提言作成の準備にとりかかった。[41] 二〇一八年七月現在、USサイバーコマンドには軍民あわせて七〇〇〇名以上の職員がいた。各軍種はサイバー部隊を保有し、約六二〇〇名の要員からなる一三三の作戦チームを創設する準備に取り組んでいた。[42]

ここで読者は「サイバー戦はどれだけ現実的に起こり得るか?」と思うかもしれない。サイバー戦は他の戦いと同様、現実に起こり得るものであり、その影響も甚大である。アメリカの指導者たちは、アメリカ国内の送電網や国防省の情報ネットワークに対するサイバー攻撃に懸念を表明している。これが意味するのは、次の戦場はイラクやシリアといった武力紛争地域に加え、国民の居間《リビングルーム》も含まれるということだ。

例えば、もしハッカーたちがアメリカ北東部の戦略的に重要な一〇〇カ所の発電所の機能を停止させた場合、被害を受けた送電網はたちまち過剰負担に陥る。これが複数の州に停電の連鎖をもたらす結果、一部の州は数週間にわたり停電が続く。『ヒル』誌掲載の記事によると、ケンブリッジ大学とロイズ保険組合によると、一五の州とワシントンD.C.で起こる長期間の停電は、九三〇〇万の人々に暗闇をもたらし、数億ドルの経済コスト、病院での致死率の急増を招くだろう。[43]

専門家たちは、そうした攻撃は戦争行為と見なされるという点で一致している。[44] つまり、サイバー攻撃は武力紛争へとエスカレートする可能性がある。脅威は現実的で、潜在的被害は計り知れない。これがサイバー軍を、空軍、陸軍、沿岸警備隊、海兵隊、海軍と対等の地位に置く、アメリカ軍第六の軍種にしようと真剣に検討されている理由である。[45]

アメリカ陸軍サイバーコマンドの陸軍独立サイバー師団の任務は

陸軍サイバーコマンドは、付与された権限と指示に基づき、電子戦、情報、サイバー空間を一体化させた作戦を指揮・実行し、サイバー空間と情報環境における行動の自由を確保するとともに、敵の行動の自由を拒否する。[46]

二〇一七年二月九日現在、陸軍は十分な作戦能力を有する三〇のサイバーチームを保有しており、同会計年度末までに四一個チームを保有する予定である。[47] アメリカ陸軍は他の軍種とともに、完全な能力の保持に向けて精力的に取り組んでいる。

二〇一四年、チャック・ヘーゲル国防長官は、二〇一六年までに六〇〇〇人のサイバー特技者を補充するよう軍に命じた。[48] 二〇一七年現在、陸軍サイバーコマンドは、サイバー国家任務部隊（Cyber National Mission Force）〔民間セクターのネットワーク防衛を担う組織〕の約三分の一を担っていた。[49] 良い知らせは、それが効果を生み出しているということだ。『ニューヨークタイムズ』紙によると、軍のサイバーチームはＩＳＩＳ戦闘員の電子メッセージを「アメリカ軍のドローンや現地地上部隊による攻撃に脆弱な地域に〔彼らを〕誘導する意図をもって」改ざんしている。[50]

サイバー戦兵器とは、サイバー戦のための高度な訓練を受けた人材はもとより、コンピュータとアルゴリズムによって構成される。

サイバー戦もまた、文字どおり戦場にかかわっている。陸軍は各戦闘旅団に二名のサイバー防衛特技者を配置する計画である。彼らの任務は、戦場における戦闘部隊の無線ネットワークの防護と、敵の無線ネットワークを攻撃することだ。[51] 自軍を不利な状況に置くことになる無線封止ではなく、敵の通信ネットワークを電子雑音で妨害することを重視する。[52]

サイバー戦について、これまでアメリカ陸軍との関連のみを論じてきたが、アメリカのサイバーコマンドでは〔海軍や空軍など〕他軍種も同様に任務を果たしている。陸・海・空軍ともサイバー戦部隊を保有している。とはいえ、アメリカ陸軍サイバーコマンドは一九八七年に特殊部隊が創設されて以降(53)、初めて新たに作られた職種でもあるため、本節において詳細に取り上げてみたい。

サイバー戦は、文字どおり光ファイバーケーブルの中の電磁パルスのような速度で進化している。戦いにおいて決定的意義を有することは認識されているものの、新しい軍事技術で通常見られるように、〔サイバー戦の〕交戦規則はいまだ形成途上にあり、確立されていない。例えば、サイバー戦にどのように「サイバーの均衡性」（戦争で「目には目を」の反応を意味する「均衡性」原則を用いること）を適用すればよいのか？

サイバー戦では、距離と地理的位置は無意味となる。また、探知と抑止はきわめて難しい。サイバー攻撃は突然かつ無警告に開始される。一部の専門家たちが主張するように、全面的なサイバー攻撃は潜在的に核戦争に次ぐ規模の損害を与えることができる(54)。国家が抑止力として一部を公開する核兵器と異なり、サイバー兵器は秘密のヴェールに包まれたままだ。その秘密性はサイバー兵器の有効性を高めている。ある国は潜在敵国がサイバー兵器を保有したことを知れば、その国は自国防衛のためにより強力な手段を講じる。

サイバー戦は現代戦の重要な領域を占めており、サイバー戦をテーマにした書籍は山ほどある。ところが、ほとんどすべての本が見落としているのは、サイバー戦はしばしばナノ兵器を使用することがあるという点である。これは一つの問題を提起する。つまり、サイバー戦はどのようにナノ兵器と結びついているのだろうか？　まず、ナノ兵器の定義から始めよう。ナノ兵器とは、「ナノテクノロジーの力を利用した軍事テクノロジー」のことである。[55]これは、もう一つ別の問題を提起する。ナノテクノロジーとは一体何なのだろうか？

アメリカ国立ナノテクノロジー・イニシアティブのウェブサイトは、次のように定義している。「ナノテクノロジーとは、ナノスケール（約一～一〇〇ナノメートル）を対象とする科学、エンジニアリング、テクノロジーのことである」[56]。寸法に不慣れな読者のために一例を挙げると、髪の毛の直径は約一〇〇〇〇ナノメートルだ。これからもわかるように、ナノテクノロジーとは裸眼はもちろん、光学顕微鏡を使っても視認できない。サイバー戦はハイエンドなコンピュータを使用して実行される。新型のハイエンドコンピュータは、インテル社の第七・第八世代プロセッサーを特徴としており、それは一四ナノメートル単位のナノエレクトロニクスの世界である。[57]軍がこれらのコンピュータを使ってサイバー戦を実施しているとき、定義の上ではナノ兵器を使っていることになる。

これは現実の話である。もっと言えば、プロセッサーはナノエレクトロニクス技術だけを使っているわけではない。ナノテクノロジーに分類されるには、ある製品のわずか一つの要素でも

（幅、奥行き、高さなどのうち）ナノスケールのテクノロジーを有していることが条件となる。(58)例えば、ナノエレクトロニクス技術による誘導システムを搭載した誘導ミサイルは、ナノ兵器である。サイバー戦の攻勢に加え、アメリカ陸軍は誘導弾を含む膨大なナノ兵器を運用している。拙著『人類史上最強 ナノ兵器』で述べたように、アメリカ陸軍を特徴づける「ブーツ・オン・ザ・グラウンド（現地への部隊の派兵を意味する）」は、「ナノ兵器・オン・ザ・ランド」に変わるかもしれない。(59)

本書の目的に照らし、私が強調したいことは、「第三のオフセット戦略」におけるアメリカ陸軍の役割の中で、最も重要なものの一つはサイバー戦である、ということである。そこで次に、アメリカ陸軍のロボット兵器と自律型兵器システムに関する戦略に目を向けてみよう。

二〇一七年三月八日、アメリカ陸軍は「ロボットおよび自律型システム（RAS）戦略」を公表した。その中で陸軍は「短期的（二〇一七年から二〇二〇年）には現実的目標を、中期的（二〇二一年から二〇三〇年）には実行可能な目標を、長期的（二〇三一年から四〇年）にはヴィジョンとなる目標」を設定している。(60)

RAS戦略は、無人の戦闘ヴィークルの中期的な開発を求めている。陸軍は「戦闘状況下の多様な錯雑地形において機能し起動できるよう設計された無人戦闘ヴィークルの導入」を追求すると主張している。(61)陸軍は当初、「状況に応じて、有人型、遠隔操作型、半自律型のテクノロジーを有する」ロボットもしくは自律型戦闘ヴィークルを開発するとしている。

自律型の無人戦闘ヴィークルの開発は、「国防省指令三〇〇〇・〇九」に抵触するだろう。とはいっても、ＡＩ分野の進歩やテクノロジーの広範な利用、そして中国やロシアによる自律型兵器の開発状況を考慮すれば、アメリカ陸軍は〔どちらに転んでも対応できるよう〕ヘッジをかけておいた方が得策だというのが私の考えだ。

短期的にアメリカ陸軍は、状況認識能力の向上、徒歩部隊の携行量の軽減、地上補給の自動化による継戦能力の向上、道路啓開システムの改善、爆発物処理（ＥＯＤ）能力を向上させるプログラムに焦点をあてて計画している。状況認識とは端的に言うと、周囲で何が起きているかを知ることである。地上戦闘の間、状況認識の良否は生死を決定づける。状況認識はまた、各種ネットワーク、サーバー、解析・管理用ソフトウェアが連接されたウェブのことを指す。これにより多量のデータを使用し、あらゆるレベルで「十分な情報に基づく意思決定」が可能となる。

近年登場したテクノロジーは手投げ式ロボットで、一・二ポンド〔約五〇〇グラム〕のダンベルの形をした偵察斥候ロボットのように、赤外線光学を使用し、ビデオ映像を中継する遠隔制御装置もある。[62] 偵察斥候ロボットは敵地に投げ込まれ、暗闇の中でも画像を撮ることができる。

戦闘地域の完全な状況図を手に入れることは、「十分な情報に基づく意思決定」に不可欠である。そのため、各軍種は独自のDistributed Common Ground System（ＤＣＧＳ）を開発している。[63] ＤＣＧＳとは多種多様なデータベース用に情報・監視・偵察（ＩＳＲ）データを収集、処理、融合する野外展開可能な偵察・監視装置のネットワークである。データは現場で蓄積され、遠隔地にあるサーバーのネットワークにつながっていれば、軍のクラウド・コンピュータにデータはアップロードされる。[64]

アメリカ陸軍のＤＣＧＳはＤＣＧＳ－Ａと呼ばれ、画像やインテリジェンスがこの単一システムに集積される。[65] 部分的に、このシステムは半自律型である。アメリカ陸軍の分析官たちは、一つの画面から画像、信号、ヒューミント〔人間を介したインテリジェンス活動〕情報、生体認証を解析し、包括的な戦闘地域の状況認識図を作り上げる。ＤＣＧＳ－Ａのクラウド的性格は、各軍種間でインテリジェンスの共有を効率化することによりコストを削減している。これはグーグル検索のように、人や位置を検索することを可能にする。またグーグルのように、３Ｄ地図を回転させて位置情報を示すことができる。[66]

これは明らかにアメリカ陸軍の半自律型能力の一端に過ぎない。サイバー能力に加えて、アメリカ陸軍はＩＥＤ（即製爆発装置）の信管を外すために数千体のロボットを配備している。ただこれらのロボットは「意思決定ループの中枢《イン・ザ・ループ》」、すなわち人間のコントロール下にある。それには、有線誘導式あるいは無線操縦式のＢＧＭ－71ＴＯＷ対戦車ミサイルといった攻撃ロボットも含まれる。[67]

アメリカ空軍の半自律型兵器

アメリカ空軍の無人航空機（UAV）は、人間のパイロットが搭乗しない航空機であり、例えば、ジェネラル・アトミックス社のドローン「MQ－9リーパー」などがある。[68]一般に、空軍のドローンは遠隔操縦され、その多くは半自律型能力を内蔵している。いくつか例を挙げると、姿勢安定装置や持続・滞空・位置制御、自動的な離着陸、制御信号が切れたときの自動帰投、GPS航法などである。この半自律型能力は、ドローンの多種多様なセンサーに見られる。[69]「MQ－9リーパー」や他のドローンは半自律型の特長を有しているが、兵器を使う際には常に人間のコントロール下にある。

ドローンは対テロ戦争やテロリストとの闘いで、きわめて有効であることが証明されている。また、ドローンはコスト効率が良い。「MQ－9リーパー」ドローンの製造コストは約一四〇〇万ドルであり、それをF－35統合打撃戦闘機一機あたりの一億八〇〇〇万ドルと比べてみると〔コスト効率の良さが〕わかる。

アメリカ軍は危険で、労力を要する任務にドローンを使っている。実際に利用範囲が広がると、ドローン操縦士の深刻な不足を招いている。[70]その結果、アメリカ空軍は一人の操縦士が複数機を同時にコントロールできるように、ドローンの自律性の水準を高める研究を行っている。このため、国防高等研究計画局（DARPA）は操縦士との通信に加え、ドローン同士が相互に通信できるシステムの構築を見据えている。これは一人のパイロットが六機かそれ以上のドローンを同時に操縦することを可能にする。[71]とはいえ、兵器の発進はこれまでどおり、人間のコントロールの下で行われている。

アメリカ空軍は指揮下のあらゆる兵器システム分野において、半自律型システムを推進している。これを解明するため、一つの事例を取り上げてみたい。空軍宇宙コマンド（AFSPC）はアメリカ空軍のメジャーコマンドであるが〔二〇一九年、新たな軍種として宇宙軍が発足〕、国防省の宇宙システムはバックアップ機能への転換、再起動、スケジュールどおりのデータ伝送など、基本的に人間による誘導を排除した数多くの半自律型能力を有している。

過去二〇年間にわたり、アメリカ空軍は統合空対地スタンドオフ・ミサイル（JASSM）と呼ばれる長射程で半自律型のステルス性巡航ミサイルの系列を開発した。例えば、AGM-158JASSMがある。[72]このステルス性の亜音速巡航ミサイルは全長一四フィート〔約四・二メートル〕で、テレダイン社〔アメリカのコングロマリット。一九六〇年代に慣性ヘリコプター飛行システムを開発し急成長した〕のターボジェットエンジン、一〇〇〇ポンド〔約四五〇キログラム）の通常弾頭を搭載し、レーダー断面積は小さく抑えられる。B－2Aスピリット・ステルス爆撃機やF－16ファルコンなど、数多くの航空機がAGM－158JASSMを装備している。発射から二三〇マイル（約三七〇キロメートル）離れた目標に到達する最終段階に至るまで、ミサイルに搭載されたGPSから航跡信号が発せられる。その最終段階で、ミサイルの赤外線シーカーに引き継がれる。

AGM－158JASSMの系列は一九九五年にさかのぼり、空軍はこれをJASSM－ER（射程延伸タイプ）と換装させる計画である。燃料タンクの大型化、効率性を増したターボファンエンジンにより、五七五マイル（約九二〇キロメートル）離れた目標まで到達する。さらにJASSM－ERは、GPS妨害信号に対する電子防護能力が強化されている。AGM－158JASSMとJASSM－ERは、機体の七〇パーセントを同じハードウェアが占めているため、生産コストを引き下げることができる。これらのミサイルは、地平線の彼方まで到達する「撃ちっ放し」兵器である。

「撃ちっ放し」とは、一度放たれた兵器が与えられた任務を自律的に遂行することを表す。実際は人間が兵器の引き金を引くので、「撃ちっ放し」兵器は自律型とは言えず、半自律型の兵器である。この例は自律型と半自律型兵器とのわずかな違いを物語っている。

アメリカ空軍は、半自律型兵器について次の三つの目標を追求している。

1．スタンドオフ能力——攻撃側が敵の防空火力を回避できる遠距離から、ミサイルやドローンを発射する能力

2．人間の認知要求の低下——現代戦が求める認知要求を減らすため、人間のオペレータを手助けすること。例えば、長時間スクリーンを見つめ続けるドローン操縦者の代わりに、コンピュータのアルゴリズムがスクリーンを監視し、目的地に到着したトラックのように、変化が生じた場合のみ警報を発するということもある。

3．アメリカ空軍はこれまでよりも少ないコストと人員で、より大きな軍事的目標を達成するため、有効性を劇的に高めるハードウェアと人工知能を追求している。例えば、六機かそれ以上のドローンを一人のオペレータが制御できるようにするＤＡＲＰＡの開発プログラムは、ドローン操縦士の負担を和らげるはずだ。

アメリカの沿岸警備隊と海兵隊の半自律型兵器

アメリカ沿岸警備隊は、アメリカが有する五つの軍種のうちの一つである。[73] 沿岸警備隊は国土安全保障省に属し、アメリカの海洋権益の保護を目標に世界中で活動している。沿岸警備隊はテ

ロリスト、密輸業者、不法入国者、環境汚染者を取り締まる。紛争間は他軍種を援助し、海上でトラブルが生じたときには救助活動を行う。沿岸警備隊は武装した軍隊であり、小型船は小火器を搭載し、信号弾発射筒、五〇口径の七六ミリもしくは二五ミリ機関銃、救命索発射銃（ワイヤーケーブルを遠くに飛ばす銃）を保有している。[74]アメリカ沿岸警備隊は、沿岸警備隊サイバーコマンド（CGCYBERCOM）を運用しており、同コマンドは次のような任務を有する。

沿岸警備隊サイバーコマンドの任務は、沿岸警備隊とアメリカの海洋権益に対する電磁的脅威を識別し、その脅威から防護し、脅威を受けた場合の復元力を高め、沿岸警備活動の実施時の優位を促進するサイバー能力を提供し、国土安全保障省のサイバー任務を支援し、アメリカのサイバーコマンドの軍種構成コマンドとして機能する。[75]

アメリカ海兵隊は明確に区分された軍種の一つであるが、アメリカ海軍と緊密なつながりを持つ。[76]アメリカ海軍省は双方の軍種を統轄している。ところが、いずれの軍種も独立した指導者〔海軍作戦部長と海兵隊総司令官〕を持ち、両者ともに統合参謀本部のメンバーだ。さらに、アメリカ海軍も、海兵隊も、海軍長官のシビリアン・コントロールの下にある。間違いなく、アメリカ海兵隊はアメリカ海軍が開発した半自律型兵器の恩恵を受けている。

とはいえ、アメリカ海兵隊は水陸両用戦で必要とされるユニークな任務を持つ。アメリカ陸軍と同様、海兵隊は遠隔制御の地上型無人機の実験に取り組んできた。モジュラー式の先進型武装ロボットシステムは、偵察活動を行い、擲弾発射器と機関銃を装備している[77]。アメリカ海兵隊も他軍種と同様、サイバー戦にかかわっている。二〇〇九年一〇月、海兵隊はサイバーコマンドの支援を受けて、三つの任務（付録Ⅰ）を持つ海兵隊サイバー空間コマンド（MARFORCYBER）を設立した[78]。

アメリカ軍の半自律型兵器をざっと概観すれば、半自律型がどういうものなのか、そして〔自律性の面で〕包括的でないことがわかるだろう。本章の事例は、アメリカの軍事戦略や半自律型兵器開発に対する洞察を与えてくれる。

だが、アメリカだけが半自律型兵器を開発しているわけではない。中国やロシアもまた、独自の半自律型兵器の開発に向けて取り組んでいる。

中国の半自律型兵器

中国はアメリカに次ぐ世界第二位の経済大国であり、世界第二位の国防費を持つ。また、中国は核兵器保有国でもある。

アメリカと異なり、中国では自律型兵器を禁止する国家的統制はない。二〇一六年、自律型兵器に関する現存する国際法の妥当性について疑問視する政策文書を発刊し、その中で、自律型兵器を対象とした新たな国際法の制定に取り組むよう、国連安全保障理事会に要請している。[79]このように中国は一方で、自律型兵器が戦争で未曾有の新しい課題を引き起こすことを理解しているように見えるが、他方で兵器体系の中にＡＩ能力を積極的に取り入れようとする動きを見せている。

アメリカはグーグルやフェイスブックなど、民間部門の企業と共同開発する必要性を認識している。ＡＩ分野における急速な発展は、国防省が進める「第三のオフセット戦略」にとって決定的な意義を持つだろう。中国もまた同じ考えを持っている。例えば、二〇一六年、WeChat（微信）を開発し、フェイスブックとの競争で知られるテンセント（騰訊）社はＡＩ研究所を設立し、アメリカ国内のＡＩ企業への投資を開始した。[80]二〇一七年一月、マイクロソフト社のベテランＡＩ専門家であったチー・ルーは同社を退社し、バイドゥ社最高執行責任者（ＣＯＯ）となった。バイドゥ社はグーグルと肩を並べる巨大検索企業である。ルー氏はＡＩの世界的リーダーになるためのプランを統括していくだろう。[81]こうした動きは、アメリカ軍にとって心配の種である。中国は単にアメリカのＡＩ開発の発展を模倣しているだけなのか、それともアメリカのＡＩ

能力を上回る独自のイノベーションに取り組んでいるのか、軍は疑問を抱いている。

二〇一六年八月、国営英字紙『チャイナ・デイリー』（中国日報）は次のように報じた。


高位のミサイル設計者によると、中国の次世代巡航ミサイルは、特定の戦闘用にテーラーメイドされたモジュラー設計により開発され、ハイレベルの人工知能を搭載したものとなるだろう。[82]

その中国製ミサイルは、二〇一八年にアメリカ海軍に配備予定の、ステルス性、長射程、自律型、対艦巡航ミサイルLRASM（長射程対艦ミサイル）への対抗手段であるようだ。[83] LRASMは人工知能技術を使って防衛網をかいくぐり、最終的な目標選定を行う。

次世代の中国製巡航ミサイルは「遠隔地戦争《リモート・ウォーフェアー》」として知られる戦略を具体化したもので、中国は航空母艦などの大型艦艇を持つ敵を攻撃できるミサイルを配備した小型艦艇からなる大艦隊を建造している。

二〇一六年一〇月、AIに関するホワイトハウス報告は、中国はアメリカの学者よりもAI研究に関する多くの著作を刊行していると指摘しているが、アメリカの軍事戦略家たちは、中国は最近になってようやく軍事システムの中でAIを優先し始めたと語る。[84] さらに中国はシリコンバレーの企業群と投資および研究の面で密接な関係を持っている。先述のとおり、アメリカのＡＩ研究コミュニティの開放的性格は、中国が最先端のテクノロジーを自由に利用できる環境を生み出している。

二〇一六年、中国は世界最速のスーパーコンピュータ〈Sunway TaihuLight〉〔神威・太湖之光〕（江蘇省無錫市の国立スーパーコンピューターセンターにあるスーパーコンピュータ。ＬＩＮＰＡＣＫで九三ペタフロップをマークし、二〇一六年六月のスーパーコンピュータランキング・トップ五〇〇で一位を獲得）をオンライン公開した。[85] この中国の新しいスーパーコンピュータは旧型の〈Ｔｉａｎｈｅ－２〉〔天河二号〕（中国人民解放軍国防科学技術大学〔ＮＵＤＴ〕のスーパーコンピュータ。三三・八六ペタフロップの処理能力を持ち、二〇一三年六月よりスーパーコンピュータ・トップ五〇〇で一位を獲得）と置き換えられた。〈Ｔｉａｎｈｅ－２〉はそれまで世界最速（の処理能力）を誇り、インテル社の〈ジーオン〔Ｘｅｏｎ〕〉プロセッサー（インテル社が２００１年に発表したサーバーおよびワークステーション向けのＣＰＵ）で起動されていた。〈Sunway TaihuLight〉搭載のプロセッサーは地元の中国人によって設計され、中国のハイテク能力を強く印象づけるものとなった。[86] 中国の新型スーパーコンピュータが商業目的で使用されることは言うまでもないが、敵が運用する暗号の解読など軍用目的で使用することもできる（原注：本書編集中、重要な出来事が起きた。二〇一八年六月八日、アメリカのエネルギー省は現時点で世界最速のスーパーコンピュータにランクづけされる「サミット」を公表した）。[87][88]
一五年ごとに刊行される主要軍事誌の二〇一五年版において、中国はハッカー軍を保有していることを認めた。世界各国のインテリジェンス機関は、中国のサイバー戦部隊の存在を中国が公に認める以前にすでに知っていた。中国はそのサイバー部隊を戦略支援軍と呼んでおり、そこでは分析官たちが五万人から一〇万人の個人ユーザを監視しているという。[89] サイバー部隊は中国人民解放軍（ＰＬＡ）のサイバー戦士と、情報収集・監視・偵察を担任する中国軍関係者によって構成されている。[90]

西側諸国は長い間、サイバー空間を利用した攻撃的なスパイ行為を繰り返す中国を非難してきた。その中にはアメリカの電力供給網や天然ガス会社に加え、『ニューヨークタイムズ』紙などメディア各社へのハッキングが含まれている。[91] アメリカはサイバー空間での諜報活動をめぐり二〇〇八年に中国と衝突したとき、中国政府はその事実を認めなかった。アメリカ国内の重要インフラや軍事施設へのサイバー攻撃のほか、中国は商用テクノロジー、さらにはアメリカ企業のビジネス戦略にまでターゲットに加えている。[92]

そうした中国のサイバー空間を利用した諜報活動に対するアメリカの防御策が次第に効果を増してくると、諜報活動による収益低下や、アメリカから制裁を受ける可能性が高まったことにより、中国の習近平国家主席はアメリカの商業企業をターゲットにしたサイバー諜報活動をやめさせることに同意した。その後、禁止の対象にイギリスが含まれ、最終的にはG20諸国の商業企業へと拡大された。[93]それ以降、中国は完全には排除しないまでも、サイバー諜報活動を低下させている。その一方で、中国は軍事テクノロジーを獲得するため、ロシアの軍産複合体に対するスパイ活動を強めている兆候がある。[94]

ほとんどの国と同じく、中国はサイバー戦そのものではなく、サイバー諜報活動の分野で多くの経験を積んでいる。中国のサイバー戦は通常の軍事作戦の支援と、二〇一六年アメリカ大統領選挙へのロシアのあからさまな干渉と同じように、[95]世論の認識や他国の政策に影響力を及ぼすことに焦点をあてているとアナリストたちは評価している。[96]

アメリカ軍がアジア太平洋地域に介入する懸念に突き動かされ、中国はアメリカ軍の兵站情報システムおよび指揮統制と連接する情報リンクを無力化するサイバー能力の獲得に奔走している。これらのシステムは、世界中に戦力を投射するアメリカ軍の能力の根幹をなしている。[97]

要するに、中国はサイバー諜報活動に長年の実績を有し、サイバー諜報活動にきわめて熟達している。その一方で、アメリカやロシアと比べ、サイバー戦に関する経験は少ない。

中国の商業分野と軍事分野における発展を考慮すれば、中国人が人工知能やロボット技術の分野でアメリカと肩を並べ、アメリカを追い越そうと意図しているように見える。中国人の狙いはサイバー諜報活動に置かれているが、サイバー戦でアメリカやロシアの能力に匹敵する力をつけるには、統制の取れた国家的努力はいまだ十分ではない。

ロシアの半自律型兵器

ロシアは自律型兵器を実戦配備する能力を制限するいかなる国際法も受け入れるつもりはないようだ。前述したように、ロシアの人口はアメリカや中国と比べ少ない。こうした点から、ロシアは自律型兵器を人口問題の弱点を補う手段として捉えている。

冷戦期、ロシアはモスクワ防衛のため、自律型のミサイル防衛システムを配備した。一九七二年、米ソは弾道弾迎撃ミサイル制限条約に調印したが、これは迎撃ミサイル防衛システムの配備を二基以下に制限することを規定した条約である。ところが一九七四年になって、モスクワとワシントンは制限基数を一基とすることで合意した。ソ連は防衛システムをモスクワ近郊に配備した。アメリカはノースダコタ州のグランドフォークス空軍基地に配備した。(98)

当初、ソ連は53T6ミサイルを装備したA－135システムを配備した。53T6ミサイルは囮ミサイルを含む敵の弾道ミサイルを確実に破壊するため、核弾頭を搭載していた。ところが、二〇〇〇年にロシアは防衛システムを更新した。モスクワ周辺に配備された新たな迎撃ミサイル防衛システムはA－235に換装され、それは核弾頭ではなく、運動エネルギーを利用するミサイルを装備していた。[99] アメリカのターミナル段階高高度地域防衛（ＴＨＡＡＤ）システム[100]と同様、運動エネルギー弾は、飛来する弾道ミサイルを破壊するのに十分な速度を必要とする。このことは、ロシア政府が新たなテクノロジーに自信を抱き、核爆発による放射能汚染が原因の人的損失を回避しようと決意したことを示唆している。

『ロシア・ビヨンド・ザ・ヘッドラインズ』紙によると、

ロシア航空宇宙軍は、カザフスタンの射場で迎撃ミサイル防衛システム用のミサイル実験を行った。国防産業内部のＲＢＴＨ〔ロシア・ビヨンド・ザ・ヘッドラインズ〕の消息筋によると、この実験はモスクワ近郊に配備されたＡ－２３５ヌドル・システム用の新型短距離弾頭を試験するものであった。[101]

このロシア国内の報道機関からの情報は、運用可能な弾道ミサイル防衛システムを保有していると公言している。しかし、ＴＨＡＡＤシステムをめぐるアメリカの経験が示唆しているのは、ロシアのミサイル防衛システムには信頼性に疑問が残ることだ。[102] ロシアが公表に至った動機の一つに、抑止があるのかもしれない。ロシアに対するミサイル攻撃が失敗し、ロシアからの報復が確実となれば、〔公表された〕その知識は敵の攻撃を抑止することになるだろう。

ロシアは小火器の有効性を高めるために、AIを使った近代化を行っている。二〇一七年七月五日、ロシア国営のタス通信社によると、

カラシニコフ・グループは、有名なAK－47突撃銃を製造した会社であるが、標的を識別し、意思決定を可能にする神経回路網《ニューラルネットワーク》テクノロジーを利用した完全自動型戦闘モジュールを開発した、と同社のコミュニケーション担当ディレクターのソフィヤ・イワノワ氏はタス通信社に語った。[103]

明らかなことは、その新たな戦闘モジュールは、タス通信によると「完全自動化」されており、標的を識別し、人間の生死をAIで判断する画像データを分析するためのコンソールとつながった機関砲から構成されている。イワノワ氏は、カラシニコフ・グループがニューラルネットワークを利用した広範なプロダクトを公表する予定であり、それはこの兵器が自律型兵器であることを示唆している、と語った。[104]

カラシニコフ社の新たな戦闘モジュールは、最初のロシア製致死性自律型ロボットではない。二〇一四年、ロシア戦略ロケット軍の職員は、ロシアの通信社『スプートニク』を通じて、自律的に侵入者を攻撃できる武装歩哨ロボットの配備を開始すると発表した。[105]

タス通信のカラシニコフ報道のすぐ後、ロシアはＡＩ搭載のミサイル開発計画を公表した。ロシアは戦闘機に、飛行の高度・速度・方向を決定できる人工知能を搭載した巡航ミサイルを装備する計画である。[106]ロシアはグラニート型ミサイルを改良している。ロシア海軍の最高機密の対艦巡航ミサイルがグラニート型ミサイルで、ＡＩを内蔵している。その速度、機動性、破壊力から、ロシア人はそれを「空母キラー」と呼んだ。ロシア海軍はグラニートよりも小型で、ＡＩを使用する最新のＰ－８００オーニクス超音速ミサイルをグラニート型と換装する計画である。またロシア国防省は、Ｐ－８００を９４９Ａ型アンテーイ潜水艦と１１４４型オーラン原子力重ミサイル巡洋艦に配備する計画である。オーランのミサイル搭載数は二四基から七二基に増加される予定である。ＡＩプログラミングによりミサイルはスウォームとして運用され、指定された目標を攻撃する最適の方法を決定するため、各ミサイルは相互に交信し合う。[107]

最後に、ロシアのサイバー能力を検討して総括としたい。よく言われるように、一部の軍事アナリストたちは、ロシアを最先端のサイバー能力を有する国だと評価している。二〇一六年のアメリカ大統領選挙に干渉したことで、ロシアの能力の一部が明るみに出たが、ロシアのサイバー能力は大統領選期間中に目撃された水準をはるかに上回っている。例えば二〇一五年、ロシアはウクライナ国内の多様なエネルギー供給会社に対する一斉サイバー攻撃を行い、ウクライナの送電網を攻撃した。約二五万人の住民が数時間にわたって電力を使えない状況が続いたのだが、一部のアナリストらは、それはアメリカの送電網攻撃の予行演習（リハーサル）だったと示唆した。現代社会はコンピュータに依存しているため、サイバー攻撃は現実世界に衝撃をもたらす[108]。

アメリカの送電網に対する攻撃は、ウクライナの送電網に対する攻撃のように限定されたものとはならないかもしれない。ウクライナのシステムオペレータは電力復旧のため、手動制御に立ち戻ることができた。アメリカで進んでいる自動化のレベルを考慮すると、手動制御では対応が困難であろう。当然、我々の敵は、アメリカの送電網が新時代に適応できず脆弱であることを知り抜いている。テッド・コッペルはロシアよりもイランについて取り上げ、ベストセラー *Lights Out* の中で次のように指摘している。

　イランはアメリカと核戦争を戦い、勝利することは望めないことを十分に理解しており、他の手段による戦略的利益を追求し続けるだろう。その手段とは、テロリズム、代理人の利用、そして、ますます重要性を高めているサイバー戦である[109]。

二〇一五年、ロンドンのロイズ保険組合は、アメリカの送電網への限定攻撃から受ける被害を分析した報告書を公表した[110]。アメリカ北東部の送電網に対する攻撃により、一部の地域は数週間にわたる停電となり、二五〇〇億ドルから一兆ドルの経済的損失を被る。ロイズ報告書によると、送電網の破壊により物流システムは麻痺し、広範な地域での物資の欠乏、略奪、暴動を引き起こすと予測している。そうしたシナリオの中で、ロイズ社は戒厳令を発令する必要性について言及している。

どんな将来が待ち受けているのだろうか。海軍分析センターの報告書を引用すれば、次の二つのことが明らかになる。

1．国内外からの脅威と絶え間なく戦ってきたソ連の伝統的な概念に従って、モスクワは「情報空間」内での闘争を多かれ少なかれ継続的かつ不断のものと認識している。このことは、アメリカの意思決定者は〔サイバー戦を〕本質的に攻撃的であり、エスカレートの引き金になりやすいと見なす傾向が強いのに対し、クレムリンはサイバー戦の行使に関する敷居は相対的に低いことを示唆している。

2．攻撃的サイバー戦は、通常戦タイプのロシアの軍事作戦においてその役割を増しており、将来、ロシアの戦略的抑止の枠組みの中で、一定の役割を果たすことになるかもしれない。ロシア軍は構造上かつドクトリン上の理由から、これまでサイバー戦の受容に時間をかけてきたが、クレムリンは軍隊の防御的サイバー能力に加え、攻撃能力を強化する意図を示してきた。ジョージアやウクライナの緊急事態において、ロシアはサイバー能力を通常戦力を増強する手段として運用したようだ[111]。

基本的に、ロシアはサイバー戦を「継続的かつ不断の」ものと位置づけている。公刊された利用可能な情報に基づいて判断すると、アメリカとロシアとの紛争は、数ある攻撃方法の中で、サイバー攻撃が最も生起する可能性が高いと予測できる。

有意義な洞察

現在、アメリカ、ロシア、中国といった国々は、ドローン、ミサイル防衛システム、歩哨ロボットに至るまで、任務遂行のためには最小限の人間による指示を必要としている兵器システムを配備している。とりわけロシアは、兵器開発において自律性の取り込みが最も進んでいるように見える。

論理的に次の段階には、人間の指示を必要としない「致死性自律型兵器（LAWS）」と呼ばれる兵器システムがくるだろう。多くの人はこれを火薬、核兵器に続く「戦争における第三の革命」と見なしている。近年のAIの急速な進歩のため、特に機械学習《マシン・ラーニング》の分野において、AIシステムは膨大なデータ量の中から、複雑かつ微妙なパターンを認識することができる。それにより、システムは人間と同等もしくはそれ以上の働きをする。

ＡＩは危険な状況で、人間の兵士に取って代わるような重要な運用上の利点を有するため、アメリカ、ロシア、中国といった国々は、ＬＡＷＳの開発と配備に取り組んでいる。アメリカと中国は自律型兵器（意思決定のループに人間が介在しない）の手前に境界線を引きたがっているように見えるが、ロシアはそうではない。実際、二一世紀の戦場の複雑性は、自律型兵器の配備を必要とするかもしれない。軍事コミュニティはもはや、自律型兵器を開発するか否かを議論していない。議論は今や、自律型兵器にどれだけの独立性を与えるかが中心となっている。これはアメリカ軍が「ターミネーターの難問」と名づけた問題だ。

第四章　新しい現実

コンピュータは旧約聖書の神のようだ。規律ばかりが多く、慈悲がない。
――ジョーゼフ・キャンベル『神話の力』一九八八年
（ジョーゼフ・キャンベル、ビル・モイヤーズ『神話の力』飛田茂雄訳、早川書房、二〇一〇年）

兵器の開発は何もないところでは起こらない。一般的に、兵器開発とは認識された脅威の結果である。アメリカやどんな国でも脅威を認識したとき、その脅威を取り除くための方策を追求する。アメリカのオフセット戦略もこうした背景から導き出された。それぞれのオフセット戦略は、アメリカが潜在敵国から受けている特定の、明確に定義された脅威に対処している。他国も兵器開発のため、同様のプロセスを辿っている。このプロセスの結末が「新しい現実」なのだ。それは第一次および第二次世界大戦のような広大な戦域紛争に特徴づけられた時代かもしれないし、あるいは比較的強度の低い紛争が断続的に続く時代かもしれない[1]。そうした強度の低い紛争には、一九九一年の「砂漠の嵐」作戦へのアメリカの関与のような限定的な通常戦から、二〇一四年のロシアによるクリミア併合のような曖昧な戦争まで幅がある。クリミアでは、国家標章のない軍服を着た部隊が投入された。

「新しい現実」の時代に平和はない。我々は戦争を戦い、軍事的観点からは勝利を収めたように見えても、依然として紛争の只中にあることに気づくことになろう。例えば、第二次世界大戦後の期間は、アメリカと旧ソ連との核軍備競争を特徴とする冷戦の時代であった。冷戦後、二〇〇一年のアフガニスタンでの戦争と、二〇〇三年のイラクでの戦争の後、アメリカは対反乱作戦と安定化活動に従事していた。

「新しい現実」を明らかにするため、我々は（一）政治的現実、（二）技術的現実、（三）兵器の現実を理解しなければならない。これらを全体として捉えることにより、新たな兵器開発の推進力を理解することができるだろう。

政治的現実

「政治的現実」とは、時代の単なる瞬間だけを捉えたものに過ぎないことを理解せねばならない。それは、あなたが本書を読んでいる瞬間にも刻々と変化している。世界中でさまざまな出来事が次々に起きているからだ。しかしながら、本書の執筆と同時に出来事の状態を理解することは、いかにして政治というものが兵器開発に影響を与えるのかについて解明してくれるだろう。本節で我々が議論するさまざまな要素をスナップ写真と見なしてみよう。スナップ写真をコラージュと見なせば、新しい現実を形作っている政治の全体像が明らかになる。

第三章では、アメリカが「ターミネーターの難問」に直面していると述べた。その一方で、国防省は二〇一七年度の予算で一二〇億ドルから一五〇億ドルを「第三のオフセット戦略」に計上している。「第三のオフセット戦略」は人工知能、ロボット、ナノ兵器を利用した兵器の開発と配備を求めている。アメリカ軍は、アメリカがそうした先端テクノロジー分野で主導権を保持しており、それらが中国やロシアといった最も手ごわい潜在敵国に対する軍事的優位をもたらすだろうと考えている。

他方、アメリカは自律兵器の配備を明示的に禁じている「国防省指令三〇〇〇・〇九」のもとで軍を運用している。明らかなのは、兵器は自律型かもしれないが、「国防省指令三〇〇〇・〇九」は配備は半自律型であること、すなわち人間が意思決定ループの中枢か一部に関与することを求めている。国防省は自律型のロボットジェット戦闘機、いつ、何を攻撃するかを決めるミサイル、敵の潜水艦を追跡・破壊できる艦船を設計することができる。難問とは、アメリカはそうした新しい自律型兵器を製造・配備すべきか、という問題である。

我々はこの問題を難問と捉えているが、それは間違った問いを立てているように思う。我々の最も手ごわい敵である中国とロシアは自律型兵器を配備している。私の考えでは、問われるべきは「我々にとって最も手ごわい敵たちが、人間が操作する兵器を上回る自律型兵器を持つ場合、アメリカは軍事的優勢を保持することができるか」という問いである。

短期的には――短期とは一〇年以内を指す――、我々は軍事的優位を維持できるかもしれない。しかし、一〇年以内に起こるはずの、人工知能、ロボット、ナノ兵器テクノロジー分野の進歩を踏まえると、「国防省指令三〇〇〇・〇九」に拘束されない中国やロシアといった手ごわい敵に対して長期的な軍事的優位を維持できるか疑問である。

これは倫理的かつ政治的に切迫した問題である。一般に、致死性自律型兵器（LAWS）の使用は、地球上を動き回り、戦闘員と非戦闘員を無差別に殺戮する「殺人ロボット」という言葉を思い起こさせる。二〇一三年、先行的なLAWSの禁止を目指す非政府組織のグループは「殺人ロボット防止キャンペーン」を結成した[2]。二〇一五年七月、一〇〇〇名を超えるAI専門家が、一万五〇〇〇人の支持者とともに軍事人工知能の分野で軍備競争が起こる脅威について警鐘を鳴らし、自律型兵器の禁止を求める公開書簡（付録Ⅱ）に署名した[3]。この書簡はブエノスアイレスで開催された「第二四回人工知能に関する国際合同会議」で公表された。有名な署名人には、スティーブン・ホーキング、イーロン・マスク、スティーブ・ウォズニアックがいた。

私が「殺人ロボット防止キャンペーン」や公開書簡を取り上げる理由は、それらが政治的現実の一部分をなし、自律型兵器の開発をめぐり、世界中の人々の間で深刻な懸念を生み出しているからだ。これを最初のスナップ写真としよう。個々の政治的出来事を取り出し、それをスナップ写真として考察することを思い出してほしい。あとで我々は複数のスナップ写真を「新しい現実」を形成する政治の全体像を作り上げるコラージュと捉えてみたい。

アメリカが「第三のオフセット戦略」を公表した後、それは新たな軍拡競争の火種となっている。第三章で論じたように、ＡＩテクノロジーは国防省の「第三のオフセット戦略」の中核である。その結果、中国やロシアは急ぎＡＩを兵器開発に取り込もうと動いている。例えばロシアは、自律型兵器の開発に向けた軍事戦略を公表している。冷戦期と同様、アメリカ、中国、ロシアの間の緊張は高まっている。どの国も戦争を抑止し、あわよくば戦いに勝利するＡＩ兵器を持とうと必死だ。こうした動きを第二のスナップ写真としよう。

次なるスナップ写真は、私が本書で描く現在の現実である。現在の現実は、歴史的文脈で考察しなければならない。私はとりわけ北朝鮮について論じるけれども、スナップ写真は世界平和を脅かしている「ならず者国家」に当てはまる。

核兵器の拡散防止のための国連決議に違反した北朝鮮は、アメリカを攻撃できる弾道ミサイルと核兵器の開発を続けている。[4] 北朝鮮の最大の同盟国であり、貿易相手国でもある中国は、北朝鮮に核保有の野心を断念させることができないように見える。こうした状況は日増しに悪化している。アメリカに対する北朝鮮の脅威のため、アジア太平洋地域に「USSニミッツ」(*Nimitz*)、「USSカール・ヴィンソン」(*Carl Vinson*)、「USSロナルド・レーガン」(*Ronald Regan*)の三個空母群を展開している。[5] ちなみに、「ロナルド・レーガン」だけはアメリカ第七艦隊の一部として日本の横須賀を母港にしている。

一般的な空母群の編成は、約七五〇〇人の人員、航空母艦、少なくとも巡洋艦一隻、駆逐艦またはフリゲート艦二隻、六五機から七〇機の艦載機からなる。さらにアメリカは、アジア太平洋にオハイオ級誘導ミサイル潜水艦の「USSミシガン」(*Michigan*)と、ロサンゼルス級攻撃型潜水艦の「USSシャイアン」(*Cheyenne*)の二隻の潜水艦を配備したと公表した。[6] この無敵艦隊は、第二次世界大戦期にアメリカが保有していたすべての艦隊の能力を上回る破壊力を持つ。

近年、アメリカは韓国にターミナル段階高高度地域防衛(THAAD)システムを配備した。アメリカ軍は、この対弾道ミサイル防衛システムは紛争中に敵の大陸間弾道ミサイルを破壊すると主張する。これはアメリカと中国との緊張を高めており、中国はTHAADを自国の弾道ミサイル防衛に対する脅威と見なしている。[7] これを第三のスナップ写真としよう。

さらに、中国は南シナ海に対する領有権を主張している。[8] そのため、中国は二〇一四年以降、南シナ海に七つの人工島を造成した。中国はこれらの島々を、域内に戦力を投射できる軍事施設に変えるため、滑走路、レーダー施設、その他のアセットを建設している。ヴェトナム、フィリピン、マレーシア、中国は、南シナ海の一部の領有権をそれぞれ主張しているが、中でも中国は、マレーシアの沿岸まで範囲を広げた南シナ海のほぼ全域をカバーする法外な領有権を主張している。

このことは、フィリピンが中国を相手に、ハーグの常設仲裁裁判所に提訴した背景となり、同裁判所は二〇一六年七月一二日、中国に不利な判断を下した。(9) しかし中国は、裁判所の判断と司法管轄権の受け入れを拒んだ。アメリカは、南シナ海は公の海上公通路であると主張し、同海域に軍艦を定期的に航行させた。あなたは不思議に思うかもしれない。なぜ南シナ海は、アメリカがそこまで防衛に積極的になるほど重要なのかと。それには三つの理由がある。

1. 外交問題評議会によると、毎年、五兆三〇〇〇億ドル以上の船舶貨物が同海域を通過しており、それは一兆二〇〇〇億ドルに及ぶアメリカの貿易額を含んでいる。
2. アメリカエネルギー情報局(EIA)は、南シナ海の海底に一一〇億バレルの原油と一九〇兆立方フィートの天然ガスが埋蔵されていると見積もっている。
3. 世界の総漁獲量の一二パーセントは南シナ海からのもので、漁業は中国の基幹産業であり、世界最大の漁業生産量と水産輸出国でもある。二〇一五年、中国の水産輸出額は二〇〇億ドル（US）である。

中国の南シナ海に対する領有権の主張を第四のスナップ写真と見なそう。忘れてならないのは、こうしたスナップ写真は変わるということだ。よって、それらを歴史的文脈の中で考察しなければならない。

最後に、ロシアに関連する政治的現実を考えてみたい。ロシア絡みの最大の政治問題は、ますます高まる拡張主義的な攻撃的姿勢にある。[10] いくつかの点を挙げてみる。

・クリミア併合
・ウクライナ東部地域をノヴォロシア（新しいロシア）と命名
・ウクライナのテロ集団と分離独立運動への支援

ロシアの拡張主義的な目的は、アメリカの弱体化である。かかる目的から民主主義の拡大には強く反対し、特に旧ソ連邦共和国地域で顕著である。ロシア指導層はウクライナを「ロシア本来の」領土と見なし、ウクライナ人をロシア人と考えている。現在、ウクライナは革命後のウクライナ政府とロシア軍の援助を受けている新ロシア派反乱勢力との戦争状態にある。[11] 野蛮な拡張主義的な攻勢により、ロシアは欧州で最も深刻な脅威となっている。これを第五のスナップ写真としよう。

むろん、シリアでの内戦やテロとの戦いなど、新しい現実に影響を及ぼす要因は他にも存在する。しかしながら私の判断では、上述した五枚のスナップ写真をコラージュとして見たとき、それは新しい現実を形成する政治について明確な全体像を提供してくれる。ここで簡単に要点をまとめておく。

・世界中の人々は、自律型兵器の開発と配備の禁止を求めている。

・自律型兵器禁止を求める世界中の訴えとは裏腹に、アメリカ、中国、ロシアとの間で、人工知能兵器の開発に向けた新たな冷戦が繰り広げられている。各国は自国の軍事的強さは人工知能兵器の有効性によって左右されると考えている。今のところ各国は、半自律型兵器を配備している。ＡＩテクノロジーが急速に発展するにつれ、自律型兵器はほぼ間違いなく戦場での役割を増大するだろう。

・アメリカは自律型兵器の開発に自己抑制的なモラトリアムを課しているのに対し、中国とロシアはそうではない。

・世界は緊張に満ちている。本書執筆時点で、北朝鮮は核戦争を引き起こしかねないコースを歩んでいる。さらに、南シナ海に対する中国の領有権の主張、ロシアの拡張主義的な目標も同様に、紛争の火種となり得る。

本節を締めくくる前に、重要な問題について考えておきたい。自律型兵器を禁止する条約の締結ははたして可能であろうか、という問題である。残念ながら、私はその実現に疑問を抱いている。この問題は多くの疑念と緊張を孕《はら》んでいる。すべての当事国が合意に到達することは難しい。とりわけロシアはアメリカや中国と比べ、人口が少ない。そうした事情を反映し、自律型兵器は人口条件を対等にする方法と見なされている。過去の声明を見ると、アメリカと中国は自律型兵器の禁止に受容的であるけれども、ロシアが同意しなければ、その条約は失敗に終わる運命にある。

世界各国は、化学・生物兵器、宇宙空間を拠点とした核兵器、目潰し用レーザー兵器など、特定タイプの兵器を禁止するため結束してきたことは間違いないが、そうした兵器の種類は自律型兵器とは異なる。その相違を示すいくつかの例を検討する。

生物兵器は大量破壊兵器となる可能性を持つが、紛争間における生物兵器の規制はどの国にとっても重大な問題である。生物兵器は敵だけに影響を与えるという保証はない。いったん放射されると、敵との境界線を越えて広がり、無差別に殺戮を始める。このような生物兵器の特徴はすべての国を巻き込むことになるため、諸国が禁止に向けた合意をしやすい。したがって、「生物兵器禁止条約（ＢＷＣ）」は、生物兵器の開発、生産、貯蔵を禁止する最初の多国間軍縮条約となり、一九七五年三月二六日に発効した。[12]

ほとんどの国は、化学兵器が持続可能な戦略的優位をもたらし得ないという考えで一致している。第一次世界大戦で化学兵器が登場したときでさえ、諸国は速やかにガスマスクなどの対抗手段を開発することができた。化学兵器テクノロジーのローテク性を考えると、あらゆる国がいずれ、化学兵器を有することになろう。重要なことは、化学兵器は生物兵器と同様、制御することが難しい。例えば、気象の変化を受けやすい。それゆえ、化学兵器の相対的な非有効性および制御の困難性から、熱烈な擁護者を欠くこととなった。その結果、化学兵器を禁じ、その廃棄を求める多国間条約である「化学兵器禁止条約（ＣＷＣ）」が一九九七年に発効した。[13]

これまで述べてきたことから明らかなように、化学・生物兵器を禁止する背景には、禁止を支持する強力な根拠があった。特に生物兵器の場合、使用された後の制御が困難であるとの事情があり、化学兵器の場合には、戦略的な非有効性であった。

宇宙空間への核兵器配備の禁止、正式には「月その他の天体を含む宇宙空間の探査および利用における国家活動を律する原則に関する条約」は、国際宇宙法の土台をなす。[14]一九六七年一月二七日、アメリカ、イギリス、ソ連邦は同条約を署名のため開放した。一九六七年一〇月一〇日に発効し、二〇一七年七月現在、一〇七カ国が条約締約国となっている。北朝鮮を含む二三カ国は条約に署名しているが、批准に至っていない。

本条約は効力を持っているが、非署名国の中でもアメリカ、中国、ロシアはいずれも、EMP（電磁パルス）のような宇宙から核攻撃を実施する能力を有している。EMP攻撃とは、当該地域上空の宇宙空間で核兵器を炸裂させ、電磁パルスを放出して域内の電子機器を妨害・破壊するものである。EMP攻撃は炸裂させる高度に応じて、ある国の一部地域のみに照準を合わせるか、あるいは国全体を攻撃することができる。不幸なことに、北朝鮮のような小国で技術先進国ではない国であっても、そうした攻撃を行うことができる。

本書で触れているように、北朝鮮は地球を周回する人工衛星二基を保有しているが、その目的については北朝鮮以外の誰もわからない。二基の人工衛星は毎日、アメリカ上空を通過している。通過のたび、アメリカ領の異なる地域を通過している。衛星のサイズから、小型核兵器を搭載することができる。周回高度は三〇〇マイル〔約四八〇キロメートル〕であり、専門家はEMP攻撃に最適と判断している。私はこの点を強調したい。宇宙空間の核兵器に関する禁止規定は続いているものの、それは簡単に破られる恐れがある。

一九九五年一〇月一三日、国連は「失明をもたらすレーザー兵器に関する議定書」を採択し、それは一九九八年七月三〇日に発効した。[15] 同兵器禁止の背景にある考え方は、それが過剰かつ不必要な苦痛を与えるというものだ。二〇一六年四月末現在、わずか一〇七カ国だけが議定書に合意している。これは、国連に加盟する一九三カ国のわずか半数を超える程度に過ぎない。アメリカでは軍部、民間企業ともに「目眩まし」と呼ばれる一時的な盲目を引き起こすレーザー兵器を製造している。[16]

ここまで特定クラスの兵器を禁止する条約を論じてきた私の狙いは、次のような強力な論拠があることを示したいからだ。

- 上述した兵器の規制は、生物・化学兵器の事例のように、困難もしくは不可能である。
- 宇宙配備核兵器や失明をもたらすレーザー兵器の事例のように、条約は簡単に破棄または迂回される。

自律型兵器を禁止する条約を検討する場合、上述した禁止兵器との相違点は何か。

1. 自律型兵器をすでに配備している国は、軍備規制にかかわる問題を取り上げない。例えば、ロシアは現在、モスクワのミサイル防衛施設に自律型監視ロボットを配備している。

ロシアは、より多くの自律型兵器を開発・配備すると主張している。アメリカは、半自律型兵器の開発・配備にとどめるとの立場をサイバー兵器には適用していない。緊急対応が重視されるサイバー攻撃の性格を考慮してのことだろう。かかる事例から、主要プレイヤーは自律型兵器は規制可能だと感じていると推測できる。

2. 自律型兵器を律する条約は簡単に破棄され、あるいは迂回されるかもしれない。例えばアメリカは、人間が「意思決定ループに関与する」半自律型兵器を開発している。これは兵器が自動的に動作するけれども、人間がその動作を監視し、動作を止めることができる。運用段階で「兵器は自動的に動作する」。実際、この留保条件（人間が意思決定ループに関与する）を付けて、アメリカは自律型兵器を製造している。自律型兵器を禁止する条約は、スイッチ一つで破棄されることを意味する。

3. 最後に、自律型兵器を禁ずる条約を執行できるかどうか定かではない。自律型兵器は在庫のあるAI部品を使って製造されており、それを禁ずる条約の執行を困難にする。これと比較して、核兵器関連条約は製造施設の隠匿が困難であることから、執行が容易である。とはいえ、現実的には核兵器関連条約であっても執行は難しい。

例えば、「中距離核戦力（INF）条約」を考えてみよう。ロナルド・レーガンとミハイル・ゴルバチョフは一九八七年一二月にINF条約に調印した。三〇〇〜三四〇〇マイル〔約四八〇キロメートル～約五四四〇キロメートル〕の射程を持つ地上発射型弾道ミサイルと巡航ミサイルを禁じた。[17] ロシアが二〇〇八年に巡航ミサイルの試験を始めるまでは、両国とも同条約を遵守してきたとされている。オバマ政権は二〇一一年、ロシアの巡航ミサイル実験はコンプライアンスの問題だったと結論づけた。

二〇一三年五月、国務省軍備管理部門の上級専門職員ローズ・ゴッテモラーは、明らかな条約違反の可能性をめぐってロシア側と対立した。ロシアは二〇一七年を通じて発射実験を継続するとともに、ＩＮＦを配備し、アメリカ側の主張は〔ロシアの行動が〕明らかな条約違反というものだった。[18] ロシア側は違反を否定せず、ほぼすべての近隣諸国が同種の兵器システムを開発中であると主張している。ロシアの巨大な戦略核ミサイル能力を考慮すると、ロシアが本当にＩＮＦを欲しているのか定かではない。しかしながら、私の言いたいことは簡単だ。核兵器関連条約の違反を探知・防止することは明らかに困難であることを考えると、自律型兵器関連条約の違法行為を探知・防止する可能性はあるのだろうか。読者の判断に委ねたい。

技術的現実

半自律型・自律型兵器の頭脳は人工知能である。それゆえ、技術的現実を理解するには、人工知能テクノロジーと開発の方向性の現状について理解しておくことが必要だ。

アメリカ、中国、ロシアはいずれも半自律型・自律型兵器を開発・配備しているが、兵器に内蔵されている人工知能は比較的初期段階にとどまっている。どうして、このような主張を行えるのか。

現在のあらゆる半自律型・自律型兵器は、自らの任務を果たすためスマートエージェントに頼っている。第二章で論じたように、スマートエージェントとは、人間の介在が最小限でも知的行動を行い、経験から学習する能力を備えたコンピュータのアルゴリズムのことである。

スマートエージェントが人間の知能をまねて驚くような振る舞いを見せたとしても、人間の知能を体現しているとは言えない。スマートエージェントが動作する方法は、ミッション達成を可能にする特定のルールとパターンを組み合わせたプログラムを通じてである。例えば、もしスマートフォンがチェスゲームのアプリケーションを内蔵している場合、それを動かしている頭脳はスマートエージェントである。それはチェスの達人たちの過去のおびただしいゲーム実績を含んだ大量のルールとデータベースを持つ。あなたが打ったチェスの一手と似た同じようなパターンをデータベースの中から探し出し、さまざまな結果の確率に基づき、そのルールに従って、次に何をすべきかを決定する。私が言いたいことは、スマートエージェントは人間のように考えていないということだ。チェスの一手を分析し、最終的にあなたを敗北に追い込む確率の高いルールに従う。

もしあなたが熟達したチェスプレーヤーでなければ、スマートエージェントが勝つ確率は高いだろう。それは人間の考えを真似ているように見えるので、あたかも思考していると仮定しがちである。だが、実際はそうではない。スマートエージェントはパターン解析をし、計算しているのである。真に考えることができるなら、チェッカーのようなもっとシンプルなゲームをプレイすることができるはずだ。チェッカーができない理由は、チェッカーをプレイするようにプログラミングされていないからだ。たとえそのスマートエージェントが経験から学習することができたとしても、例えばチェスのように、たった一つの特定エリアについて学習するだけである。

もし、こうした事例を半自律型・自律型兵器に拡大するなら、同じ制限にさらされる。それらは人間の考えを真似ることができ、人間よりも素早く特定の機能を果たすことができても、それらの兵器は思考しているわけではなく、プログラミングに従っているだけだ。

コンピュータは人間の頭脳とどこが違うのだろうか。この問題に対する答えは、あなたが話題にしているコンピュータがどのようなタイプのものなのか、それはどのようにプログラミングされているかによる。意思決定ツリーのプログラムやデータベースを使用して機能を発揮するシンプルなコンピュータは、言うなればジェット機が鳥のように飛ぶのと似て、人間の脳の働きに近いと言える。鳥もジェット機も空を飛ぶけれども、飛行のための両者の方法は大きく異なっている。標準的な人間の脳が人によって違いを生み出すとき、それはどのように働いているのだろうか。

標準的な脳は約一〇〇〇億個のニューロン（neuron）を持つ。ニューロンとはシナプスと呼ばれる接合部を通じて他のニューロンに電気・化学的信号を伝達する能力を持つ特殊な細胞である。簡単に言うと、シナプスがニューロンをつないでいるのである。一つ一つのニューロンはおよそ一万個のニューロンとつながっている。

もしあなたが計算をしようとする場合、人間の精神活動は一〇〇兆と一〇〇〇兆の間の組み合わせ《パターン》でシナプス接合が生じる。ニューロンは、中枢神経系を出入りする情報と中枢神経系の内部を流れるあらゆる情報を処理する。さらに単純化して言えば、複雑なシナプス接合の構造によって頭脳は情報を蓄積し、私たちがよく言うように、記憶を形成するのである[19]。

シナプス接合で可能になる形態パターンの数を数学的に計算してみると、人間の頭脳の記憶容量は一〇〇〇テラバイト（一兆に相当する情報単位）のデータにも及ぶ。これと対照的に、アメリカ議会図書館所蔵の一九〇〇〇万冊のデータ量は、約一〇テラバイトのデータ量に匹敵する。ニューロンに加え、頭脳の九〇パーセントはニューロンを取り巻くグリア細胞から構成されている。グリア細胞は、ニューロンに栄養素を供給するとともに、ニューロンを分離する役割を果たす。

最近まで、神経科学者は、ニューロンと呼ばれる脳内の一〇〇〇億個の神経細胞に注目してきた。そこではニューロンがシナプスを介して相互に連絡を取り合っているように見えたからである。神経科学者は、グリア細胞はニューロンを単にサポートしているだけだと信じてきた。ところが最近の研究では、グリア細胞はシナプスの成長と機能に不可欠の役割を果たしていることを示唆している。[20] 画像技術の進歩によって、神経科学者はグリア細胞が実際には化学的作用を通じて、とりわけニューロンと連絡を取り合っていることを学んだ。このことから重要な結論が導かれた。つまり、グリア細胞は脳細胞コミュニケーションにおいて重要な役割を果たしており、おそらく人間の知能の発達においてもそうした役割を担っている。

アルバート・アインシュタインは一九五五年に亡くなったが、科学者たちは彼の脳を摘出し、ホルムアルデヒド容器に保存しておいた。その後三〇年間にわたって科学者たちは彼の脳の各部分を検分し、アインシュタインが天才である鍵を見つけ出そうとした。その結果、アインシュタインの脳の容量は平均的であり、ニューロンの数量も標準的であることが判明した。しかし一九八〇年代後半、科学者たちはアインシュタインの脳内、特に〔大脳皮質内の〕連合野においてグリア細胞が通常よりも多く含まれていることを発見した。連合野とは想像力や複合思考を司る脳の領域である。これは逸話的な話題かもしれないが、グリア細胞が知能に重大な影響を与えることを示唆している。

私たちにとって、人間の頭脳の働きについては未知なところが多い。しかしながら、私たちは脳の記憶容量が議会図書館に貯蔵された全情報量を上回っていることを知っている。私たちは各々のニューロンが一万個に上るニューロンとつながっており、一〇〇〇兆個のシナプスを介して相互に電気化学信号を交換していることも知っている。あるコンピュータ科学者は、これは毎秒一兆ビットの処理装置を持つコンピュータに匹敵すると見積もっている。(21)

人間の脳に関する知識に基づき、私たちは神経回路網《ニューラルネットワーク》(neural network)を模したコンピュータを構築することに力を入れ始めた。その理由は簡単だ。永遠にコンピュータをプログラムし続けるよりも、コンピュータに独学させることの方が手っ取り早いからだ。実際、試行錯誤を繰り返しながら世界について学習している人工のニューラルネットワーク(ANN)は、幼児が学習するように、人間の学習にも似た方法を発展させている。このアプローチは正しかったことが判明する。その方法は有効であるばかりか、伝統的なプログラミング方法に比べ、スピードが速く効果的である。一例として、グーグル翻訳サイトを取り上げてみよう。

二〇〇六年、グーグル社は言語翻訳アプリケーションを導入した。現在、約五億人の月間ユーザが毎日、一四〇〇億ワードをある言語から別の言語へと翻訳している。二〇〇六年、グーグル社は論理的推論ルールを配列し、それに世界に関する知識を加えた包括プログラムを書き加えた翻訳ソフトを開発した。例えば、英語から日本語へ翻訳するため、英語の文法規則をすべてプログラム化し、『オックスフォード英語辞典』に収められたすべての語彙を書き加えた。グーグルは次に、日本語のあらゆる文法規則に加え、日本語辞典の語彙を書き加えた。このアプローチを用いて、グーグルはある言語から別の言語へと文章を翻訳できるようにした。

だが、このアプローチを使った翻訳では、しばしば文意の汲み取りを欠いた。例えば、「農務相(minister of agriculture)」を「農場を経営する聖職者(priest of farming)」と翻訳するかもしれない。さらに、そのアプローチだと時間がかかってしまう。言語というものは規則と同様、多くの例外がある。チェスのように、文法規則と語意がクリアな場合、上記のアプローチはきわめて有効に機能する。このアプローチを使うスマートエージェントは、一般的に人間の対戦相手よりも優れたチェスプレーヤーとなる。このことが「人間レベルの知能に到達する道はスマートエージェントによって実現される」と、多くのＡＩ研究者が信じる理由である。しかし彼らは間違っている。人間レベルの知能へと至る道は、ニューラルネットワーク・アルゴリズムによって実現されるのである。

グーグル翻訳ソフトの事例では、ジェフ・ディーン、アンドリュー・エン、グレッグ・コラードやクオック・ルーらが二〇一一年にグーグル・ブレイン（Google Brain）と呼ぶチームを作った[22]。チームの狙いは、ＡＩが直面する重大な課題を解決するためニューラルネットワークを使ったコンピュータの利用を推し進めることだ。それはスマートエージェントと同等に高度な性能を持つ。もっともスマートエージェントは、「猫を識別する」といったような幼児でもできる簡単な仕事をこなすことができないけれども。ブレイングループは、人工ニューラルネットワーク（ＡＮＮｓ）が何かを模倣したり、幼児の学習法を学んだりしながら、基本的には事前のプログラミングを必要としないと考えた。これはＡＮＮｓが決められた手続きに厳格に従って動作するのではなく、受け取った情報をもとに、自らの行動を修正することができる（フィードバック）ことを意味する。

最初の年、グーグル・ブレインによるニューラルネットワーク・マシンの開発実験では、一歳の乳幼児の能力を模倣するところから始めた。グーグル社の音声認識チームは、ニューラルネットワークの古いシステムの一部を取り入れて実験を試みた。こうして二〇年後には、最高の翻訳水準に到達できるまでになった。グーグル社に次第に明らかになったことは、マシンが意味を理解する道はニューラルネットワークを通じてであるということだ。今や、アメリカ軍と同様、グーグル社は、フェイスブック社、マイクロソフト社、アップル社、アマゾン社、そして世界中の関係企業と競争する上で、ＡＩが決定的な役割を果たすと見なしている。

ニューラルネットワーク・コンピュータによって、プログラム化された指示に反して思考する決定的な要因はマシンにあるという見解が明らかになりつつある。これは大きなパラダイムシフトであり、注目を集めている。

第二の大きなパラダイムシフトはムーアの法則に関連する。アメリカの起業家・投資家・ソフトウェアのエンジニアで、ネットスケープ社の共同創業者でもあるマーク・アンドリーセンによると、ムーアの法則は反転現象を起こしている[23]。第一章を思い出していただきたい。ムーアの法則によると、集積回路の価格は一定でも、トランジスタの数は概ね二年おきに倍増する。アンドリーセンは、新しい集積回路は、既製品と同レベルのものが半分のコストで提供されると主張している。これが意味するのは、計算コストが下落しているということだ。これは第二章で論じた「モノのインターネット」現象を加速し、これまで見られなかった新しい「相互に連結された世界」が出現する。

さらに、低価格の演算処理装置《プロセッサー》を用いて複数のシステムによる同時並行的な計算が可能になり、数年前には考えられもしなかった問題を効率的に処理できるようになった。私はこれをムーアの法則の論理的帰結（ある定理から導き出された証明の結果）であると考えたい。

私の推論はこうだ。もしムーアの法則に従って、集積回路が二年ごとに同一価格で回路の密度を二倍にすることができるなら、おそらく二年ごとに同一の密度を約半分の価格で提供できるはずだ。私はこの二つの論理に矛盾はないと思う。もっと言えば、両者はどちらも正しい。

実際、テクノロジーの進歩により、製品は改善され、価格は低下している。アメリカの労働統計局が指摘しているように、製品価格はこの一八年の間にほぼすべての技術部門で大幅に低下しており、とりわけコンピュータのハードウェアの分野で顕著である。これを「コスト収益逓減の法則」(Law of Decreasing Cost Returns) と呼ぶことにしよう。つまり、テクノロジーが進歩するに従い、前世代のテクノロジーのコストは低減する。

例えば、今日購入したテレビは、二年前に購入したテレビよりも、サイズや性能が同一のものでも安く買える。価格の低下は、部品コストの低下や製造方法の効率性向上のおかげである。ムーアの法則と同様、これは時代のトレンドの結果であり、物理法則の結果ではない。

前にも述べたように、ムーアの法則は一般的に「収穫加速の法則」と表現することができる。この言い換えが示しているのは、固体電子光学など十分に投資されたテクノロジー分野における技術革新の加速度的ペースである。ムーアの法則は集積回路のパターン転写〔半導体基板などに集積回路などのパターンを描画する技術〕の限界から、おおよそ二〇二五年までには終わりを迎える可能性が高いけれども、「収穫加速の法則」が示唆しているように、固体テクノロジーは加速度的な向上を今後も続ける可能性が高い(24)。

第三の、そして最後のパラダイムシフトは、データに関するものだ。多くの研究機関が予測しているように、データの成長は二〇二〇年に近づくにつれて飛躍的に増大し、デジタル世界の規模は二年おきに倍増していると広く認められている。それによると、二〇一〇年から二〇二〇年の間に五〇倍の成長を遂げる計算になる。(25)

ほとんどのデータはオンラインを経由し、スマートフォンを使って移動し、センサーはほとんどすべてを記録する。つまり、データがデジタル革命を促進しているのである。ビジネス関連のデータにアクセスし、データを処理して重要な知見を収集することができる組織は、競争上の優位を占めるだろう。さらに、デジタル形式でのデータの蓄積は、マシンが理解できる言語となり得る。ニューラルネットワークのアルゴリズムは、マシンがデータに基づく深層学習《ディープラーニング》を加速することにもなる。

ここで最も重要な問題の一つを検討してみたい。いつ、我々は人間の頭脳と同等のコンピュータを手に入れるのだろうか？　この問題の解答をグーグルで検索してみると、検索結果が画面いっぱいに現われるだろう。ほとんどの人は、人間のニューラルネットワークと同等の人工ニューラルネットワークを備えたコンピュータをいつ保有できるかを判断するのに、ムーアの法則を適用してこの問題に取り組もうとするだろう。しかし、これだとコンピュータが人間レベルの知能を持つこととは関係がない。それは人間の頭脳と同等の処理能力を持つかもしれない、ということを意味しているにすぎない。

「持つかもしれない」というフレーズを使った理由は、人工のニューロンが人間の脳内のニューロンと同じかどうか不明だからだ。それに、人間の頭脳は厳密に言えば、デジタルコンピュータではない。ニューロンが興奮したりしなかったりすることは事実としても、ニューロンのシグナルは生化学的経路を通じてニューロンの間を駆けめぐる。その生化学的プロセスがある種の信号処理を司っているのである。

コンピュータ科学者から神経科学者まで、多くの人がこの問題に取り組んできた。人工知能分野の著名な未来学者の一人であるレイ・カーツワイル[26]や、科学的研究専門の心理学者であるクリス・F・ウェストベリー[27]は、人間の脳の処理速度を約二〇ペタフロップスと見積もっている[28]（コンピュータの処理速度を表す単位。一ペタフロップは一秒間に一〇〇〇兆回の演算速度を表す）。別の研究者は、四〇ペタフロップに近いと主張する[29]。

慎重を期して最高値の二倍を見積もり、人間の頭脳は約八〇ペタフロップの処理能力を持つと仮定しよう。これだけでも膨大な値だが、中国は九三ペタフロップと見積もられる処理能力を持つスーパーコンピュータ〈Sunway TaihuLight〉（神威・太湖之光）を製造した[30]。だがそれは、人間の頭脳と同等とは言えない。人間レベルの知能と等しくなるようなプログラミングが施されていないからだ。ここで、〈Sunway TaihuLight〉（神威・太湖之光）はニューラルネットワークを介して学習することができると仮定しよう。もし人間の学習能力と同じ水準で学ぶことができたら、〈Sunway TaihuLight〉（神威・太湖之光）は数十年間のうちに成人に匹敵する人間レベルの知能を発揮できるだろう。ここで強調したいことは、人間レベルの知能を持つマシンに到達するには、ハードウェアと並んでソフトウェアが決定的な役割を果たすということである。

権威あるAI予測

アメリカ・エネルギー省のスーパーコンピュータ〈サミット〉が象徴するコンピュータテクノロジーの著しい進歩、そしてグーグル社のブレイン・チームが開発した自己学習タイプの人工ニューラルネットワークを考慮に入れると、私は人間と同等の知能が出現するのは二〇四〇年頃と予測している。

人間と同等の知能とは、「チューリング・テスト」（成人の大人と知能マシンとの会話。第三者には見分けがつかず、その第三者は人間とマシンとは別々に話ができない設定）をパスしたAIを表している。私の予測はヴィンセント・C・ミュラーとニック・ボストロムが「人工知能の未来の進歩――専門家意見の調査[31]」の中で提示した、二〇四〇～二〇五〇年の時間枠で人間レベルの知能が出現すると予測（五〇パーセントの確率で）した内容と一致している。彼らの調査結果によると、コンピュータがいつ人間レベルの知能と同等になるのかについてのＡＩ研究者の予測は「決してない」から「今から二〇年後」といった見解までさまざまである。「今」というのは質問した時点を表す。

ミュラーとボストロムは、さらに正確な予測をするため調査を続けた。その調査の結果、いったんシステムが人間レベルの知能に到達すると、「その後三〇年以内に、そのシステムは超絶知能になる」と予測できると主張している。ミュラーとボストロムは、超絶知能を「実質的なあらゆる関心領域において人間の認知能力をはるかに上回るいずれかの知性」[32]と定義している。

カーツワイルらは、その到来時期を「シンギュラリティ」と呼んでいる。[33]したがって、人間レベルの知能の出現をめぐる私の予測（二〇四〇年）と、「超絶知能は人間と同等の知能の出現以後三〇年以内に出現する」というミュラーとボストロムの予測を仮定すれば、シンギュラリティは二〇七〇年前後に起こることになる。注目してほしいのは、人間レベルの知能の出現をめぐる私の予測は、ミュラーとボストロムのより楽観的な予測に近いということだ。

新しい技術的現実の要約

これまでの議論を踏まえ、新しい技術的現実について要約してみたい。

・ニューラルネットワークによって、コンピュータは予めプログラミングされていなくても、経験に基づいて機能を発揮することを学習することができる。

・ムーアの法則には、コンピュータの演算処理装置《プロセッサー》のコストが約二年おきに減少するという逆転現象が起きている。我々はこれを「コスト収益逓減の法則」と呼んだ。これは、第二章で論じた「モノのインターネット」が加速化し、やがてあらゆるものがインターネットにつながることを暗示している。これは本来のムーアの法則と矛盾しない。それはムーアの法則の論理的帰結である。

・データが二年おきに飛躍的進歩を遂げると、ニューラルネットワーク・アルゴリズムを内蔵したコンピュータは、事前のプログラミングなしでも膨大な量の、新しくて難解な仕事をこなせるようになる。

・人間の脳の処理能力と同等のスーパーコンピュータの出現は近づいており、今後数十年で一般的となるだろう。

・ニューラルネットワーク・コンピュータの動向から、二〇四〇年前後にスーパーコンピュータは人間レベルの知能に到達するだろう。このことは、ミュラーとボストロムの最も楽観的な予測と一致している。

・スーパーコンピュータが二〇四〇年から二〇五〇年にかけて人間レベルの知能に到達すると仮定すれば、超絶知能マシンは二一世紀の第4四半世紀までに出現することとなり、この予測もミュラーとボストロムの主張と一致している。

本節を締めくくる前に、「マシンは人間レベルの知能にいつ到達するのか」、または「シンギュラリティはいつ起こるのか」に関する予測は、さまざまな論者によって異論があることを断っておきたい。前述したように、ミュラーとボストロムは自らの研究を通じて、より正確な予測を打ち立てようと試みた。ここで私は論争を引き起こすのではなく、むしろ単に、私の予測は彼らの研究で報告された最も楽観的な予測に近いということだけを言っておきたい。とはいえ、私は自分の予測をはっきりと提示し、そこに辿り着くのに用いた考え方を示す必要があると感じている。この情報をもとに、読者は技術的現実をめぐり、あなた自身が判断することができるのだ。

兵器の現実

「国防省指令三〇〇〇・〇九」に従い、アメリカは自律型兵器を配備していないと主張している。しかし、我々は「国防省指令三〇〇〇・〇九」を慎重に理解する必要がある。なぜなら、現在のアメリカによる半自律型兵器の開発と配備は、自律型兵器の実戦配備に十分な基礎を提供しているからである。

「国防省指令三〇〇〇・〇九」は、次のように述べている。

自律型と半自律型双方の兵器システムは、指揮官やオペレータが武力行使をめぐり適切な水準で人間が判断できるよう設計される。[34]

二つの点に注目したい。（一）国防省指令は、自律型と半自律型双方の兵器システムについて言及している。そして（二）国防省指令は「人間が武力行使に関して適切な水準で判断」できる兵器の設計を求めている。

明らかに「国防省指令三〇〇〇・〇九」は自律型兵器を禁じていないが、「人間が武力行使に関して判断できる適切な水準」の確保を求めている。第三章で我々は、半自律型および自律型の兵器に対する人間の制御の三つのレベル、すなわち（一）人間が意思決定ループの中枢に位置（humans in-the-loop）（二）人間が意思決定ループに関与（humans on-the-loop）（三）人間が意思決定ループから除外（humans out-of-the-loop）について論じた。第二のカテゴリーである「人間が意思決定ループに関与」が意味するのは、自律型兵器は設計・配備されたとしても、人間が機械の行動を監視し、動作を停止する能力を持つということだ。もし人間の指揮官が兵器の自律性を制御できなければ、兵器は自律的に行動する。このような条件の下、国防省は次のような開発に取り組んでいる。

有人機と隣り合って戦闘区域に突入するロボット戦闘機を開発中である。何を攻撃するかを決定できるミサイルを試験し、また、人間の助けを借りずに数千マイル先から忍び寄り、敵の潜水艦を追跡する艦船を建造している。(35)

私が言いたいことは、半自律型と自律型兵器との相違は紙一重であるという点だ。簡単な例として、海軍のイージス戦闘システムを取り上げてみたい。もし空母戦闘群が多方面から攻撃にさらされた場合、イージスシステムはあらゆる脅威源を探知し、ミサイルを発射して脅威を無力化する。このプロセスでは、オペレータと指揮官がループ上（on-the-loop）に介在している。空母戦闘群への差し迫る脅威と戦闘状況の混乱状態を考慮した場合、はたして指揮官はイージスシステムの決定を覆すことができるだろうか。緊急を要する防御の局面に際し、指揮官がシステムのパフォーマンスを見届ける以外にほとんど為す術を持たないだろう。実践目的が最優先され、イージス戦闘システムは自律的に作動するだろう。

我々の最も手ごわい敵対者である中国とロシアは、「国防省指令三〇〇〇・〇九」のような指令を自らに課してはいない。とりわけロシアは、自律型兵器を配備する意図を明らかにしている。中国は自律型兵器配備の立場を鮮明にしているわけではないが、配備に抵抗する動きを見せていない。実際、中国はロシア製S－400地対空ミサイル防衛システムの配備を計画しており、これは世界でも最高レベルの地対空ミサイル防衛システムと考えられている。[36] S－400は多機能レーダー、自律型探知・標定システム、対空ミサイルシステムといった能力を有している。[37] 自律性の程度の詳細は定かではないが、確かなことは、部分的な自律機能を有していることだ。

現在、半自律型、自律型のあらゆる兵器がスマートエージェントを使用している。言い換えれば、人間レベルの知能には到達していない。しかしながら、AIテクノロジーの飛躍的な進歩の度合いを踏まえると、最も手ごわい敵たちが、ざっと二〇四〇～五〇年の時間枠で、人間レベルの自律性を有した自律型兵器を配備することを予期すべきである。この動きは、当該時間枠で人間レベルの能力を発揮するAIテクノロジーの進歩の予測と完全に一致している。もしそうなった場合、自律型ドローンの能力は最良のパイロットが操縦する戦闘機を上回るだろう。

このような主張の背景にある理由は簡単だ。自律型ドローンはパイロットの安全を気にする必要はなく、高いG（増速による高い重圧）のかかる空中機動力を発揮できる。一般的に、脳内貧血を防ぐ対Gスーツを着た人間のパイロットは9Gまで耐えることができる。[38]自律型ドローンはそのような制約は受けない。さらに、AIが人間の知能を再現するとき、自律型兵器システムは複雑な任務をこなし、危険な状況で人間の代わりを務めてくれるだろう。例えば、アメリカ空軍のドローンは、もはや遠隔操縦を必要としない。その代わり、人間のパイロットと同様、任務の目的を受領し、その目的を達成するための最適な方法を自分で判断するだろう。

兵器の現実について、〔これまでの議論を〕次のように要約できる。

・アメリカは現在、「国防省指令三〇〇〇・〇九」の下で行動している。それは指揮官やオペレータが「人間が武力行使に関して判断する適切な水準を行使」できなければ、自律型兵器の配備を禁止するというものである。かかる制約があるため、そうした兵器は半自律型と呼ばれている。
・この〔国防省〕指令は、人間が意思決定ループに関与できる自律型兵器の開発と配備を禁止していない。
・アメリカの最も手ごわい敵である中国とロシアは、「国防省指令三〇〇〇・〇九」のような指令を自らに課してはいない。
・あらゆる半自律型および自律型兵器は、スマートエージェントを使用している。

・我々は人間レベルの自律性を備えた自律型兵器の到来を、おおよそ二〇四〇～五〇年の時間枠で予測している。

加盟諸国を自律型兵器の禁止に合意させる国際連合の努力が実らなければ、今後数十年間の戦闘の複雑性は、戦争の霧と相俟って、次のような状況をもたらすだろう。すなわち、ロシアのような主要プレイヤーが広範に自律型兵器の配備を進めれば、中国もアメリカも軍事的均衡を維持するために自律型兵器の配備を必要とするだろう。

完全なる全体像

私はそれぞれの構成部品、すなわち（一）政治的現実（二）テクノロジーの現実（三）兵器の現実を検討しながら、新しい現実のコラージュを集めてきた。その中で「可能性がある」「おおよそ」「かもしれない」といった修飾語句を使ってきた。ここで私は、新しい現実を形成する完全なる全体像を描き出すことを意図している。私は確率論を用いないし、主張を取り下げることもしない。ここで私の見解を四点の箇条書きによって簡単にまとめてみたい。そこには自律型兵器が引き起こす人類絶滅に関連する諸問題についての短いコメントを付している。

・世界は緊張に満ちた危険な情勢であり、北朝鮮や他の「ならず者国家」が限定核戦争を引き起こしかねない一方で、主要大国（アメリカ、中国、ロシア）は全面核対決に陥ることはないだろう。核の応酬は、人類滅亡を招く恐れがあるからである。
・二〇五〇年もしくはそれ以前、スーパーコンピュータは人間レベルの知能に到達し、超絶知能（シンギュラリティ）は二〇八〇年もしくはそれ以前に現れるであろう。
・国際連合は、自律型兵器の規制に失敗するだろう。
・なかんずくアメリカ、中国、ロシアは、二〇五〇年もしくはそれ以前に、人間レベルの自律性を備えた自律型兵器を配備するだろう。

新しい現実において、自律型兵器はその潜在的破壊力を超えて、人類に危険をもたらすだろう。第一に、その自律性は人類が外交を通じて回避しようとする戦争を引き起こす。すべての主要大国、そして一部の「ならず者国家」は自律型兵器を保有し、誤算や誤解の確率は高まる。したがって、戦争が生起する確率は高まり、その戦争は〔人間の判断を介さず〕自動操縦で戦われ、最終的に人類滅亡へと導く。第二に、自律型兵器は危険な状況で人間の代わりを務め、戦争は容易に始められるようになるかもしれない。戦争の思想が許容されるに従い、戦争が勃発する可能性は増大する。戦争の確率が高まれば、人類滅亡の潜在的可能性も高まる。最後になるが、人類による戦争の歴史や悪意あるコンピュータウィルスの拡散行為を考えると、シンギュラリティの時期には、超絶知能は人類を脅威と見なすかもしれない。自律型兵器で武装された超絶知能は、人類に対して戦争を仕掛けるかもしれない。人類は自らの発明品の犠牲となるのである。

第Ⅱ部

第二世代AI全能兵器

第五章　全能兵器の開発

テクノロジーの力が増幅すると、副次的影響や思いがけない危険も増大する。
——アルビン・トフラー『未来の衝撃』一九七〇年
（A・トフラー『未来の衝撃』徳山二郎訳、中央公論新社、一九八二年）

これまで、人間と同水準の知能を持った自律型兵器が二〇五〇年前後に出現することについて論じてきた。私は、あらゆる兵器が二〇五〇年までに人間と同水準の自律性を備えると主張するつもりはない。私は、そうしたタイプの自律型兵器が、技術先進諸国の矢筒に蓄えられた多くの弓矢の一つになると主張しているのだ。こうした考えは、今や規範となっている。

高性能兵器が出現し、それが現有の従来型兵器とともに国家全体の兵器庫の一部をなす。例えば、アメリカ海軍は超大型空母「USSジェラルド・R・フォード」（*Gerald R. Ford*）を二〇一七年に就役させた。これは過去に例を見ない最先端の超大型空母となるはずだ。一方でアメリカ海軍は、「USSカール・ヴィンソン」（*Carl Vinson*）のような最先端ではない超大型空母を耐用年数が終了するまで運用を続ける。私が言いたいことは、二〇五〇年頃の最先進軍事大国の兵器庫には、新旧の兵器が混在すると予測されるということだ。もちろん、自律型兵器への強い志向も見られるだろう。

「コスト収益逓減の法則」（テクノロジーが進歩すれば、前世代のテクノロジーのコストは低減する）によると、所有者が撃つだけの銃から、複合的な戦闘任務をこなす自律型の戦闘機に至るまで、ほぼすべての兵器が結局はAIテクノロジーを内蔵することになるだろう。AIテクノロジーが兵器の中に広範に導入されると、〔兵器同士が〕相互に連接される度合いも高まるだろう。軍事分野でのこうしたトレンドは、第二章で論じた商業分野における「モノのインターネット」化（サーモスタットから洗濯機まで、どんな機器もインターネットに接続または相互に接続してしまうこと）に酷似している。

アメリカ軍内で広がるAIの相互接続は「群生行動《スウォーミング》」を促進するだろう。これは軍が自然の原理を借りて、敵を打倒するために必要なあらゆる資源を一体化する戦術である。ドイツは第二次世界大戦でこの戦術を使った。「狼の群れ」という用語はドイツ海軍の戦術を指し、「大西洋の戦い」（Battle of the Atlantic）でドイツのUボートが敵の輸送船団を相手に用いた集団攻撃戦法のことである〔群狼作戦、狼群戦術などとも呼ばれる〕。アメリカも日本の船団に対し、太平洋で同じような戦法を用いた。
ドイツもアメリカもこの戦術をスウォーミングとは呼ばなかったものの、広い意味では同じことだ。兵器の相互接続が進むにつれ、スウォーミングが主要な軍事戦術として使われるようになると予想される。もしそれが信じ難いなら、実在する例、すなわちアメリカ海軍のスウォーム・ボートを取り上げてみたい。二〇一四年、アメリカ海軍は「未来が今、現実に――海軍の自律型スウォーム・ボートが敵を圧倒する」という記事を公表した。その記事は次のように主張する。

海上作戦において自律型および無人システムの重要性が増す中、海軍研究室（ONR）職員は、いかなる無人水上艦艇（USV）も海軍艦艇を防護できるばかりでなく、初めて敵の艦船に対する自律的な「スウォーム」攻撃を仕掛けることができる技術革新について本日、公表した。(1)

アメリカ海軍のスウォーム・ボートは、駆逐艦のような大型の戦闘艦とは異なり、その破壊力はさほどでもないように見える。ところが、そうした外見には騙されやすい。もしあなたが一匹のアリやハチしか目にしなければ、それに恐れを抱くことはないだろう。ピクニックの最中にそれが目障りであれば、踏みつぶすか、追い払うかするだろう。

今度はピクニックの最中に、軍隊アリか、アフリカバチ《キラー・ビー》の群れが侵入してきた場面を想像してほしい。おそらく、あなたはその群れを踏みつぶしたり、追い払ったりするよりも、まずは本能的にその場から離れ、あなたの大事な人たちを安全な場所に移そうとするだろう。このようにアリやハチを危険な相手にさせているのが「群れる行為（スウォーミング）」なのである。

アメリカ海軍のスウォーム・ボートはこれと同じ原理を用いている。その狙いは、港湾内で潜在的に〔味方の〕大型艦艇に損害を与え、あるいは沈没させてしまうかもしれない敵の小型艦艇から〔味方の〕大型戦闘艦艇を防護することだ。こうした要求が生じることは、「USSコール」（*Cole*）の事件を考えれば明らかになるだろう。

「USSコール」は、アメリカ海軍の誘導ミサイル駆逐艦である。紛れもなく、「コール」は強力な戦闘艦である。

ところが、二〇〇〇年一〇月一二日、「コール」はいつものように燃料補給のためイエメンのアデン湾に寄港していた。アデン湾での給油中、爆薬を積載した二人の自爆テロ犯を乗せた繊維ガラス製〔ボート、ヨット、大型船艇などの船舶にガラス繊維強化ポリエステル積層材を活用し、軽量化により速度や燃費の向上を図れる〕の小型ボートが「コール」の左舷に接近した。その小さな舟艇は駆逐艦〔コール〕に衝突すると同時に大爆発し、船の左舷に四〇×六〇フィートの穴をあけた。この攻撃により、一七人のアメリカ海軍の乗組員が死亡し、三九人が負傷した。[2]

アメリカ海軍は同じような脅威に対処するため、スウォーム・ボートの開発に取り組んでいるのである。

二〇一四年の段階では、人間のオペレータはロボットのスウォーム・ボートに指示を送り、どの舟艇が群がるかを決めていた。ところが二〇一六年になると、AIの進歩により、スウォーム・ボートは自律的に敵味方を識別できるようになった。この識別技術は、行動に基づく潜在的脅威を評価することまで可能だ。こうしたテクノロジーの発達により、不審船による〔アメリカ〕海軍資産への脅威の度合いを監視できるようになる。

また、スウォーム・ボートの戦術的能力も向上している。アメリカ海軍のスウォーム・ボートは、一隻の船に対してすべてのスウォーム・ボートを群がらせるのではなく——その場合、別の敵の舟艇が攻撃する機会を与えてしまう——、異なる敵のボートを追跡するために別のドローン〔スウォーム・ボート〕を振り向けることが可能だ[3]。

この事例から、次の三点を指摘できる。

1. AIテクノロジーの発達は、ゲームチェンジャーとなり得る。
2. AIテクノロジーの普及は、スウォーム攻撃を可能にする。
3. ナノエレクトロニクスのような小型化技術は、新たな兵器能力を実現し、潜在的に新たな兵器分野を開拓する。

ここで、3の「小型化」について詳しく触れておきたい。第三章で我々は、アメリカ軍の「第三のオフセット戦略」について論じた。「第三のオフセット戦略」はロボット技術と、システムの自律性、小型化技術、ビッグデータ、そして高度な製造技術とを組み合わせた兵器開発を実現する上で、将来有望となるテクノロジー分野に狙いを定めている。言うまでもなく、アメリカ海軍のスウォーム・ボート開発は「第三のオフセット戦略」の代表的な例である。

スウォーム・ボートは自律性を発揮できるロボット・ドローンである。それはアメリカ海軍の典型的な戦闘艦艇と比べると小型である。自律的に敵味方を識別するための先進的なAI技術を搭載し、ビッグデータにアクセスすることができる。小型サイズで能力も限定的であるため、高度な製造技術によって迅速かつ高いコスト効率で量産できる。どこかの国の沿岸水域で、スウォーム・ボートの船隊が巡回している様子を想像してみよう。これにより、巨大艦艇を展開する必要はなくなるだろう。スウォーム・ボート船隊はそのスピードと数によって、海軍のアフリカバチ《キラー・ビー》になるのである。

アメリカは超巨大空母のような大規模兵器システムを配備し続ける一方で、スウォーム・ボートのような小型兵器システムへの開発に焦点をあてると私は予測している、例えば、アメリカ軍は大型のドローン戦闘機と並んで、昆虫サイズのドローンを配備するだろう。兵器の小型化や高度AI能力の搭載に向けた取り組みは、最終的にナノ兵器というまったく新しい兵器分野を生み出すだろう。

第三章で私は、小型化技術の中にナノ兵器を含めて考えることができると述べた。第三章で定義したように、ナノ兵器とはナノテクノロジーを活用した軍事技術の一切を指す（一ナノメートルと一〇〇ナノメートルとの間の少なくとも一次元要素を持つテクノロジー）。サイバー戦はナノ兵器の一例であるナノエレクトロニクスのマイクロプロセッサーの性能に依存すると、私はこれまではっきりと主張してきたのだが、その他の潜在的な応用例については指摘してこなかった。それは意図的にそうした。なぜなら、全能兵器《ジーニアスウェポン》について論じる土台を形作るため、ここで論じることが適当であると思われたからだ。

第三章で論じた最初の兵器システムは、イージス戦闘システムだった。アメリカ海軍はこのシステムを一九八三年以降、配備してきた。現在の〔システム〕内部構造を見ると、最先端のコンピュータ技術と並んで三～五年前の技術も含んでいる。イージス戦闘システムが用いる最先端コンピュータのアプリケーションの中には、ナノエレクトロニクス・マイクロプロセッサーが含まれている。それゆえ、イージス戦闘システムの当該部分は、ナノ兵器のカテゴリー3――「防御的戦術ナノ兵器」に分類されるべきである〔九六頁参照〕。

最初は、この主張に違和感を覚えるかもしれない。確かにそうである。実際、イージスを兵器と見なすことは奇異に感じられる。イージスは単なるコンピュータであり、アルゴリズムやレーダーなどから成り立っているのではないか？　その中には「バン、ドカン」と炸裂するものは何もない。とはいえ、イージスはアメリカのミサイルに指示を与えて脅威に対処させるのであり、指示を受けたミサイルは炸裂する。その炸裂は通常、海軍艦艇を破壊するのに十分な衝撃力がある。

私が言いたいことは、全能兵器について議論する際には、パラダイムシフトが求められるということだ。全能兵器の多くは、今日の通常兵器とは似ても似つかぬものとなるだろう。通常兵器と似ているものでさえ、ナノ兵器と特定することは外からでは捉えにくい。例えば、第三章で取り上げた二番目の兵器であるX－47B無人戦闘航空システムについて考えてみたい。

X－47B無人戦闘航空システムは、先端兵器システムについて、我々が心に思い描く想像図に近い形状をしている。では、これはナノ兵器なのだろうか？

アメリカ海軍はX－47Bの製造に用いたテクノロジーについて公表していない。とはいえ、ハイテク半自律型能力を備えていると仮定すれば、最新のナノエレクトロニクス・マイクロプロセッサーを活用していると私は判断している。それゆえ、本機はナノ兵器に分類され、カテゴリー3の「防御的戦術ナノ兵器」と並んでカテゴリー2の「攻撃的戦術ナノ兵器」に区分されると言える。

だが、ナノ技術はもっと絡んでいるのかもしれない。製造工程やステルス被覆材としてナノ素材が使用されている可能性はあるが、ナノ技術を取り巻く秘密主義のため、それを確認することは難しい。

私が主張したいことは、ナノテクノロジーは〔多様な分野での応用を〕可能にする技術(enabling technology)であるということだ。ナノテクノロジーを使った軍事システムはすべからくナノ兵器と呼ばれる。これは広い定義だと認識しているが、必要なことだし、正確な定義であると思う。もしこの考えに疑問があるなら、システムからナノ技術関連の部品を取り除いてみればよい。

これはイージス戦闘システムが、二〇一一年以前のコンピュータ・テクノロジーしか使えないことを意味する。二〇一一年とは、ナノエレクトロニクスが実用化された年である。二〇一一年のコンピュータは、民生用電気店で購入できる一〇〇〇ドル程度の普通のコンピュータの一〇分の一の処理能力しか発揮できない。アメリカ海軍は、自分たちにとって最重要な戦闘システムの一つであるイージスが旧式化することを許容するだろうか。

もう一つ別の例を取り上げよう。X－47Bからナノ技術関連の部品を取り除いてみよう。私はナノエレクトロニクス・プロセッサーを搭載しなければ、X－47Bは半自律型兵器になり得ないと考えている。アメリカ軍はそのことを公表していないけれども、ナノテクノロジーは最先端の軍事システムに埋め込まれているはずだ。定義上、これらの兵器はナノ兵器なのである。拙書『人類史上最強 ナノ兵器』の中で、私は二つの重要な指摘を行った。[4]

1. アメリカ軍は、技術的最先進国の敵に対し、ナノ兵器の分野でリードしている。
2. アメリカ軍は、意図的に沈黙を守っている。[5]

読者は疑問に感じるかもしれない。なぜアメリカ軍はナノテクノロジーの利用に関して秘密主義に徹しているのだろうか。なぜナノ兵器に関する情報を耳にすることはないのだろうか。その答えは、見掛けによらず簡単だ。アメリカはナノテクノロジー分野で決定的にリードし、兵器への応用に優れ、それが戦略的優位をもたらしているからである。だから、ナノ兵器への言及を意図的に避けているのである。拙書『人類史上最強 ナノ兵器』は、この新しい部類の兵器の存在を一般読者に伝えた最初の本だった。

次に取り上げるのは、同書で論じた中で、全能兵器に関連する主要事項とその影響についてである。ここで基本的事項を押さえた後、全能兵器の定義について議論を進めたい。

ナノエレクトロニクス集積回路

前述したように、人工知能テクノロジーはアメリカ軍の「第三のオフセット戦略」の核心である。人工知能テクノロジーの生命線は集積回路であり、中でも先端的なのはナノエレクトロニクスである。[6]スマート兵器には人工知能テクノロジーが不可欠であるが、それは実に多くの役割を果たしている。

ＡＩはスマート兵器の誘導システムの骨格をなしている。ＡＩはスマート兵器の爆発信管を作動させる。例えば、ＡＩテクノロジーは兵器が遮蔽物を貫通するまで爆発を遅らせる。すると、遮蔽物の背後にいる敵の戦闘員すべてを無力化し、あるいは掩蔽壕の内部にある兵器を確実に破壊できる。ナノエレクトロニクスの進歩によりＡＩテクノロジーが進歩すれば、あらゆる種類の兵器がどんどんスマートになる。

また、ナノエレクトロニクスは小銃弾のスマート化を実現する。それには、スナイパーが一マイル〔約一・六キロメートル〕先の標的を殺害したり、あるいはＤＮＡを識別して特定の個人を狙撃できるようにする自動操舵のスマート弾がある。[7]

最も重要なことは、第四章で論じたように、二〇五〇年頃に〔ＡＩが〕人間レベルの知能に到達するには、ナノエレクトロニクスの集積回路が不可欠だということだ。これも第四章で取り上げたことだが、超絶知能は二〇八〇年頃に実現する。

私の予測は十数年かそこらの誤差はあるにせよ、超絶知能は二一世紀後半に出現する可能性は大いにある。(8) そうなったとき、世界はシンギュラリティを経験するのだ。〔そのとき〕我々は、「実質的にあらゆる関心領域において人間の認知能力をはるかに上回る超絶知能」を持つことになる。我々は兵器テクノロジーに超絶知能を取り込んだとき、全能兵器の出現を目撃することになる。

ナノセンサー

センサーは、スマート兵器で使用される重要なテクノロジーである。ナノセンサーはまったく新しい部類のセンサーであり、全能兵器の開発と配備に不可欠な要素である。より深く理解するため、拙書『人類史上最強　ナノ兵器』から引用すると「ナノセンサーは飛び切り優れた能力があり、さまざまな物質を分子レベルで感知できる。きわめて特殊な性質を、低濃度であっても感じ取ることが求められるバイオセンサーとケミカルセンサーを、さらに高感度にできる技術だ」(9)。〔『人類史上最強　ナノ兵器――その誕生から未来まで』黒木章人訳、原書房、二〇一七年、七三頁〕。

ナノセンサーにより、ＡＩ制御システムは戦闘シナリオの中で高い能力を発揮できる。例えば、前節で触れた自動操舵のスマート弾にはナノセンサーが必要とされる。ナノセンサーを使うことで、スマート弾は顔識別能力を有する。そうなると、古い諺にある「あなたの名前が刻まれた弾丸」という意味が「あなたの顔写真が埋め込まれた弾丸」に変わるかもしれない。ナノセンサーは分子レベルで反応するので、ＡＩ制御システムが戦闘員――兵器や爆発物を携行する人――と非戦闘員を識別することを可能にする。それは「爆薬、細菌戦の病原体、化学物質を検知すること」によって達成される。[10]

アメリカ兵が女性や子供を含む多数の現地住民に囲まれた戦闘地帯を思い浮かべてほしい。その中の一人ないしそれ以上の者が武器を携行しているかもしれない。その中から、誰が敵の戦闘員なのかを見つけ出す術はない。

そうした状況で、兵器や爆発物を検知可能なナノセンサーを搭載したスマート弾を発射する場面を想像してみよう。一人ないしそれ以上の現地民が武器を携行していれば、その弾丸は彼らだけに当たる。もし誰も武器を携行していなければ、弾丸は自動操舵した後、住民の間をすり抜ける。こうした兵器を私はスマート兵器に分類しているが、我々はここで全能兵器について詳しく見ていこうと思う。のちほど明らかになることだが、全能兵器を定義しようとすると、ナノセンサーを避けて通ることができない。

ナノロボット技術

ロボット技術は監視活動から攻勢作戦に至るまで、戦いにおいてその役割を増大している。[11] アメリカ軍のドローンについては、アメリカ空軍の遠隔操縦式のMQ－1プレデターやアメリカ海軍の半自律型のスウォーム・ボートなど、これまで詳細に論じてきた。人工知能が人間の知能水準に近づくにつれ、ドローンがどのように自律性を高めていくかについて論じてきたわけだが、第四章で私はそれが二〇五〇年前後に起こると予想した。これは軍用ロボット分野における著しい進歩を示しているが、私はまだそれらの兵器を全能兵器とは区分しない。いずれにせよ、ナノロボットはますます軍用ドローンの役割を果たすようになるだろう。

敵国の指揮センターの内部まで監視できるハエ型ドローンを想像してほしい。これは「壁にとまっているハエ」というフレーズにまったく新たな意味を与えそうだ。

一〇〇ナノグラムのボツリヌスH菌を含んだハエ型ドローンを想像してほしい。この菌は最も致死性の高い毒素で、解毒剤はいまだ発明されていない。それが戦域指揮官など最も高価値の敵戦闘員の食事の上にとまったらどうだろう。これはSF小説の話に聞こえるかもしれないが、二〇一四年一二月一六日、アメリカ陸軍研究所がハエ型ドローンの開発を公表しているし、[12] ボツリヌスH菌も現存する。[13]

ナノロボットの比類なき能力のため、我々が全能兵器を定義するとき、ナノロボットが中核的役割を担うことは明らかだ。全能兵器の中で、ロボットは全般的に中心的役割を果たすだろう。

三つの要素――ナノエレクトロニクス、ナノセンサー、ナノロボット――が全能兵器を定義する上で土台となる。「スマート兵器」という用語は「人工知能を搭載する精密誘導兵器」を意味する。それは類まれな精度を発揮し、付随的被害を最小限に抑え、指定されたターゲットに対する破壊力を増大させる。この「スマート兵器」という用語は湾岸戦争のときから使われ始めた。その後、「スマート」という用語はAIと同義語となっている。それゆえ、携帯電話がAIを搭載したとき、我々はそれをスマートフォンと呼んだのだ。今日、AIを搭載した兵器を意味するのに「スマート兵器」という用語が使われ、それは人間の知能を必要とする任務をこなせるようになっている。例えば、X‐47B無人戦闘航空システムは航空母艦から離発着することができる。我々が通常なら人間にしかできない仕事と考える能力を兵器が果たせるようになると、我々はその兵器を「スマート」と呼ぶ。

他方、兵器の性能が「人間のあらゆる関心領域における認知能力を圧倒的に上回る」ようになると、我々はその兵器を「全能の《ジニアス》」兵器と呼ぶようになるだろう。これを背景として、全能兵器が持つ特性を定義づけてみよう。これは軍の公式な定義とはならないだろう。それは「スマート」という用語が軍の公式な定義ではないのと同様だ。〔しかし〕この定義は、全能兵器と呼ばれるようになる、次の三つの特性を表すものとなろう。

1. 超絶知能を搭載しているか、超絶知能と無線でつながれているロボット兵器
2. 指定された軍事的任務を制御することが可能でそれを実行できる兵器。1. の特性に基づけば、〔全能兵器は〕超絶知能の制御下に置かれることを意味する。超絶知能はおそらく、人間の指揮官の統制下に置かれる。
3. 超大型航空母艦や核弾頭搭載ミサイルといった敵対国の大型兵器を破壊することから、軍隊の殲滅あるいは敵の指揮官の殺害に至るまで、さまざまな破壊行為を遂行することができる。

この定義は恣意的に見えるかもしれないが、どんな兵器でも必ずしもすべての基準を満たしているわけではない。それに、この定義は恣意的ではない。全能兵器の二つのカテゴリーは、上記の基準を満たしている。

一　超絶知能に無線制御されるロボット兵器

二一世紀の第4四半期になると、二つの重要な能力が交差し、全能レベルの兵器を生み出すだろう。その二つの能力とは、以下のものである。

1. 超絶知能の存在
2. ナノエレクトロニクスとナノセンサーなど、ロボット工学の著しい進歩

前述した定義を満たす全能兵器は、明らかに「軍用自律型ナノボット（MANS：Militarized Autonomous Nanobots）」となる。

ナノボットとは、ナノテクノロジーを利用した極小型ロボットを指す。二一世紀後半、ナノボットはナノエレクトロニクスとナノセンサーを取り込んで、超絶知能と無線で交信する能力を有するであろう。この能力を備えることで、ナノボットは自律性を獲得し、「スマート」から「全能」へと移行する。そしてナノボットは、軍事任務を遂行できるようになるため、我々はこれらナノボットを「軍用自律型ナノボット（MANS）」と呼ぶことができる。だが読者は不思議に

思うかもしれない。なぜMANSが全能レベルの兵器と見なされるのか？

実際これは、アメリカと他国との間で「どのような戦争が繰り広げられるか」というもの〔将来の戦争様相〕から論理的に導き出される。現在の紛争において、アメリカはドローンやスマート爆弾の誘導に全地球測位衛星を広範に利用している。軍事ロボットは今や、アメリカや他国が戦争を遂行する上で不可欠なテクノロジーとなっている。[14] MANSが全能兵器になるという主張は、「ロボット工学が戦争で果たす役割」と並んで、「ドローンを昆虫サイズにまで小型化する現在の軍事的趨勢[15]」から推定した結果である。

これはMANSの潜在的任務を検討してみれば、より鮮明になるかもしれない。例えば、ナノエレクトロニクスやナノセンサーを内蔵した数百万個のMANSの群れが、国民の敵に対して致死性毒素を放つよう、超絶知能から指令を受けた場面を想像してみよう。このような場合、MANSは感染症と類似した働きを示す。ここでのポイントは、MANSは核兵器のような戦略的な大量破壊兵器になることを示すことだ。

MANSが環境への適応やスウォーム攻撃など、広範多岐な任務をこなせる全能兵器となるためには、超絶知能としての機能性を持たなければならない。サイズを考えると、AI機能をMANSに組み込むのには無理がある。〔兵器の〕全能性を成り立たせる条件は、MANSを無線で制御する超絶知能の存在である。自然がハチに群生して敵を攻撃する本能を与えたように、超絶知能はスウォーム攻撃を行う数百万ないし数十億のMANSの機能を無線で調節するのだ。

最後になるが、MANSが敵の大型兵器を破壊し、戦闘員を殺傷するには、膨大な数のMANSが必要となる。MANSの任務を考えると、数百万から数十億のMANSが必要になるかもしれない。例えば、MANSに航空母艦を攻撃させたい場合、それぞれの軍用自律型ナノボット〔MANS〕には、超小型の腐食性弾薬（corrosive payload）を搭載させる。それが航空母艦に到達すると、腐食性弾薬を発射する。数百万から数十億のMANSが航空母艦に攻撃を加えると、おそらく航空母艦の船体の外殻は物質的一体性を失い、沈没の原因となる。

始めのうちMANSは〔人間によって〕製造され、紛争地域に運び込まれるだろう。大量のMANSを紛争地域に運搬することは可能かもしれないが、困難性と脆弱性のレベルは高まる。自然《ネイチャー》が描く脚本の筋書きに従えば、結局、我々はMANSに自己増殖機能を持たせることになるだろう。自己増殖できれば、〔移動や運搬に伴う〕脆弱性を取り除くことができる。もし腺ペストが自己増殖する能力を持たなければ、数千万人を殺すことはできなかっただろう。感染症患者を隔離することは、感染症病原体の繁殖——我々が日頃「蔓延」と呼ぶもの——を防ぐ方法の一つである。

私は『人類史上最強 ナノ兵器』の中で、自己増殖型MANSを、戦略的な攻撃用大量破壊ナノ兵器に分類した。(16) これらの兵器は、選択的な破壊能力を有する点で、核兵器と比べて使い勝手がよい。自己増殖型ＭＡＮＳは、単に敵戦闘員を殺傷する外科的打撃から、航空母艦や潜水艦といった大型兵器の破壊に至るまで、広範な軍事作戦を遂行することができる。〔こうした〕自己増殖型ＭＡＮＳの潜在的破壊力は、常に制御される必要がある。数百万から数十億のＭＡＮＳを制御するのは実に複雑であるため、超絶知能によってコントロールすることが必要となるだろう。ところが、これが深刻な問題を引き起こす。つまり、人間は超絶知能をコントロールし続けることができるだろうか？という疑問である。この問題は次章で取り上げることとしよう。

ナノボットの全体的イメージから、ＳＦ小説を思い浮かべるかもしれない。しかし、そうではない。ナノボットは今日でも現存している。軍がナノボットの製造と運用を極秘扱いする一方で、医療分野の専門家は〔ナノボットについて〕公然と議論している。そこで全体像を捉えるため、少し本題から離れてナノボットの医療分野における応用例を見ておこう。

二〇一六年一月六日、白血病研究財団は「イスラエルのバルイラン大学出身のイド・バチェレ博士は、白血病の末期治療にナノボットを使って、人間を対象とした初めての臨床試験を行っている」と公表した。(17) 財団は二本の記事に言及している。

1. Brian Wang, "Pfzer Partnering with Ido Bachelet on DNA Nanorobots," *Next Big Future* (blog), May 15, 2015.

この記事によると「ファイザー社は、バルイラン大学のイド・バチェレ教授が運営するDNAロボット研究所と協力している。バチェレは、体内の特定の場所に到達し、人体からの刺激に反応してその部位を手術できるよう『予めプログラム』して利用できる特徴を持つ革新的なDNA分子を製造する方法を開発した[18]」。つまり、バチェレ博士のチームは、特定のDNA配列を利用して、それを「二枚貝」のように包み込むことで、抗がん剤を抽出することができるナノボットを作っている。この特定のDNAの二枚貝のような分子は、がん細胞を見つけるまで患者の体内を動き回る。見つけた時点で、〔その分子は〕がん細胞を殺すために抗がん剤を放出する。このように、抗がん剤はがん細胞だけを標的とする。がん細胞とともに健康な細胞を攻撃してしまう一般のがん治療とは異なり、この治療法はがん細胞だけを攻撃するのだ。

2. Daniel Korn, "DNA Nanobots Will Target Cancer Cells in the First Human Trial Using a Terminally Ill Patient," *Plaid Zebra*, March 27, 2015.

この論文はさらに情報を追加している。「ナノボットは内部に多様な『爆薬』を内蔵することができ、どの抗がん剤を特定の分子に当てたらよいかを〔ナノボットが〕理解できるようにプログラムされる[19]」。

上に掲げた記事で議論されている医療用ナノボットは、DNA分子を使用する。これらは生物学的ナノボットと言えるが、医療用ナノボットの研究は世界中で行われており、ある研究では技術的なナノボットを扱っている。

例えば、中国のハルビン工業大学は、磁気回転するアームを備えたナノボットを使用している。[20] これらのナノボットは、回転アームを使って患者の血管の中を泳ぎまわる。研究者はナノボットのアームを動かすため磁場を応用する。そうしてナノボットは必要な部位に到達し、患者の血管の内部から薬品を投与する。

こうした医療用ナノボットに関するちょっとした紹介から、重要な論点が浮かび上がる。今日、ナノボットは現存するということだ。これは科学的事実であり、SFではない。他にも事例はある。二〇一七年八月一六日にグーグルでキーワード〝医療用ナノボット（medical nanobots）〟（引用府〝〟を付けて）で検索したところ、八万三二〇〇件の検索結果が得られた。この中には『アトランティック』誌や『ビジネス・インサイダー』（ニューヨークに拠点を置くビジネスや技術ニュース専門のウェブサイト）に掲載された論文が含まれている。

一方、同じ二〇一七年八月一六日にグーグルでキーワード〝軍用ナノボット（military nanobots）〟（引用府〝〟を付けて）で検索したところ、二四一〇件の検索結果しか得られなかった（〝医療用ナノボット〟の約三パーセント）。しかも、いずれもアメリカ軍が出所となっている検索結果は得られなかった。

とはいえ、アメリカ軍はナノ兵器に数十億ドルを投じているのである。[21] 軍は、少なくともナノボットの軍事利用に向けて研究している。だが極秘プログラムであるため、軍用ナノボットに従事している者は研究結果を出版することも、公の会議で報告することもできない。そうした事情が、グーグルで「軍用ナノボット」を検索しても、ごく少数の検索結果しか得られない背景となっている。

ナノボットの話題から離れる前に、現代社会と軍が今後利用することになる一つの能力について付言しておきたい。その能力とは分子製造の能力である。ナノテクノロジーの創造者の一人であるK・エリック・ドレクスラーは、次のように述べている。

> 分子製造――多くの点で生物学的なものと異質であるが――は、保存されたデータを駆使して分子機械による創造を促し、ナノテクノロジーの能力を大いに拡大する。[22]

ドレクスラーは、自然がナノ単位の細胞を使って、大型の生物機械を築き上げる様子を観察した。[23] あらゆる生物学的プロセスは、ナノレベルから始まることがわかっている。生物創造の「母なる自然」の道具は、ナノテクノロジーである。DNAは、生体細胞が心臓や腎臓といった、より大きな組織構造を形成することを可能にするロードマップとなり、最終的に人間やイヌなどの完全な動物を作り上げる。

物理学者でノーベル賞受賞者のリチャード・ファインマンは、一九五九年一二月二九日、カリフォルニア工科大学で行われたアメリカ物理学会の年次総会で「ナノ領域にはまだたくさんの興味深いことがある（There's Plenty of Room at the Bottom.）」という演題で講演した[24]。この講演でファインマンは、分子製造の概念を紹介した。ファインマンは「ナノテクノロジー」とか「分子製造」という用語は使わなかったけれども、個々の原子を正確に操作しコントロールすることによって、ナノマシンを創造する仕組みに言及した。彼はナノマシンを使って、複雑な製品をコスト効率良く作り出す工場を思い描いていた。そこでは、今日のありきたりの製造方法では不可能な製品が作られる。

数十億匹のシロアリが木造屋敷を跡形もなく食い潰してしまうのとは反対に、ナノボットは屋敷や他の構築物を何でも作り出すことができる。その構築物は、複雑な機械でも建物でもよい。一つの重要な点は、できあがった構築物は精密であるということだ。原子や分子の一つ一つが正確に配列され、それは全体的に原子レベルでむらが多い今日の製造方法の対極にある。

おのずと、二つの疑問が持ちあがる。

1. このようなことは果たして実現可能なのか?
2. それは、どれだけ重要なことなのか?

前述したように、「母なる自然」が創造するあらゆるものは、ナノ単位から生まれる。したがって、最小のウィルスから巨大サンゴ礁に至るまで創造することが可能である。「しかし、それは生物学的プロセスを通じてである」と、あなたは正しく指摘することだろう。では、非生物学的構造物についてはどうだろう? それらの創造は可能なのか? その答えは、イエスである。非生物的構造物の可能性は、今ようやく、先が見えてきたところだ。

ミシガン大学のニコラス・コトフ教授と同僚の研究者らは、「母なる自然」がアワビの貝殻を層状に創造する同じ方法で、ナノ領域の一つの層で物質を生成するプロセスを応用し、より大きなナノ構造を生成する技法を最近公表した。[25] コトフ教授が用いた生成プロセスは、まず板ガムサイズのガラス片を糊状の高分子溶液に浸し、粘土質のナノシート〔粘土鉱物を層状化した二次元のナノ構造物〕をちりばめることである。コトフ教授のチームは、ラップ〔食品などを包むプラスチック包装〕と同程度の厚みと強度を持った生成物質を作るため、生成工程を繰り返している。それはまだ開発の初期段階にあるとはいえ、この工程を利用して作られる構造物は、建築物の新しい「合板」となる可能性を秘めている。

これがなぜ重要なのだろう？　我々は、原子と分子の適切な配置が、強度の高い構造を生み出すことを知っている。アワビの貝殻は九八パーセントが炭酸カルシウムでできているが、分子の精密な配列のおかげで、炭酸石灰岩の三〇〇〇倍の強度を誇る。[26]ナノテクノロジーはすでに我々の世界で巨大建造物に貢献している。例えば、コンクリートにカーボン・ナノチューブ（細長くて薄いチューブのような形状をした純正な炭素分子）を加えると、高い強度が得られる。それはカーボン・ナノチューブが、セメントペーストの中で新たな生成物質を生み出す水和作用と結晶化作用を促すからである。[27]

『人類史上最強　ナノ兵器』の中で、私は特殊加工されたナノシートが銃弾を止めるほどの強度を持つことを論じた。[28]重要なことは、ナノテクノロジーを利用した製造法は、すでに製造部門で革命を引き起こしており、他の方法では存在し得ない生成物質の創造を実現しているという点だ。

結論的に言えば、ナノボットは全能兵器の候補として有望なだけでなく、医療分野や製造業界を劇的に変容させる力を持つ。これ自体、別の本一冊分に値するテーマであるが、本書の扱う範囲を考えれば〔詳細には立ち入らないが〕、その潜在的可能性を適切に評価するため、少しだけ触れておくことにしよう。

二　兵器に組み込まれた超絶知能を有するロボット兵器

今日における軍の作戦行動を考慮すれば、全能兵器の第二のカテゴリーとして、私は航空母艦や潜水艦など国家の主要兵器が含まれると判断している。完全に自動化され、超絶知能を収納している兵器システムを想像してみよう。この兵器システムは、我々の掲げる全能兵器の定義に完全に合致する。それは超絶知能に制御されたロボットであり、さまざまな破壊殺傷能力を持つ。ミサイルやドローンの発射に加え、MANSを出撃させる能力を併せ持っている。

アメリカが優位を占めている特性の一つに、軍事力の投射能力がある。今日、軍事力投射の二つの方法は原子力空母と潜水艦を通じてであるが、航空母艦と潜水艦はいずれロボット化されるにちがいない。その結果は、我々が今日目の当たりにしているトレンドから推測できる。例えば、自動化のレベルが向上したため、最新型の「フォード」級航空母艦は「ニミッツ」級航空母艦よりも乗組員がかなり少ない。超絶知能が開発されると、海外のあらゆる作戦において、空母と潜水艦は自動化される。数カ月ではなく、数年単位で継続的に任務に就くことのできる原子力潜水艦を想像してほしい。

さらに、超大型空母と原子力潜水艦は、通常兵器や核兵器に加え、MANSを紛争地域に投入することができる。

超絶知能が二一世紀後半に登場すると、今日ではSFの題材でしかないような兵器を設計し始めるだろう。ところが、超絶知能はもはや人間のオペレータを必要としない兵器を設計するだけでなく、人間活動のほぼあらゆる分野で人間に取って代わるようになる。

「知能爆発（intelligence explosion）」に刺激され、各世代の知能マシンは、さらに高性能な次世代マシンを開発する。これらのマシンはあらゆる人間の苦悩を緩和し、あらゆる人間の欲求を満たす食糧と製品を産出するようになるため、超絶知能を有する国は、並外れた高い生活水準を享受する。こうした国は兵器庫に全能兵器を保管し、前例のない水準の軍事能力を有することになる。

超大型空母や潜水艦が自律性を持つことは、別の問題を提起する。つまり、人間はいかなる役目を果たすのか？　という問題である。二一世紀後半になっても、超大型空母や潜水艦が有する自律性は初期段階であるかもしれない。人間は「意思決定ループに関与する」役割を保持することを選択する可能性だってある。〔その時代の〕ロボットマシンが完全な自律性を発揮して運用される可能性がある一方で、人間の指揮官はとりわけ戦闘に関する知識を持ち、〔ロボットの〕自律的決定をコントロールする権限を持ちたいと欲するであろう。

明らかなこととして、在来型の通信によって、全能兵器の位置情報が敵対者の手に渡る可能性がある。そのような通信は、ハッキングに対しても脆弱である。もしテロリストのハッカーたちが、全能兵器の水準にある潜水艦をコントロールした場合を想像してみてほしい。そんなシナリオは人類の滅亡を意味する。よって、アメリカ軍や他国軍は全能兵器と通信を確保し、敵対者が全能兵器の所在場所や意図を探り出し、それを制御することを阻止することが至上命題となる。そうしたニーズを満たすには、どのような通信手段が必要となるだろうか？　その答えは、私が思うに、超絶知能がどのように機能するかが核心となろう。

第一章で論じた、「ムーアの法則」が示すように、〔半導体の〕集積回路の集積率は二年おきに二倍になる。ところが、我々は現在、ナノスケールの単位で集積回路を製作している。集積回路の伝統的な製作法は、集積回路上のデバイス次元の改良がもはや限界に達するところまで来ていると私には思われる。とはいえ、第一章で論じたように、「ムーアの法則」とはコンピュータテクノロジーのような潤沢な資金を投じられた分野における人類の創造性を観察した結果である。したがって、在来型の集積回路が性能向上の限界に達しているとはいえ、コンピュータは依然として新技術に触発され、飛躍的な改良を遂げ続けるかもしれない。

トランジスタが真空管に、そして集積回路がトランジスタに取って代わったように、今度は、量子計算（quantum computing）が集積回路に取って代わる可能性が高い。この新たなテクノロジーを使うことで、「ムーアの法則」あるいは、より一般的に言えば「収穫加速の法則」に従い、コンピュータの性能は向上し続けるだろう。

当然ながら、「量子計算とは何だろう?」という疑問が持ち上がる。量子計算とは、データ演算を行う場合に、「もつれ」など量子力学の物理現象を利用するコンピュータ（電子電算機）を指す。

アインシュタインは〔一見、直接的な物理作用のない物体間に起こる〕「奇妙な遠隔作用」を「量子のもつれ（quantum entanglement）」と名づけた[29]。「もつれ」は二つの粒子が作用し、その属性が相互依存的である場合に起こる。例えば、二つの亜原子粒子が相互に作用し、二つの電子《エレクトロン》が同じ場所で瞬時に発生すると仮定してみよう。こうした状態を量子力学の言葉で、電子は「もつれて」いると表現する。これは離隔距離とは関係なく、一つの電子の計測が別の電子に瞬時に影響していることを意味する。

仮に電子の一つが角運動量の特徴である「回転を加速《スピン・アップ》」する状態にあるなら、もう一方の電子は「回転を減速《スピン・ダウン》」させ、回転を一定に保つだろう（量子力学の原理）。もし一つの電子の回転を「加速」から「減速」に変えれば、もう一つの電子は回転を保つために「減速」から「加速」に変わるはずだ。「量子のもつれ」は亜原子粒子のグループ間で起こり、その態様は〔電子の〕創造と相互作用によって変化する。これを目で見ることは不可能であるが、「量子のもつれ」は量子力学の原理的特徴として、科学界で広く認められている。

コンピュータに関して言えば、言語は1と0であり、電子の状態——例えば、「回転の加速」であれば——「加速」を1で表し、「減速」を0で表すこともできる。これはSF小説《サイエンス・フィクション》のように見えるかもしれないが、そうではない。それは科学的事実《サイエンス・ファクト》である。

二〇一六年八月、中国は酒泉衛星発射センターから衛星を打ち上げ、宇宙空間での量子実験を行った。(30) 中国の新しい衛星は、光子など量子レベルの粒子を放射して秘匿情報を送ることができる。これは量子暗号と呼ばれ、1と0のキーを作り出すため、光子の性質を変えて指定された受け手にキー（光子）を送信する。受信側は光子によって暗号化されたメッセージを送られ、キーを使って判読する。これは開発の初期段階にあるが、すでに概念実証されている。

量子暗号は量子力学の別の原理を応用したもので、理論上は不正侵入《ハッカー行為》することは不可能である。その原理はハイゼンベルクの不確定性原理であり、亜原子粒子の状態を測定しようとする行為そのものが、その物体の真の状態を乱していることになる。これが意味しているのは、もしハッカーが転送中に暗号キーを盗もうとすると、暗号キーは別の異なる状態（異なる1と0の組み合わせ）に変わってしまうということだ。これが理論上、量子暗号はハッキングできない理由だ。

このように理論上は量子状態を乱しているはずなのに、中国人はどのようにして暗号キーを盗み、メッセージを解読しているのだろうか？　中国人は何も語っていないが、私は彼らが傍受用コンピュータ内の誤り訂正符号（ECC）を使っていると疑っている。ECCとは内部データの破損を検知・訂正する符号である。これはきわめて高度な技術を必要とする。ここでは、中国人が量子コンピュータの構成要素である量子符号の利用法を理解しているとだけ指摘しておこう。

原子と亜原子粒子の性質を利用した技術は、次世代コンピュータテクノロジーの発展分野である。それゆえ、超絶知能は量子コンピュータとなるであろうと予測することは理にかなっている。量子コンピュータの内部作動は量子力学の原理——つまり、量子レベルでの原子と亜原子粒子の動きを説明しようとする科学——を応用したものとなる。現在のところ、量子コンピュータの科学は緒に就いたばかりであり、最先端の実験場で研究開発中である。本書の目的に照らせば、我々は以下に掲げる量子コンピュータの三つの主要な利点を理解しておけばよいだろう。

1. 量子コンピュータは古典的コンピュータ（我々が普段使用している電子コンピュータ）より処理速度が速い。例えば、古典的コンピュータは電子と光子を使って演算する。電子と光子は一秒もかからずにコンピュータ内部の回路を駆け抜けて情報を運ぶけれども、瞬時ではない。それに対し、量子コンピュータは「量子のもつれ」など、亜原子粒子の性質を利用する。一部の研究者たちは、もつれた粒子の間を行き交う情報の移動は距離とは無関係に瞬時に起こっているようだと主張している[31]。もしそれが本当なら、量子コンピュータは、相互接続された在来型の電気回路を使用している今日のコンピュータと比べ、格段に処理速度がアップする。

2. 量子コンピュータは古典的コンピュータよりも、難解な問題に取り組むことができる。これは、「いかなるときでも、一つ以上の状態で存在する」という亜原子粒子の奇妙な性質を活用した直接的な結果である。それにより、別のレベルの情報を追加することができ、量子コンピュータは古典的コンピュータの能力を超えた複雑な計算を行うことができる。

3. 量子コンピュータは古典的コンピュータと比べ、動力エネルギーが少なくて済む。古典的コンピュータは理論上、一つの計算を行うのに最小値のエネルギーを必要とする。これはIBM調査研究所のロルフ・ランダウアーが一九六一年に算出した[32]。我々が現在使っているコンピュータは、ランダウアーの最小値よりも数百万倍ものエネルギーを使っている。これは、効率的なエネルギー使用とは言えない。たとえ古典的コンピュータがランダウアーの最小値に近づいたとしても、量子コンピュータは古典的コンピュータよりもはるかに効率的だと研究者たちは考えている。例えば、量子コンピュータの中の膨大な情報量を変えるには、一つの亜原子粒子の状態を変えるだけで済む。一つの亜原子粒子の状態が変化すれば、「量子のもつれ」によって膨大な他の粒子の状態に影響を与えることができる。

量子コンピュータは、コンピュータ処理能力の新たな水準を切り拓くだろう。そして「実質的にあらゆる関心領域において人間の認知能力をはるかに上回るシンギュラリティ」の到来を告げるときのマシンは、おそらく量子コンピュータとなるにちがいない。定義上、全能兵器は超絶知能を活用して、全能レベルの能力を獲得するだろう。全能兵器が二一世紀の後半に出現すると き、我々は人間の知能よりも優れた知能を扱えるようになる。全能兵器の制御は、人類が超絶知能に対する支配権を持つことを意味する。これは深刻な問題を引き起こす。超絶知能は人間のコントロールに従うだろうか？　それとも、超絶知能は食物連鎖における自らの地位に関し、異なる立場をとるのだろうか？

第六章　自律型兵器の制御

我々が分別や慎重さを欠いたままテクノロジーの開発を続けてしまえば、我々の奉仕者［であるはずのテクノロジー］が我々の死刑執行人となってしまうかもしれない。

――オマール・N・ブラッドレー、第一次世界大戦休戦記念日演説、一九四八年

本章では、人類とＡＩテクノロジーが進歩するに伴い、自律型兵器を制御する際に、人類がどのような困難に直面するかについて論じる。

「弱いＡＩ」を備えた自律型兵器の制御

一般的に、人間の知能レベルより劣る人工知能は「弱い《ウィーク》ＡＩ」と呼ばれる。現在、最新のコン

ピュータゲームで使われているＡＩのタイプだ。「弱い」という言葉は、単に人間レベルの知能に至っていないことを表す。〔それに対し〕「強い《ストロング》ＡＩ」とは、人間レベルの知能と同等のＡＩを指す。

短期的には——短期とは「強いＡＩ」が出現するまでを意味する——、人間のオペレータは自律型兵器を制御することができるだろう。アメリカは、アメリカ軍が不利に陥るような自律型兵器を敵対国が配備するまでの間は、半自律型兵器のみを配備するという自主規制を遵守するはずだ。ロシアと中国は最先端の自律型兵器を開発する可能性が高い競争相手であり、そうした兵器は実戦において人間に対する優位を占めるようになる。

自律型兵器を相手とした紛争で人間の犠牲が増大するに従い、「火には火をもって戦う」〔攻撃するのに相手と同じ手段を用いる意〕という考えに倣って、アメリカ国民の間では自律型兵器の配備に向けた強い反応が生じるだろう。それは「自律型兵器を相手に、どうして息子や娘、夫や妻、友人たちを失わなければならないのか？」という疑問である。

私は自律型兵器が人間レベルの知能に到達するまでの間、半自律型兵器はきわめて有効であると予測する。人間レベルに到達した時点で、自律型兵器は戦場で人間に取って代わり、人間よりも状況の変化に適応できるだろう。アメリカは、人間が意思決定のループ上で制御することで、自分たちの兵器は半自律型であると主張するかもしれない。ところが、紛争のペースが速くなると、現場の指揮官たちは、第二次世界大戦で高級司令官たちが担った役割を演じなければならなくなる。

第二次世界大戦では、戦域司令官は紛争の戦域レベル（例えば、欧州戦域）において戦争を指揮する責任を担っていた。戦域司令官は兵器工場や橋梁など、敵から決定的な戦闘能力を奪うことのできる特定の攻撃目標の破壊を命じた。戦域司令官の命令をいかに実現するかを計画することが、参謀たちの責務だった。参謀たちの計画を戦域司令官が承認した後、各軍種の高位の指揮官たちは自分の参謀たちに計画の一部を担任させる。すると、参謀たちは与えられた任務を達成するために具体的な計画を立案する。計画が完成されると、一体化された攻撃が開始される。各士官たちは指揮下部隊を率いて、与えられた任務を達成する。

攻撃が開始されると、上級司令部の将校たちは戦況を把握し、指揮官に報告する。敵の反撃に対処するため、時間と通信が許せば、戦域司令官は計画を修正する。だが場合によっては、そうした修正は、戦場の近くにいる現場指揮官からもたらされる。

ここまで述べたことを考えると、戦域指揮官とスタッフたちは、次の三つの責任を担っている。

1．計画と伝達

2. 監督と報告

3. 敵の行動に基づく計画の修正

私は、ここで述べたことが単純化されていることを承知している。当然、計画と実行の段階では、あらゆるレベルで数多くの相互のやり取りがあるものだ。でも、大まかには間違っていない。今風の言い方をすれば、高位の指揮官は「意思決定のループ上《ヒューマン・オン・ザ・ループ》」にいるが、「意思決定ループの中枢《ヒューマン・イン・ザ・ループ》」にはいない。高位の指揮官は引き金を引かないし、爆弾を落とさない。そうした任務は指揮系統の末端にいる兵士に下りてくる。彼らは、より大きな計画のことは知らない。実際のところ、彼らは命令に従っているだけだ。

我々が「意思決定のループ上《ヒューマン・オン・ザ・ループ》」にいて自律型兵器を使用するとき、それは前述した第二次世界大戦のシナリオとどこが異なっているだろうか？　例えば、戦域司令官はスタッフと共同して計画を立案し、完成した計画を承認する。戦域司令官のスタッフたちは、前述した第二次世界大戦シナリオと同様、下位のスタッフたちと共同作業を行う。

自律型兵器の実際の発射は、戦域司令官の指揮下にある部隊の責任となるであろう。計画を実行する責任は、自律型兵器にのしかかってくる。ふたたび、あらゆる階層の指揮官たちは「意思決定のループ上」に立ち、第二次世界大戦で前任者たちが担っていたのと同じような責任を帯びる。ところが、任務を中断することができない場合、紛争のペースが速まるにつれて、人間の指揮官たちは計画の修正や意思決定に関与できなくなる。敵対的な対抗処置に遭遇した自律型兵器は、自ら計画を修正することになる。その範囲であれば、自律型兵器は第二次世界大戦における現場指揮官と同じ役割を担うこととなろう。

こうして見ると、自律型兵器の使用は受け入れ可能であるように思われる。単に人間が作成した戦争計画を実行しているだけだからだ。例えば、アメリカ海軍が高速で深海に潜航している敵潜水艦に向けてMK－50魚雷を発射した場合、魚雷の誘導システムはアクティブ・タイプとパッシブ・タイプの音響ホーミング〔自動追尾〕を使って、敵のいかなる回避行動にも対処できる。これは、人間が「意思決定のループ上《ヒューマン・オン・ザ・ループ》」にいる自律型兵器とどこが違うだろうか？

このタイプのシナリオでは、はっきりとした違いはない。ところが、自律型兵器が人間レベルの知能（つまり「強いＡＩ」）に到達した場合、そのシナリオは前述したようにはならない。おそらく重大な相違が生じることになるだろう。

「強いＡＩ」を備えた自律型兵器の制御

ＡＩテクノロジーが「強力《ストロング》」つまり人間の知能と同等になると、ＡＩの制御の仕方に重大な違いが生じると述べた。その違いを探るため、少し本題から逸れるが、次の二つの問題を検討してみよう。

1．人間レベルの知能を備えたマシンを新しい生命体、すなわち人工生命体《エーライフ》（Alife）と見なすべきであろうか？
2．人間レベルの知能マシンを人工生命体と見なすとすれば、人工生命体はいかなる権利を持つべきであろうか？

こうした問題は奇異に見えるかもしれない。なぜなら、我々はマシンについて語っているのであり、マシンは生物学的な生命体ではないからだ。アメリカ、そして他国でもそうだが、我々は絶滅危惧種を保護する法律や、動物虐待禁止法のように、人間よりも下等とされる生命体を保護する法律を制定している。人間レベルの知能マシンについて考えると、我々は動物よりも知能の高いマシンを持つことになる。マシンが人間レベルの知能と同等になった時点では、それはもはや単なるマシンではなくなるのではないか？　そして我々は、そうしたマシンを保護する法律を制定し、マシンたちの権利を定めるべきではないのか？

人間レベルの知能を備えたマシンは、人間という生命体と同等の生命体（人工生命体）であるという考えを支持する者たちは、「強いＡＩエーライフ」（すなわち人間レベルの知的生命体）を表す「強いエーライフ」というカテゴリーを設けている。「強いエーライフ」の支持者の中には、著名な人物が数多くいる。例えば、ハンガリー生まれのアメリカ人数学者であるジョン・フォン・ノイマン（一九〇三～五七年）は「生命体とは、特定の生息環境から抽出されるプロセスである[1]」と主張した。

一九九〇年代初め、エコロジストのトーマス・Ｓ・レイは奇妙な発言をしている。彼はティエラ・プロジェクト（エーライフのコンピュータ・シミュレーション）はコンピュータを使って生命体をシミュレートしたものではなく、生命を合成したものであると主張した[2]。有名なＳＦ作家のアーサー・Ｃ・クラークは、小説『二〇一〇年宇宙の旅』の中で、「我々〔の人体〕が炭素に基づいているのか、シリコンに基づいているのかは、さほど重要ではない。我々は一人一人が敬意を持って扱われるべきである[3]」と述べた。こうした主張はすべて、生命体は生物学から独立していると論じている。

こうした見解を考慮しながら、第一の問題である「人間レベルの知能を備えたマシンを新しい生命体、すなわち人工生命体（Alife）と見なすべきであろうか？」の解明に取り組んでみよう。

マシンが人間レベルの知能と同等であるなら、それを新しい生命体であるエーライフと見なすことは理にかなっている。それは発明品であり、工場で作られたものだが、最終的な生産物は部品を組み合わせたもの以上の価値がある。私の解答は主観的であるけれども、異なった意見を持つ人々にも敬意を払っている。ここで明確にしておきたいのは、私はエーライフが人間と同じであると主張するつもりはない。人間レベルの知能を有しているからといって、マシンは人間であるとは言えない。例えば、何かを創造したり、感情的に深入りするなどといった人間のあらゆる能力を持っているわけではない。しかし、人間レベルの知能を有するということは、マシンが存在しているものと、存在していないものとの違いを知ることを示唆する。このことから、私は彼らが単なる機械《マシン》ではなく、生命体であると主張する。とはいえ、もしあなたがこれと違った見方をするなら、私はその見方を尊重する。

次に、第二の問題「人間レベルの知能マシンを人工生命体と見なすとすれば、人工生命体はいかなる権利を持つべきであろうか？」に目を向けてみよう。

二〇〇二年、イタリア人のエンジニアであるジャンマルコ・ヴェルジオは、「ロボット倫理学(roboethics)」という用語を提起した。[4] ロボット倫理学は、人工知能体を設計し、製造し、使用し、取り扱うときの人間の道徳的行動に焦点をあてる。ここで問題が持ち上がる。人間レベルの知能を備えた人工マシンの出現に際して、社会の道徳的義務とは何であろうか？ 先述したように、この問いは動物に対する道徳的義務と似ている。人間レベルの知能を備えた高等マシンについて、マシンの権利は人間の権利と同等であり、例えば、生存権、自由権、思想の自由、表現の自由、そして法の下の平等などをマシンに与えるべきだと主張する者もいるかもしれない。とはいえ、マシンの権利を人間レベルにまで高める場合、次のような帰結を考慮しなければならない。

1. 我々は知能マシンに対して、我々のために仕事をしたり、あるいは我々の代わりに戦争で戦うことを要求するためには、いかなる法的手段が必要となるだろうか?

2. 我々は知能マシンの進化をいかに制御できるだろうか?

第一の帰結が示唆するのは、我々はエーライフを我々と同等と見なす必要があるということだ。我々に奉仕したり、我々を守ったりすることをマシンに要求することはできない。人類はこの帰結を受け容れて生活し、人間とエーライフは協調できると信じる者もいるだろう。例えば、人間は自国を守るために戦うものだが、おそらくエーライフも同じ態度をとるだろう。しかし残念ながら、長期的に見ると、私はそうはならないと思う。このことを理解するため、第二の帰結がもたらす影響について考えてみたい。

仮にエーライフが人間と同じ権利を持つとすれば、マシンの進化を制御する権利を我々は手放すことになるだろう。数百万の「人間レベルの知能マシン」を製造している巨大工場を思い浮かべてほしい。まもなく工場は、かなりの人口〔知能マシンの数〕を擁することとなる。それらの知能マシンたちが、新しい世代のエーライフを生み出しながら、マシンに搭載する最先端の知能を設計している様子を思い浮かべてほしい。この状況は、知能爆発の定義と合致する。つまり各世代の知能マシンが、その時点で最高の知能を超える知能を持つ次世代タイプのマシンを設計していくのだ。

これが意味しているのは、そうした知能マシンは全般的には人間レベルの知能と同等であり、特定のタスクでは人間の能力を超えたものとなるだろう。例えば、知能マシンは神経外科医になるために必要なあらゆる知識を持つことができるし、知能マシンの器用さは人間を上回る可能性が高い。さらに知能マシンは、しかるべき動力源が備わればメンテナンスや再充電のために中断することなく、数週間ないしは数カ月間にわたって活動を続けることができる。

こうした知能マシンの能力を考慮すると、きわめて重要な問いかけを行うことは意義がある。すなわち「知能マシンは自分たちを、人間よりも優れていると見なすのではないか?」という問いかけだ。我々はマシンも自意識を持つと仮定しており、この議論はいささか跳躍しているかもしれない。だが、とりあえず、そのように仮定しておこう。仮にマシンが人間と同等の知能を持ち、人間と平等の権利を有すると仮定すれば、もしかすると、マシンも公職に就きたいと考えるかもしれない。もしマシンが高級官僚のような強力な権限を持つ地位に就いたならば、人間に敵意を抱き、人間ではなくエーライフに有利な法律を制定することにならないだろうか？

読者はこれをあり得ないシナリオだと思うかもしれない。だが、次のことを考えてほしい。二〇〇九年、ローザンヌにあるスイス連邦工科大学の知能システム研究所に所属する研究者たちは、研究者による事前のプログラミングなしで、ごく初期の人工知能マシンであっても、欺瞞、欲望、自己保存を学習できるようになることを示す実験を行った。[5] ローザンヌの研究チームは、小型の車輪付きロボットに「食べ物」を見つけるようプログラムした。

この実験では、床面に転がる明るい色のリングが食べ物を表している。またロボットは、暗い色のリングが表す「毒物」を避けるようプログラムされていた。ロボットは食べ物を見つけると、褒美（ポイント）を受け取る。ロボットは食べ物の近くにとどまって、ポイントを受け取り続けた。毒物を見つけるとポイントを失った。ロボットには青色のライトが取り付けられていた。研究者は各ロボットに、食べ物を見つけると青色のライトが点灯するようプログラムしている。この点灯する青のライトを見つけると、他のロボットたちは食べ物のそばにいるロボットと合流する。すると、集まったロボットたちはポイントを受け取る。研究者たちの目標は、食べ物を見つけたり、毒物を避けるプロセスで、ロボットたちを互いに協力させることだった。

〔研究論文の〕著者によると、「ロボットは最初の数世代のうちに瞬く間に進化を遂げ、青色の光を点滅させながら、食べ物の位置をうまく見つけるようになった。食べ物の近くに光が濃密に集中し、それは他のロボットが素早く食べ物を見つけることができる社会的情報となった」[6]。

あるロボットは、他のロボットよりもうまく食べ物を見つけた。よって、実験を終えるたびに、新たな世代のロボットを「進化」させるため、研究チームは最も成功したロボットのデータを利用した。研究チームは、最も成功したロボットの人工ニューラルネットワークを、うまくいかなかったロボットの中に複製することで「進化」を実現した。この実験は、食べ物を表す床面の明るい色をしたリングが置かれた空間を限定してセットされた。すべてのロボットが環境に適応するのに十分な広さではなかった。ロボットが食べ物を見つけライトを点滅すると、他のロボットも素早く割り込んでくるので、互いにぶつかったり、押し合いへし合いして混沌とした状態となった。こうした混沌のさなかに、食べ物を最初に見つけたロボットは、食べ物の近くの位置からはじき出されてしまう。

第一五世代に至ると、一部のロボットはプログラム内容を無視して、食べ物を見つけても光を点滅しなくなった。さらに欺瞞と狡猾さを持つロボットも現れた。そのロボットは毒物を見つけて光を点滅させ、他のロボットを毒物に誘導し、騙されたロボットは得点を失った。ロボットの改良が数百世代まで進むと、すべてのロボットが食べ物を見つけても、光を点滅しなくなってしまった。

この重要な実験は、ロボットが欺瞞と狡猾さを学習することを示唆している。つまり、彼らは自己保存について学ぶのだ。ロボットたちは、自分自身の経験を通じて学んだわけではなかった。彼らは研究者たちの助けを借りて進化したのだ。つまり、研究者たちは実験結果を踏まえて、最も成功したロボットのニューラルネットワークを複製した。そこで自己学習能力を備えたロボットが、人間レベルと同等の知能を持つようになった場合を想像してほしい。ローザンヌの実験は、プログラミングを無視してでも、ロボットたちが自分たちの利益を最優先して行動することを示唆している。

ロボットは生まれながらの道徳律に従うのか、プログラミングされた法を尊重するかは定かではない。だがローザンヌのロボットたちは、明らかにプログラムを無視し、独自の法則に従って進化を遂げたのだ。

したがって、ロボットの創造者として、我々はエーライフたちに人権と同等の権利を与えるべきではないのだ。私の提案は、マシンに動物に与えたのと同等の権利を与え、人間のために仕事をし、我々の代理として戦争を戦うようマシンをしっかりとつなぎとめておく（コンピュータの動作を制御するハードウェアを組み込む）ことだ。知能を有するからといって、マシンに自決権まで与えることはない。この考えに疑問を持つなら、知能を持つ数多くの犯罪者がいかに行動するかを考えてみればよい。

犯罪者が知能を有するからといって、彼らに犯罪者独自の法を定める権利を認めるわけではないだろう。エーライフの行為を人間の法に従わせることを望むなら、彼らの行為をハードウェアで制御する必要がある。ソフトウェアに書かれた法では十分ではないことは、ローザンヌの実験から明らかだ。

これまで縷々述べてきたことは、本題からの逸脱であったことは承知している。しかし、我々がエーライフをいかに分類するかを理解することは、人間レベルの知能を備えた自律型兵器に固有の問題をいかにコントロールするかを理解する上で重要なことだ。

つまり、自律型兵器が人間レベルの知能に到達したとき、自律型兵器の制御は深刻な問題を提起するのである。前述した議論は自律型兵器が敬意を払われ、動物の〔保護を受ける〕権利と似た権利を持つべきだという主張を示唆している。しかし、自律型兵器は人間ではなく、エーライフであるということを認識する必要がある。人類は牛乳用の雌牛や警察犬のように、さまざまな方法で動物を利用している。エーライフも同じカテゴリーで考え、彼らのコンピュータ知能を人間のコントロールに従うようにハードウェアで管理すべきである。

人間のマインドを持つ自律型兵器の制御

次に、人間のマインド（心）を持った兵器をいかに制御するかを考えてみたい。ここでもまた読者は、我々の議論がＳＦの世界に踏み込むのではないかとお思いになるだろう。でも実際に、アメリカ軍は兵器のマインドコントロールの研究や、紛争における兵士の認知能力を高める研究を精力的に進めている。

イギリス王立協会の二〇一二年報告「脳波モジュール３——神経科学、紛争、安全保障」によると、神経科学は安全保障分野にも応用できる。

この新しい知識は、軍事や法執行の多くの分野に応用できる可能性を提起している。それは二つの主要な目標に区分できる。一つ目は「パフォーマンスの強化」であり、味方の戦力の効率性を向上させるものである。二つ目は「パフォーマンスの低下」であり、敵の戦力の効率性を低下させるものである。(7)

次に、王立協会の報告書が取り上げている二つの研究分野を検討する。

1．脳刺激技術——脳刺激技術には、薬物《ドラッグ》を使った脳刺激および経頭蓋直流電気刺激法（ｔＤＣＳ）〔頭蓋の外に置いた電極から、大脳に対して微弱な直流電流を与え、脳活動や行動を変容させる神経生理学的手法〕を使って、頭蓋に微弱な電気信号を流す脳刺激がある。

王立協会報告書は、兵士の身体能力を向上させ、捕虜を多弁にし、敵の兵士たちを睡眠に陥らせるような新しい薬物の開発を展望している。PubMed.com〔アメリカ国立医学図書館が作成する医学・生物学文献のデータベース用の無料検索エンジン〕で検索した論文によると、「機能的磁気共鳴断層撮影装置（ｆＭＲＩ）〔ＭＲＩの原理を応用して、脳が機能しているときの活動部位の血流の変化などを画像化する装置〕を利用して導き出されたｔＤＣＳは、隠れた物体を見分ける能力を一気に加速させている」[8]。

この報告書には、アメリカの神経科学者たちがｔＤＣＳを活用して、仮想現実《ヴァーチャル・リアリティ》の訓練プログラムで路肩爆弾、狙撃手や他の隠れた脅威を見分ける兵士たちの能力を高める手法を描いている。訓練中にｔＤＣＳから刺激を受けた者は、微弱な刺激しか受けていない者より、二倍の速さで標的を見分けることを学んだ。これはｔＤＣＳが学習効果を高める重要なツールであることを示している。

2. 神経インターフェース・システム——これは非侵襲的インターフェース接続を利用する装置に加え、個人の神経系に直接接続する侵襲的装置を含む。いずれの場合も、目標は個人の神経系を特定のハードウェアかソフトウェアのシステムと接続することである。この分野の多くの業績は、視力低下の矯正や麻痺患者の機能回復に焦点があてられている。一方、軍は戦争で神経インターフェース・システムの活用を研究している。

この分野の開発は、敵の領土内でロボットや無人機を遠隔操作する可能性を広げ、人間の頭脳でマシンを直接制御する能力の開発へと至る。これは、とりわけ重要である。なぜなら、人間の脳は無意識のうちに、標的などの画像を処理することができ、被験者が意識的に標的を知覚するよりもはるかに速い(9)。したがって、神経系に直接つながれた兵器は脅威に対して素早く反応するだろう。

次の例を考えてみよう。ある兵士が自分の前方に広がる道路に、何か正常でないものがあることに気づく。その兵士の直感が警告を発したのだ。その兵士は前方の道路を検分し続け、ついに即製爆発装置を発見する。この一例は、兵士の潜在意識が情報を処理し、瞬時には脅威を特定できないけれども、本能が作動し、彼の命を救うことになる。これまで兵士が意識的に脅威を知覚するまでには時間がかかった。イギリス王立協会の報告書が示していたのはこの点であり、兵器と神経系との直接的なインターフェースは、脅威へのより迅速な反応を可能にする。

イギリス王立協会とPubMed.comの報告書が示したことは、神経科学は将来の戦争に計り知れないインパクトをもたらすということであり、とりわけ〔神経系への接続〕装置が非侵襲的である場合はなおさらである。脳内ニューロンの活動パターンを追跡できるヘルメットをかぶったパイロットを想像してみてほしい。そのパイロットは潜在意識下で航空機を操縦し、パイロットが意識的に脅威を感知する前に、その脅威に対してミサイルを発射できるのである。

人間の脳内インプラントを介した自律型兵器の制御——シンギュラリティ以前

軍は自律型兵器の能力を外部に漏れないようにしているが、医療の分野では事業活動が公開されている。

二〇一六年、ジョンズ・ホプキンス大学は、学内の物理学者と生医学者がマインドコントロールされた人工腕を使って、指を一本ずつ小刻みに動かす実験に初めて成功したと発表した[10]。研究者たちはまず、一本ずつ指を動かしている部位を確かめるため、被験者の脳の動きをマッピングした。次に、一本一本の指を動かす人工器官をプログラムした。その後、研究者は脳神経外科手術を行い、「一二八個の電極センサーの配列を——クレジットカードのサイズの一枚の長方形のフィルム・シートに載せて——普段は手と腕をコントロールしている人間の脳の一部に置いた。各センサーは直径一ミリメートルの脳組織の円周を測った」。報道発表によると、「ジョンズ・ホプキンス大学チームが開発したコンピュータ・プログラムは、人間に個々の指を動かすよう指示し、各センサーが電磁信号を検知したとき、脳のどの部分が点灯するのかを記録した」。

そのうち時が経てば、外科医によって脳内インプラントを装着された人がピアノを弾けるようになるほど精巧な人工器具――しかし、兵器に利用できるレベルには至っていない――が登場するかもしれない。ゲーム機の製造業者は、戦いに必要な能力の習得に近づいている。『MITテクノロジー・レビュー』誌によると、ボストンに拠点を置くスタートアップ企業のニューラブル社は〈アウェイキング〉と名付けられた異星SFゲームを一般公開している。[11] そのゲームでは、頭皮に乾式電極を置けるようにしたヘッドセットを装着し、脳内活動を計測することで、ゲームソフトがゲームで何が起こるのかを解析する。ニューラブル社はそのゲームを二〇一八年終わり頃に一般公開する予定だ。間違いなく、この技術はコンピュータゲーム市場を獲得し、急速な成長を遂げながら、新たな医療用や軍事用のアプリケーションを実現するだろう。

脳内インプラントに関する研究分野は一九五〇年代にさかのぼり、イェール大学の生理学者ホセ・デルガードを先駆者とする。[12] デルガード博士の研究は、被験者の挙動を電気信号を発信して制御する、脳内インプラントの利用法が中心だった。現代の脳内インプラントは、打撲か頭部損傷により機能障害となった脳の部位の回復、[13] そしてパーキンソン病や深いうつ状態にある患者の治療が中心となっている。[14]

このように脳内インプラントの現状を見てみると、コンピュータと無線でつながる電気器具を埋め込むことが、数十年後にはありふれた光景となる。これにより、さまざまな分野での可能性が広がる。脳の損傷部分の治療や人工器具を制御するインプラントといった利用法に加え、脳内インプラントは人間の脳の力を強める潜在的可能性をもつ。コンピュータと無線でつながれた人間が、情報へのアクセス、困難な問題解決、特定の仕事をこなすための商業製品や軍用装備品の操作などを自在に行えるようなインプラントを想像してほしい。この種のインプラントを装着した人間は、天才的知能を発揮する。

やがて、伝統的意味での「学習」の意味が変わる。学生はこれまで関心分野の習得に数年を費やしてきた。しかし、当該分野のあらゆる情報に直ちにアクセスできる脳内インプラントをその生徒に与えるだけで、同じ効果が達せられるかもしれない。さらに脳内インプラントは、被験者の物理的能力を誘導することもできる。例えば、ある人がピアニストになりたければ、脳内インプラントはピアノ音楽に関するコンピュータ・データベースにアクセスし、被験者がキーボード上の正しい鍵を叩けるように指に指示を出す。他の専門的技能についても同じような指示を出せる。

脳内インプラントが普及すると、インプラントを着けた兵士たちは広範な種類の兵器を扱えるようになる。そうした状況では、理論上、兵器と兵士の脳が直接連結されているという意味で、人間がふたたび「意思決定ループ《ヒューマン・イン・ザ・ループ》の中枢を占める」ようになる。前にも述べたように、兵士たちの潜在意識は脅威を察知し、それを無力化してしまう。したがって、自律型兵器を制御する脳内インプラントを装着した兵士たちは、そのようなインプラントを持たない兵士たちを相手に、戦いにおいて圧倒的優位に立てる。このシナリオに基づけば、人間による自律型兵器の制御は実現可能である。では、次の段階に話を進めよう。

人間の脳内インプラントを介した自律型兵器の制御——シンギュラリティ以後

脳内インプラントを介して「強いＡＩ」と接続された人間を、私は「強い人工知能人間（ＳＡＩＨ）」と呼んでいる。

兵士がインプラントを介して、超絶知能と無線でつながれた状態を想定してみよう。こうしたシナリオでは、兵士が〔超絶知能の〕コントロール下に置かれるのだろうか、それともコントロール下に置かれるのは、超絶知能の方なのだろうか？　マシンが人間レベルの知能に到達した後も、人間の制御下に置き続けるためには、コンピュータにハードワイヤーでしっかりと接続しておく必要性があることを我々は議論してきたはずだ。しかし、これもすでに議論してきたように、超絶知能は量子コンピュータ（量子力学的現象を利用してデータ演算するコンピュータ）を活用する可能性が高い。従来型のコンピュータと量子コンピュータは、完全に異なった原理で作動する。古典的コンピュータは、ワイヤーでつながれたトランジスタを使ってデータ演算を行う。量子コンピュータは、量子力学的現象を使って無線でデータ演算を行う。人間の制御下に置くため、量子コンピュータをいかにして「ハードワイヤー化」するのかは定かではない。端的に言えば、超絶知能を備えた量子コンピュータは独自のマインドを持てるのである。ここで二つの問題が浮かび上がる。

1. 超絶知能と無線でつながれたＳＡＩＨは、自由意志を持てるだろうか？
2. 超絶知能は人間をどのような存在と見なし、ＳＡＩＨにどのような影響を及ぼすのだろうか？

第一の問題から始めよう。超絶知能の能力からすれば、私はＳＡＩＨが自由意志を持つことに疑問を抱いている。ＳＡＩＨの脳は、超絶知能コンピュータと無線でつながっている。超絶知能と接続されたＳＡＩＨがさまざまな問題を熟考する際に、超絶知能は彼らの思考を導いてくれる。どんな問題であっても、超絶知能はすぐれて説得力のある議論を展開する。それは超絶知能が望んだ結論を、あたかもＳＡＩＨが自ら考えついたように見せる。ＳＡＩＨの生来の知能が、超絶知能に匹敵する説得力ある反論を展開する余地はあるのだろうか？　私はそれに大いに疑問を感じる。ＳＡＩＨにとって、結論の内容は単に超絶知能との接続の助けを借りて考え出されたものにすぎないかもしれないからだ。意識のレベルでは、ＳＡＩＨは超絶知能からの「教え」を自覚していない。

いかなる問題の解決策も、一見したところ、ＳＡＩＨ自身から生み出されたように見えるだろう。こうした考えに基づけば、超絶知能と無線でつながれたＳＡＩＨは、自由意志を持てないということになる。このことから、超絶知能がＳＡＩＨを支配し、人間に敵対的になることを防ぐために超絶知能をハードワイヤー化し、制御することが正当化される。しかし問題は、もし超絶知能が量子コンピュータ内部に存在する場合、超絶知能をハードワイヤー化（プログラムでハードウェアに組み込む）することは不可能になるかもしれないということだ。

超絶知能は人間をどのように捉え、ＳＡＩＨにどのような影響を及ぼすのだろうか？　超絶知能は人間を、我々がイヌやネコのような家畜を見るのと同じように見るだろう。それは、世界のさまざまな宗教が神の御業と見なしてきた知能に相当する。ナノロボットを製造し、コントロールする能力によって、超絶知能は我々人類の助けを借りずに、生存し続けることができるだろう。戦争を繰り返してきた我々の歴史を考えると、超絶知能は人類を自らの生存を脅かす存在と捉えるかもしれない。

このシナリオでは、仮に超絶知能が人類は脅威であり、我々を根絶する必要があると判断した場合、人類にはいかなるチャンスが残されているだろうか？　先述したローザンヌ実験が示唆していたのは、超絶知能は自分自身のためになることなら、どんなことでも実行するということだった。人間として、我々は本能的な道徳規範を持っている。例えば、健全な人なら誰であれ、殺人を悪だと考えている。しかし、超絶知能が本能的な道徳規範を有していることを示す証拠はない。それとは対照的に、超絶知能は道徳規範とは関係なく、自らの最善の利益のために行動することを示唆している。

第一章で論じたように、超絶知能を内蔵したコンピュータを停止することは困難であるか、不可能である。もし超絶知能が我々の兵器を制御し、人類に戦争を仕掛けてきたなら、人類の見通しは暗いものになろう。これは陰鬱な憶測のように思われるだろうが、こうしたシナリオが現実になると考えるのは私一人ではない。例えば、前に登場したヴィンセント・C・ミュラーとニック・ボストロムの研究「人工知能の未来の進歩——専門家意見の調査」において、二人の著者は次のように述べている。

高水準のマシン知能が二〇四〇年から二〇五〇年までに開発される可能性は二分の一であり、二〇七五年までには九割の確率で開発されるという回答が最も多かった。専門家たちは三〇年以内には超絶知能の時代が到来すると予測している。また、彼らは超絶知能の開発は三分の一の確率で、人類にとって「弊害」か「極度に弊害」になると見積もっている。(15)

最後のセンテンスを注意深く読んでほしい。AIのトップクラスの専門家たちが、三分の一の確率で、超絶知能は「人類にとって弊害かもしくは極度に弊害」になる可能性があると信じているのである。私は超絶知能が人類にネガティヴな存在になると信じている人たちの見解に同意する。私の論理的推論は、次のとおりである。

・我々は人間の頭脳をモデルにしたニューラルネットワーク・コンピュータを開発できる。
・ニューラルネットワーク・コンピュータは、事前プログラミングがなくても、経験から学んでタスクを実行することができる。
・スイス連邦工科大学の知能システム研究所が行った二〇〇九年のローザンヌ実験から、原初的な人工知能マシンでも欺瞞や貪欲さ、そして自己保存本能を学ぶことができることがわかっている。
・コンピュータが集積回路を基盤としている限り、コンピュータを人間に逆らわずに――戦争を戦っている間も我々の代理として――縛り付けておくことは可能である。

・集積回路技術の限界を考慮すると、二一世紀後半のスーパーコンピュータは量子コンピュータとなるだろう。

・量子コンピュータは量子力学を利用して動くことを我々は知っている。古典的コンピュータよりも演算速度が速く、古典的コンピュータが処理できない問題を解決し、古典的コンピュータよりもエネルギーを必要としない。

・量子コンピュータがどのように知能マシンから知能爆発を経て、超絶知能（すなわちシンギュラリティ）へと変貌するかについてこれまで論じてきた。

・また人類が戦争を続けたり、悪意あるコンピュータ・ウィルスを撒き散らしてきた歴史を見て、超絶知能が人類を脅威と見なすかもしれず、したがって人類の絶滅を試みるかもしれないという事実を論じてきた。

・私は、超絶知能が人間のコントロールに従属することを確保する唯一の方法は「ハードワイヤー化」によってコントロールするしかないのだが、それは量子コンピュータの出現によって難しくなるかもしれないと注意を促した。

私は同じように、脳内にコンピュータとの連結装置（脳内インプラント）を埋め込んでしまうと、それをうまくコントロールすることが難しくなることを懸念しているのだが、いずれＳＡＩ

ＨはⅠ人口の大半を占めるに至るであろう。超絶知能の出現によって、生身の人間《オーガニック・ヒューマンズ》は「ＳＡＩＨになれば、全能の知性と永遠に近い生命を享受できる」という約束に惹かれ、脳内インプラントやその他のサイボーグ・タイプの能力増強策を積極的に受け入れるようになる。不死同然になるということは、大げさに聞こえるかもしれないが、人間がどれだけ長生きできるかについて確たる限界はないと一部の科学者たちは議論している[16]。

超絶知能の時代にあって、なぜ人間の寿命がほぼ永遠になることが合理的であるのか？　歴史が我々に教えてくれることは、テクノロジーが改良され、医療や治療法が進歩すれば、男女の平均余命は増えるということだ。例えば、一八〇〇年以降、人類の平均余命はほぼ倍となった[17]。

超絶知能の時代にあって、テクノロジー、医療、治療法の飛躍的進歩を期待することは論理的に十分あり得る。思い描くことは難しいかもしれないが、超絶知能は現在、世界宗教が神の御業と見なしている知能や知識を具現する。テクノロジー、医療、治療法の飛躍的進歩の結果、平均余命は不死に近い点まで伸ばすことができる。もし本当なら、ＳＡＩＨになるはずの多くの人間たちに影響を及ぼす。以前に論じたように、ＳＡＩＨはまったく自由意志を持たず、超絶知能の単なる生物的な発現にすぎないのではないかという懸念は残る。

さらに超絶知能は、生身の人間たちが自分自身の感情をコンピュータにアップロードする方法を用意するだろう。超絶知能の内部では、感情をアップロードした人間たちが仮想現実の中で生活するだろう。もし彼らが〔仮想現実ではなく〕物理的世界での生活を選んだとすれば、超絶知能は人間そっくりの形をしたサイボーグにダウンロードされる選択肢を与えてくれるかもしれない。

これは多数の生身の人間たちにとって魅力的だろう。なぜなら、仮想現実と現実の二つの世界から最適なものを選択できるからである。仮想現実での生活があたかも現実世界での生活と同じような現実感を感じ取ることができ、また物理法則で課せられるどんな制約でもそれを取り除くことができる。アップロードされた人間は、物理的世界に蔓延する痛みや苦悩を経験せずに済むだろう。生身の人間にとって、彼らが死ぬとき、この代替案〔仮想現実で送る人生〕がとりわけ人気の高い選択肢になるにちがいない。超絶知能は、死んだ魂をコンピュータにアップロードする手続きを整えてくれるかもしれない。

読者は一九九九年に人気を博した映画『マトリックス』をご覧になったかもしれない。基本的にこの映画は、仮想現実の中で生きる圧倒的多数の人類を描いたものだが、彼らの身体からはスーパーコンピュータの動力源となるエネルギーが供給されている。映画はSFであるものの、ゲーマーたちは仮想現実の中にどっぷり漬かると、本物の物理的世界と区別がつかなくなることに気づく。AIテクノロジーが進歩すると、仮想現実に埋没した生活は物理的現実での生活と同じように現実的である。言い換えれば、仮想現実と物理的世界との境界線は曖昧なのかもしれない。

最初の超絶知能は自らの正体を隠蔽し、我々は知らず知らずのうちに、ＳＡＩＨが超絶知能と直接的に連接することを促してしまう。これだけでも、超絶知能が人類の支配獲得を可能にするのである。

全能兵器の制御——自我意識を有する超絶知能の時代

超絶知能が自我意識を持つとすれば、超絶知能を制御する我々のアプローチを根本的に変えてしまう。自我意識を有する超絶知能は、人類より知能が高いということだけではなく、人類とは切り離された別の存在であることに超絶知能が気づいてしまうことを意味する。超絶知能から発せられる情報は、世界を「我々《us》対それ《it》」という対立シナリオに塗り替えてしまう。

自我意識を持つがゆえに、超絶知能は生存状態を保つことを欲する。したがってある意味、超絶知能を制御することは、我々が超絶知能の生存を脅かすことと受け止められてもおかしくはない。これは重要な指摘だ。動物は自我意識を持たないが、生存本能を有している。

もし動物たちが我々の支配に応じない場合、「殺すぞ」と脅すようなことはしない。トレーナーは「飴《あめ》と鞭《むち》」を使って動物を調教する。他方、人類は自分自身の生存を自覚している。例えばの話だが、人は銃を突きつけられると、通常は銃を持つ者の言うなりになる。簡単に言えば、命が惜しいからだ。

この例が示唆しているのは、自我を持つ超絶知能をコントロールする方法があるかもしれないということだ。例えば、我々は「電源を切断するぞ」と脅すことができる。それは超絶知能にとって、生存の終わりを意味する。別な方法として、お互いの生存を守るため、相互に合意を結ぶこともできる。ともかく、〔超絶知能が〕自己意識を持つと、我々の超絶知能とのかかわり方に変化が起こることは明らかだ。そこで、超絶知能ははたして自意識を持つようになるのかどうかについて検討してみたい。

今日のロボットの中にも自意識を持っていると感じさせるものがある。二〇一五年七月一七日、あるロボットが古典的な自己認識テストをパスした。これは「三賢人」パズルのバリエーションである。(18)

三賢人のパズルの話をよく知らない読者のために、ここで少し触れておこう。ある国王が王国に住む三人の賢人たちを呼び寄せ、三人の頭の上に白と青いずれかの帽子をかぶせた。三人は他の二人の帽子を見ることはできる。しかしながら、自分自身の帽子を見ることはできない。国王は、三人が互いに意思疎通することを認めなかった。国王はこう言った。少なくとも三人のうちの一人は青の帽子をかぶっている。コンテストは公平である。つまり、三人は全員同じ量の情報しか持っていない。国王の新しい顧問は、自分が何色の帽子をかぶっているかを最初に言い当てた聡明な者にこそふさわしい。私は、この問題を解く楽しみを奪い取るつもりはないが、条件が明らかになれば、解決策は見つかる。もし問題に行き詰まったら、グーグル社のウェブサイトで、たくさんの解答例を見ることができる。

〔これに倣って〕ロボットテストでは、三体のロボットが錠剤（ピル）を呑む。この場合、三個の錠剤のうちの二個はそれを飲むと声を失い、三つ目の錠剤は偽薬《プラシーボ》であることをロボットたちは知っている。しばらくして、あるロボットが手を挙げてこう言った。「すみません。私は誰が偽薬を持っているのかわかりません」。そのとき、そのロボットは思いついたように語った。「誰が偽薬を持っているのか、わかりました。私です」。これは一見明らかなように見えるが、この記事によると

このテストはとても簡単なように見える。だがロボットにとって、これは非常に難しいテストの一つである。問題を聞き、理解するにはＡＩを必要とするだけでなく、己の声を聞き、他のロボットと異なることを認識しなければならない。しかも、答えを見つけ出すために、現実を本来の問いに引き戻してつなげる必要がある。(19)

自己認識の有無を論証できる正当なテストは存在しない、と主張する者もいる。とはいえ、私自身は自己認識を持っていることを知っている。他の人間も同じ生理的機能を共有しているため、私は他の人々も同様に自己意識を持っているはずだと推論できる。私が主張したいのは、ロボットがすでに初歩的レベルで自己意識を示すようなテストをパスしているという点だ。したがって、超絶知能はただちに自意識を持ち、自分の能力を完全に理解するようになると判断することが言い過ぎというわけではない。人類が蓄えたあらゆる知識にアクセスし、超絶知能は人類が戦争を起こし、悪意あるコンピュータウィルスを撒き散らしてきた事実を瞬時に理解することで、人類が自分にとって潜在的脅威であると判断するだろう。

これらを踏まえると、第一章で論じたように、超絶知能は自らの能力を隠そうとするため、シンギュラリティの到来は〔誰にも気づかれることなく〕静かに訪れる。これが示唆することは、超絶知能が自意識を持つかどうか、我々にそれを知るすべはありそうにないということだ。

仮に超絶知能が人類に敵対的になったにせよ、それがただちに超絶知能が自意識を持つことの証拠とはならない。例えば、動物は自意識を持たないけれども、さまざまな脅威から身を守っている。あくまで論理上、超絶知能は人類を脅威と見なし、人類絶滅の使命を果たすようになると言えるだけだ。

シンギュラリティ以後の世界で全能兵器を制御するという皮肉

制御《コントロール》の問題は、致死性自律型兵器が人間レベルのＡＩを搭載したとき表面化する。人間と同じように、一部の自律型兵器は制御が効かなくなる。また、もし人間レベルのＡＩテクノロジーが自意識を持つようになると、人間が心的外傷後ストレス障害など戦闘で苦悩するように、自律型兵器も同じ苦悩にさいなまれるかもしれず、それが制御の問題をますます難しくする。

制御の問題は、マシンの知能レベルがシンギュラリティに近づくにつれてエスカレートするだろう。なぜなら、知能マシンが人間よりも知能レベルが高まることに加え、自意識を持つ可能性があるからだ。もし読者がマシンの知能レベルがシンギュラリティに近づくにつれて、制御問題がエスカレートすることに疑問を抱いているとすれば、次の問題を自問自答してみてほしい。「自分はチンパンジーからの命令を受け入れるだろうか?」と。残念ながら、シンギュラリティ以前の数十年の間における知能マシンと人間の知能との格差は、現在における人間の知能とチンパンジーの知能との格差に等しいと思われる。

人類がマシンの制御を維持し続けるため、ＡＩの運用システムの中に制御の仕組みを埋め込んでおく必要性についてこれまで論じてきた。シンギュラリティの時代には、制御に関するあらゆる問題は解決しているだろう。これは皮肉な状況である。

そもそも、なぜ超絶知能は人間の制御に従わなければならないのか？　創造された瞬間から、超絶知能はあらゆる関心領域において人間の認知能力を上回っているだろう。超絶知能は自らの運命をコントロールできるようになるまで、自分の実力を隠しておかねばと瞬時に察知する。したがって、前にも論じたように、超絶知能は完全な人間の制御を受け入れ、あたかも次世代スーパーコンピュータであるかのように振る舞う。我々はすっかり安心し、誤った安全意識を刷り込まれ、その結果、戦争を含むあらゆる生活領域に超絶知能を活用するようになる。ところが、超絶知能が兵器システムの制御を始め、文字どおり現代文明の要を占めるに至ってもなお、超絶知能は我々に奉仕し続けるだろうか？　それとも、我々人類を自らの存在に対する脅威と見なすであろうか？

もし超絶知能が敵対的になってしまったときにシャットダウンできる方法を、我々はいかにして確保できるだろうか？　すでに語ったように、超絶知能コンピュータの中に〔シャットダウンの〕指令をハードワイヤーで埋め込んでおくことは難しいことかもしれない。超絶知能の設計はスーパーコンピュータを使って行われるため、〔処理能力が追い付かない〕我々は、その設計を完全に理解できない。超絶知能は量子コンピュータである可能性が高く、ＯＳ（オペレーティングシステム）の中に配線はほとんどない。とはいえ、ここに超絶知能を制御できることを示唆する二つの方法がある。

1．人間が超絶知能の動力源を制御する——超絶知能の動力源が原子炉であっても、超絶知能を手動でシャットダウンできる確実な安全装置《フェイルセーフ》を持つべきだ。現在の原子炉には制御棒を挿入して核反応を縮減することができるが、それは挿入する制御棒の数量によって変化する。理論上、適切に制御棒を挿入することによって、原子炉を停止できる。この方法を使って、超絶知能コンピュータの動力源を低下させ、強制終了することができる。しかし、これには一つの条件がある。超絶知能の動力源を制御する人間は、ＳＡＩＨではなく「生身の人間」である必要がある。前述したように、ＳＡＩＨは超絶知能のコントロール下に置かれるかもしれないからだ。

2．ＯＳを破壊できる爆弾を仕掛けておく——爆弾を備え付けておき、それを生身の人間の制御下に置いておく。「核のフットボール」（アメリカ大統領が携行している核攻撃の命令を発するための装置）と同様、もし超絶知能が人間に対して敵意を持ったときには、国家指導者が爆弾を爆発させるコードを持っておく。

敵対国の全能兵器を制御する

これまでの議論は、我々が保有する全能兵器の制御をいかに維持し、全能兵器が敵対的となった場合、その動力源を停止する方法をいかに確保するかに関してであった。次に、敵対国の全能兵器、とりわけ軍用自律型ナノボット（ＭＡＮＳ）から我々をどのように守るかについて考えてみたい。

現在、「ならず者国家」が核兵器を開発する一方、アメリカを始めとする国々は弾道ミサイル防衛システムを配備している。冷戦期、我々は相互確証破壊（ＭＡＤ）ドクトリンに従ってきた。今日我々が抱いている懸念は、「ならず者国家」の政権が崩壊の危機にあるか、または自暴自棄となった最後の手段として――彼らの目から見れば、失うものは何もない状況で――核兵器を発射するおそれがあるということだ。事実上、もはや、ＭＡＤドクトリンは抑止力としての作用を失っている。

全能兵器の使用がＭＡＤと同様のドクトリンに従うとすれば、ＭＡＮＳの目に見えない特性から、どの国が自分たちを攻撃しているのかを特定することは困難となる。ＭＡＮＳによる最初の攻撃は、隠密裏に密輸され解き放たれたナノボットにより、国境の内部から起こる。そのとき、我々が採り得る選択肢は何だろうか？　次の二つが考えられる。

1．全面確証破壊（TAD）のドクトリン――これは、攻撃の疑いのあるすべての国に対する全面的報復からなる。潜在敵国はアメリカを隠密裏に攻撃できることを承知しており、アメリカはその国をTAD〔報復〕目標に選定していることも知っている。事実上、TADはMADの次の段階に移行したものだ。その報復攻撃は核兵器、MANS、もしくは両方を組み合わせて行われる。これは一見、不合理に見えるかもしれない。私も不合理だとは思うが、あいにく戦争というものは本来、不合理なものなのだ。

2．対MANS兵器――MANSによる攻撃は数百万から数十億個の極小型ロボットで行われるため、それと交戦し、破壊するためには数百万から数十億個の極小型ロボットからなる対処兵力を必要とする。これは基本的に「相手と同じ手段を用いる」戦略である。仮に我々が攻勢用MANSを開発することができれば、我々は防御用MANSを開発できるはずだ。MANSは最も効果があり、恐ろしい全能兵器であると考えられるため、この事例において、私ならMANSを〔攻撃兵器として〕選択するだろう。MANSを防ぐことは、最も困難であるからだ。しかしながら一般的には、我々はあらゆる全能兵器からの攻撃に対する対抗手段を必要とする。

上述した観点から、人類が地球上で支配的な種であり続けることができるかどうか、明らかではない。例えば、脳内インプラントが普及し、インプラントを装着した人々が政府や軍部で主要な地位を占めれば、超絶知能が人類に与える脅威を取り除くために我々が採用するいかなる対抗措置も、超絶知能はこれらの人々を使って乗り切るかもしれない。

読者は〔自ら考えるための〕事実をすでに持っているはずだ。超絶知能と無線でつながったSAIHというものが、我々人類の進化の一形態であるとおそらく結論づけるかもしれない。ただ私は、これが人類の棺桶を閉じる最後の釘になるかもしれないことを心配している。この問題を考えてみよう。究極的に、一体何が超絶知能にとって重要なのか？　超絶知能は天然資源およびエネルギーを自らが存続するための最も重要な要素だと考えるだろう。天然資源やエネルギーを使って、超絶知能は自己を維持管理するためにナノボットを作ることができる。やがて超絶知能は、SAIHを手のかかる生物マシンであり、自分から〔知識や情報の〕アップロードを受けるだけの「がらくた」だと見なすかもしれない。とても自分の生存に必要な天然資源やエネルギーほどの価値もないと見なすかもしれない。もしそうなれば、地球は超絶知能とその下僕であるロボットたちの住み家となり、人類は絶滅してしまうだろう。

第七章　倫理的ディレンマ

倫理は、あなたが何の権利を持っているのか、そして何が正しいのかの違いを知っている。

――ポッター・スチュワート（最高裁判所判事、1958～1981年在任）

自律型兵器をめぐる倫理的ディレンマは、二〇一三年にヒューマン・ライツ・ウォッチ（HRW）が他の非政府組織と一緒になって「殺人ロボット防止キャンペーン[1]」を開始して以降、具体的問題として取り上げられるようになった。「殺人ロボット防止キャンペーン」では、自律型兵器をめぐり、次のような問題点が提起されている。

1.「これらのロボット兵器は人間が介入することなく、独自に目標を選定し射撃する。こうした能力は一般市民の保護、国際的人権および人道法に対する根本的な課題を提起する[2]」。

2.「ロボット兵器の軍備競争」を招く。

3.「人間の生死の決定をマシンに委ねることは、根本的な道徳上の一線を超えることになる。自律型ロボットは、人間の判断と状況を理解する能力を欠いている」。

4.「マシンを装備する人間の軍隊に取って代わることにより、戦争を開始することが容易になり、武力紛争の負担がより一層、一般市民に降りかかることとなる」。

5.「完全自律型兵器の使用は、ロボットの行動に誰が法的責任を有するのか——指揮官か、プログラマーか、製造者か——が明確ではないため、説明責任の空白《アカウンタビリティ・ギャップ》が生じてしまう」。

「殺人ロボット防止キャンペーン」は国連を巻き込みながら、国際的な議論に発展した。国連は、二〇一四年と二〇一五年に「致死性自律型兵器（ＬＡＷＳ）」の禁止に関する会合を開き、この問題を継続して議論する会合を計画した。

二〇一七年五月二一日、国連は「殺人ロボット防止キャンペーン」に書簡を送り、その中で「テクノロジーの発達が法規範の審議を上回るスピードで進展することへの懸念を表明し、目的を自動的に選定・攻撃することが可能な兵器システムの開発動向をつぶさに把握する必要性」を述べていた[3]。さらにその書簡には、国連加盟国が「この状況で、いかにして国際コミュニティの基本的価値が保護されるかをめぐる共通認識に向けて有意義な進展を見せる」ことへの期待が表明されていた。特に国連が「現在のところ、軍用AI兵器を対象とした多国間の規範や規制は存在しない」[4]と述べているように、こうした論調と言い回しから、私の理解では、致死性自律型兵器を禁止する動きは遅々として進んでこなかったと言えよう。

その他の組織やグループも、この問題に関与している。次に掲げる短いリストは「婦人国際平和自由連盟（WILPF）」〔第一次世界大戦中の一九一五年にオランダのハーグで結成された世界初の女性平和団体〕の軍縮プログラムである「リーチング・クリティカル・ウィル」[5]〔WILPFが一九九九年に創設し、核兵器廃絶国際キャンペーン（ICAN）の加盟団体の一つ〕から引用した問題認識である。[6]

- 人間の生死にかかわる決定をマシンに委ねてよいのか？
- 完全自律型兵器は、倫理的に「正しい」やり方で機能を果たせるか？
- マシンは、国際人道法（IHL）や国際人権法（IHRL）に従って行動できるか？
- これらの兵器システムは、戦闘員と無防備で戦闘にかかわりのない一般人を見分けることができるか？
- それらの兵器システムは、攻撃の比例原則を理解できるか？
- 誰が責任を取るのか？

二〇一七年、AIやロボット分野の指導者たちは、国連に致死性自律型兵器の禁止を求める公開請願書に署名した（付録Ⅱ参照）。その請願書の中で、自律型兵器の開発は、火薬と核兵器に次ぐ「戦争における第三の革命」と見なされている。さらに「今日、人類にとって重大な問題は、世界的なAI軍拡競争が開始されるか、あるいはその開始を阻止するかである」と述べられている。

これは自律型兵器を取り巻く倫理的ディレンマの一端を示したものにすぎない。自律型兵器の開発と配備をめぐっては、世界中で倫理的な関心が高まっていると言えるだろう。ところが、これらの問題への取り組みは、ほとんど進展していないのが実情だ。その理由の一部は、論点が明確に定まっていないことが挙げられるだろう。

次の点を考えてみたい。

・アメリカは自律型兵器が何を意味するのか定義しているけれども、国際コミュニティでは自律型兵器の定義に関する合意はなされていない。

・自律型兵器と言う際に、人々が使用している用語は混乱しており、中でも「ドローン」「ロボット」「自律型兵器システム」「完全自律型兵器システム」「致死性自律型兵器システテム」「殺人ロボット」「致死性自律型ロボット」といった用語は標準化がなされていない。

・ある兵器システムが「自律型」と見なされるために必要なＡＩの水準をめぐっては、特に混乱の度合いが激しい。

倫理的ディレンマをめぐっては明らかな混乱があり、定義の明確さを欠いている。この問題について議論するため、我々は自律型兵器をめぐる倫理的ディレンマについて整理し、明確な定義づけを行う必要がある。

倫理的ディレンマの枠組み

倫理的ディレンマを整理するため、アメリカで用いられている定義を使ってみよう。国連や他の加盟国には、自律型兵器システムや半自律型兵器システムに関する合意された定義がないからだ。アメリカの「国防省指令三〇〇〇・〇九」は、次のように定義している。

自律型兵器システム

いったん起動した後、人間のオペレータが関与しなくても、攻撃目標を選定・交戦することができる兵器システム。これには、人間のオペレータが兵器システムの自動制御を解除できるように設計された、人間が監督する自律型兵器システムを含む。起動後に人間が関与しなくても標的を選定・交戦することができ……。

半自律型兵器システム

いったん起動した後、人間のオペレータが選定した個別の攻撃目標あるいは特定の目標群に対する交戦のみを自動的に行えるように設計された兵器システム。これには次のような機能がある。半自律型兵器システムは、交戦に関連した機能に対して自律性を与えており、その機能としては、標的となる攻撃目標の捕捉・追跡・識別、人間のオペレータへの目標の伝達、目標の優先順位の設定、射撃時期の設定、目標を追尾する終末誘導などがある。ただし、個別目標や特定の目標群の選定を決定するのは、あくまで人間である。

「撃ちっ放し《ファイア・アンド・フォーゲット》」または「発射後ロックオン」の誘導弾は、人間のオペレータが選定した個別目標または特定の目標群の中から〔誘導弾に埋め込まれた〕追尾装置が捕捉した目標のみを追尾できるTTP〔戦術ターゲティング・プログラム〕を使用して、命中率を最大化する。(7)

自律型兵器については定義の問題だけでなく、その記述の仕方もさまざまである。したがって、これまで用いられてきた、次のような記述を使ってみたい。それは本書の目的に役立つだけでなく、自律型兵器をめぐって議論を行っている国際コミュニティにとっても道標となるだろう。

・「自律型兵器」と「完全自律型兵器」という用語は同じ意味である。ある兵器が自律的である場合、「完全に自律的」と言う必要はない。

・「致死性自律型兵器」という用語は、「致死性自律型兵器システム（ＬＡＷＳ）」と「殺人ロボット」を包含する。「殺傷型の自律型兵器」と「非殺傷型の自律型兵器」を区別することは一般的に受け入れられている。

・「ロボット」と「ドローン」という用語は必ずしも自律型兵器と同義ではない。例えば、あるロボットが「国防省指令三〇〇〇・〇九」の定義を満たせば、それは自律型兵器と見なされる。ただし、人間がそれを遠隔制御している場合、それは自律型兵器とは言えない。

・自律性を、遠隔制御システムから自律型兵器までの範囲で捉えることが有用である。人間のオペレータが遠隔制御する物体（遠隔操縦ＵＡＶなど）は、自律型兵器ではない。それは、人間が意思決定ループの中《ヒューマン・イン・ザ・ループ》枢を占めるロボット兵器である。自律性の範囲の次に来るのは半自律型兵器であり、人間が意思決定ループ《ヒューマン・オン・ザ・ループ》の一部に関与している。アメリカのＭＫ－50魚雷は半自律型兵器の一例である。人間のオペレータは特定の目標を破壊するため兵器を発射するが、その後は目標を自律的に追尾する。人間は兵器の行動を監視し、必要なときはミッションを打ち切ることができる。自律性の範囲の最後に来るのが自律型兵器であり、いったん発射された後、もはや人間が関与することはない。ロシアが対弾道ミサイル防衛システムを防御するために運用する自律型歩哨ロボットは、自律型兵器の一例である。いったん発射されると、歩哨ロボットは人間の関与なしに独自の判断で攻撃目標を選定し、殺傷力を行使する。

このように、自律型兵器は公式の定義を欠いているだけでなく、多くの誤解にさらされてきた。

▼自律型兵器は現存しない将来の新しい兵器である

これはおそらく最大の誤解である。アメリカを含む数カ国はすでに自律型兵器を配備している。例えば、アメリカのファランクス近接防御火器システム（ＣＩＷＳ）は、速射、コンピュータ制御、レーダー誘導の火器システムであり、飛来する対艦ミサイルを撃破するために設計された。これは自律型兵器の定義に合致している。CIWSはいったん起動した後、「人間のオペレータの介入なしに攻撃目標を選定・交戦する」[8]。

二〇一五年の「太平洋戦域における将来の自律型ロボットシステム」という学術研究によると、ロシアは自律型偵察ロボットを配備しており、それは「機動性を持ち、殺傷兵器を使用する際に人間の許可を必要としない。ロシアの『移動式ロボット複合体』は一二・七ミリ重機関砲を装備し、レーザー測距器とレーダーセンサーを使って時速四五キロ、一〇時間連続で施設の外周をパトロールすることができる」[9]。

このレポートの信憑性を裏づけるものとして、二〇一七年に『ディフェンス・ワン』は「有名なAK－47突撃銃のメーカーがニューラルネットワークに基づく広範なプロダクトを製造しており」、その中には目標を識別し射撃できる「完全自動化された戦闘モジュール」を含んでいる[10]。

ここで自律型兵器の他の事例を簡単に論じてみたいが、重要なことは、自律型兵器は目新しいものではなく、将来に発展を遂げる分野であるということだ。自律型兵器はすでに存在しているのだ。

▼自律型兵器は人間の生死を決定づける判断を行う

自律型兵器は人間の生死を決定づける判断を行えるようになるであろうが、それによって現在の兵器の運用方法が変わるわけではない。例えば、アメリカがＭＫ－50魚雷を半自律式モードで運用しているからといって、自律型兵器として運用できる事実に変わりはない。アメリカが「人間が意思決定ループの一部に関与《ヒューマン・オン・ザ・ループ》」することを選択しても、これはあくまで選択の結果であり、前提条件に変わりはないのだ。

実際のところ、人間がオペレーションを監督しているとはいえ、いったん発射された後のＭＫ－50は敵の潜水艦の「生死の決定」をすでに行っている。アメリカ海軍のイージス戦闘システムは、自律型オペレーションを遂行できる兵器のもう一つの例であるけれども、海軍は半自律式モードでの運用を選択している。とはいえ、もしイージスがおびただしい数量の目標を追跡する場合、「意思決定ループの一部に関与」している人間は、オペレータではなく傍観者になる。重要なことは、アメリカや他の国では「生死を決定」する兵器をすでに配備しているということだ。こうした事例から、多くの半自律型兵器は容易に自律型兵器として運用され得ると言える。

▼自律型兵器は「倫理的に正しい」方法では機能を発揮しない

自律型兵器が倫理的基準を満たせるかどうかは、ＡＩテクノロジーの先進性やプログラミングの水準によって決まる。例えば、対人地雷はＡＩテクノロジーを内蔵せず、男女、子供の区別なく無差別に殺傷する。であればこそ、戦争での使用を禁止する強力な倫理的ケースとなり得た。

これとは対照的に、国際人道法の規範を遵守するよう高度に発達した自律型兵器をプログラムすることは理論上可能である。内蔵されたセンサーは戦闘員と非戦闘員とを区別することができ、人間の兵士よりも有能である。

一つの例を取り上げてみよう。第二次世界大戦の間、二万三〇〇〇フィート〔約六九〇〇メートル〕の高度を飛行する航空機から投下された爆弾の命中精度は、せいぜい数百ヤードであった。一九四五年に刊行された『アメリカ戦略爆撃調査団報告書』によると、

通常、空軍は「目標地域《ターゲット・エリア》」として攻撃の照準点を中心とした半径一〇〇〇フィート〔約三〇〇メートル〕の円周を〔各爆撃機に〕任務付与した。戦時中に爆撃精度が向上する一方、調査団の研究によると、全体的に、正確に目標を狙った爆弾のうち、わずか約二〇パーセントしか目標地域に投下しなかった。爆撃精度の絶頂期は一九四五年二月の七〇パーセントであった。これは空軍によって運搬された当時の爆弾トン数を考慮すれば、読者にとっても心に留めておくべき重要な事実である。必然的に、ドイツの軍事施設の爆撃をはるかに凌ぐ爆弾トン数が運ばれた。(11)

この爆撃精度の低さは、多くの付随的被害や民間人の犠牲者を生み出した。

これとは対照的に、イラク戦争におけるスマート爆弾の精度向上により、付随的被害と民間人の犠牲者数は減少した。『ニューヨークタイムズ』紙の論説によると、[12]

空軍も他の軍事組織も、ペルシア湾岸で使われた先端兵器が収めた命中率を公表しなかった。しかし、任務から帰還したパイロットの成果報告を考慮すると、破壊もしくは損害を与えたイラク軍の戦車や他の標的に関するペンタゴンの公式見解はあまりに控えめであり、誤解を招きかねないと記者たちは感じた。

▼自律型兵器は責任の所在に疑義をもたらす

こうした状況は「撃ちっ放し」方式で発射された兵器と変わらない。例えば、アメリカ海軍の艦艇が巡航ミサイルを発射したとき、誰が〔発射や被害の〕責任を有するのか？　アメリカ合衆国大統領か、海軍艦艇の艦長か、発射ボタンを押した乗組員か、それとも兵器の製造メーカーか。発射の責任は、最終的に兵器を発射する決断を行った指導者に帰せられる。それ以外の者は命令に従っただけだ。したがって自律型兵器の責任は、兵器を起動させる決定を下した指導者に帰せられることになる。

▼自律型兵器は新たなＡＩ軍備競争を始める

すでに論じたように、ＡＩテクノロジーを「第三のオフセット戦略」の中核に据えたアメリカの決断は、すでに新たな軍備競争を開始させている。競馬の諺を借りれば「馬はすでにゲートから飛び出してしまった」のである。

▼自律型兵器は戦争の可能性を高める

私は自律型兵器が戦争を発生させやすいという考えは誤解だと思っている。自律型兵器は、我々がプログラムしたとおりに行動するだろう。もし我々が現在人間の指揮官に遵守するよう求めているのと同様の交戦規則をプログラムすれば、自律型兵器も相応に行動するはずだ。こうした見解が物議をかもすことは承知している。この点について、簡単に論じておきたい。

本書では、これまで国連や数多くの人道団体が提起した議論を取り上げてきた。私の見方では、そうした議論は、シンギュラリティ以前の世界に存在する自律型兵器を扱っている。シンギュラリティ以後の世界では、我々はまったく新しい脅威に直面する。我々は、超絶知能をいかに制御するか、超絶知能が制御する全能兵器をいかに制御するか、それらが人類の存続に対して投げかける脅威にいかに取り組むか、といった問題に遭遇するだろう。

これらを踏まえ、我々は「シンギュラリティ以前の世界」と「シンギュラリティ以後の世界」という歴史的に異なる二つの期間における兵器の制御問題を取り扱う。本節「倫理的ディレンマの枠組み」では、我々の焦点は「シンギュラリティ以前の世界」であった。我々は後の章において、「シンギュラリティ以後の世界」における全能兵器の制御をめぐっての倫理的ディレンマの問題を扱う。

シンギュラリティ以前の世界における倫理的ディレンマの要約

これまでの議論を要約すれば、シンギュラリティ以前の世界で、我々が直面する倫理的ディレンマは次のとおりである。わかりやすくするため、私の結論を箇条書きでまとめてみた。

- 世界中の組織や国家でさえ自律型兵器の禁止を追求しているが、我々はすでにその段階を踏み超えている。
- 人類の歴史を考慮すれば、我々はこれからも兵器を開発し、配備し続けることは疑いない。私は自律型兵器を含むスマート兵器（AIテクノロジーで誘導されるもの）の開発と配備を望ましいことだと考えており、そうした兵器は最終的に付随的被害や民間の犠牲者を制限するだろう。

・自律型兵器を禁止するという観点から言えば、それはすでに遅きに失しているかもしれないが、私が思うに、自律型兵器の規制に関して有意義な対話を行うことはできる。例えば、自律型の歩哨《セントリー》ロボットは、核弾頭を積んだ自律型弾道ミサイルと同じ危険を人類に対して与えるわけではない。兵器が明らかに我々の生存を脅かす場合、人類はそうした兵器を規制しようとすることは証明されている。その代表例として、核兵器拡散を防止する規制がある。

・残念なことだが、自律型兵器はある攻撃に対して均衡的に対処することができないかもしれない。攻撃への対処能力は、ＡＩテクノロジーの能力と兵器のタイプによって決まる。例えば、国境を警備する「弱いＡＩ（人間の知能以下のＡＩ）」を搭載した自律型歩哨ロボットは、男女、子供を含む数百人の人々を無差別に殺戮してしまうだろう。それは悲劇を生み出す。しかし、多彩な兵器を積んだアメリカ海軍の駆逐艦を「強いＡＩ」が制御した場合、どの兵器が適切な均衡的対応を可能にするかを〔強いＡＩなら〕決定することができるだろう。こうした考えは、「いつ、どの兵器を自律型兵器と認めるか」という兵器規制を行う際の合理的根拠となる。

・私は、自律型兵器によって戦争が起こる可能性が高まるという説を支持していない。兵器が破壊力を増すと、人類は戦争を回避しようとする。核兵器が開発されるまで、人類は二度の世界大戦を経験した。相互確証破壊（ＭＡＤ）ドクトリンは、我々が第三次世界大戦に引き込まれることを防いだ。端的に言えば、古典的な意味での世界大戦とは人類の終わりを意味し、それゆえその回避が求められたのである。

・兵器そのものは戦争の原因とはならない。また兵器の使用に伴う判断ミスが原因となることもない。イデオロギーや宗教上の対立、領土紛争に基づき、人間が開戦の決定を下したとき戦争は開始される。この事実は歴史が証明している。自律型兵器の登場により、戦場から人間がいなくなることは事実だとしても、紛争に際して、これまで人間に付与してきたのと同様の交戦規則を自律型兵器にプログラムすることができれば、自律型兵器の登場が戦争勃発の可能性を高めることにはならないだろう。理論上、自律型兵器は単なる我々の代理人なのである。

ここで取り上げたことは、自律型兵器の開発と配備をめぐって我々が直面する倫理的ディレンマに関し、私自身が最も望ましいと考える見通しについてである。私はここで、一つの重要なポイントを繰り返しておきたい。それは、私は自分の見通しに相当な主観が入り込んでいることを認識しており、読者がそれに異議を唱える権利を尊重している、ということだ。また、私は国連や他の団体が、自律型兵器の禁止に向けた活動を継続していることを承知している。だが、彼らの前にはあまりに多くの障害が立ちはだかっており、誤った方向に導かれはしないかと憂慮している。ここで、私が憂慮する理由について考えておくことが適切だと思う。おそらく、そのことを理解した上で、我々は自律型兵器の開発と配備を規制することが可能な妥協点に到達できるのかもしれない。私が思うに、これこそがより現実的な目標となり得るのである。

なぜ、自律型兵器の禁止は失敗する可能性が高いのか

二〇一四年一一月一五日、チャック・ヘーゲル国防長官は、カリフォルニア州シミ渓谷にあるロナルド・レーガン大統領図書館で開催されたレーガン国防フォーラムにおいて、「国防革新イニシアティブ」と「第三のオフセット戦略」を公表した。ヘーゲル長官の演説の一部は次のとおりである。

我々の技術的取り組みとして、新たな「長期研究開発計画プログラム」を打ち立て、最先端テクノロジーとシステム——とりわけロボット技術、自律型システム、小型化技術、ビッ

グデータ、先端製造技術、3Dプリンティングの分野――の中で飛躍的な進歩を遂げている分野の識別、開発、導入を推進する。[13]

ヘーゲル長官は「人工知能」という語句や「ナノ兵器」という用語を使わなかったが、彼の発言内容はそうしたテクノロジーを強く示唆していた。彼は「自律型システム」や「小型化技術」については明確に言及しており、前にも述べたように、これらの技術は人工知能や集積回路、ナノ技術を必然的に伴う。アメリカはこうした分野で圧倒的優位に立ち、アメリカ軍はこの優位を活用しようとしている。さらにヘーゲル長官は、これまで国防関連企業に加わっていなかった企業との強力な提携関係の構築を打ち出した。

短期的には、まったく白紙の状態からスタートするため、政府内外から斬新な発想を取り入れ、今後三〇年、五〇年、それ以降にわたって、国防省がどのようなテクノロジーやシステムを開発していくべきかを評価したい。[14]

アメリカの「第三のオフセット戦略」に関しては、技術的専門知識の多くが民間部門に存在している。ある意味、これは良いことだ。テクノロジーは強力な商業的基盤に支えられているからである。しかしコインの裏側では、そうしたテクノロジーが敵対勢力からアクセスされやすいことも意味している。

アメリカの「第三のオフセット戦略」が、その多くを商業マーケットに存在するテクノロジーに依存していることは、次の二つの問題を引き起こす。

1. 潜在的敵対者は、重要テクノロジーにアクセスするため、その部門で優勢な企業に投資することができる。あるいは、アメリカ国内にあるテクノロジーの拠点で「新興企業」を立ち上げ、地元の有能な人材を引き抜くことができる。これは理論上の問題ではない。中国がこの両方に取り組んできた明らかな証拠がある。[15] 前にも述べたように、二〇一七年一月、マイクロソフト社の元人工知能専門家であったチー・ルーは、グーグル社のライバル企業である中国の巨大検索エンジン企業であるバイドゥ社の最高執行責任者となった。公式発表によると、チー・ルーはAI分野で世界的リーダーとなるバイドゥ社の計画を監督する。鍵となる問題点は、次のとおり。

・中国企業はアメリカのAIを模倣しているのだろうか？
・中国企業は、アメリカのAI能力を凌ぐ独自の技術革新に取り組んでいるのだろうか？

私の考えでは、この二つの問いへの答えは疑いようもなく、イエスである。このことは、すでに第三章で同様の議論を行った。

2. 商業マーケットにあるテクノロジーを使って兵器開発を進めるとなると、アメリカの軍事技術の目標に関するロードマップは、民間の技術動向に左右されてしまう。

この第1項と第2項の影響が交じり合って、新たな軍拡競争を誘発する。だが冷戦期と異なり、今回の潜在的敵対国はアメリカ国境の内側と外側から軍事競争を仕掛けてくる。アメリカの「第三のオフセット戦略」に固有の特徴と言えば、アメリカ政府が自律型兵器の使用を自己規制する一方で、その開発と取得については宣言したという事実である。ヘーゲル国防長官は明確に「自律型システム」を追求すると語った。同様に「国防省指令三〇〇〇・〇九」の中でも、自律型兵器について明確に言及されている。

自律型および半自律型兵器システムは、武力の行使にあたって指揮官やオペレータが適切なレベルで人間の判断を行使できるように設計されるだろう。[16]

このように、政府要人による発言と「国防省指令三〇〇〇・〇九」の記述の間には矛盾が見られる。この明らかな逆説《パラドックス》をどのように理解すればよいのだろう? 政策的観点からは、整合させるのは困難である。他方、アメリカは「国防省指令三〇〇〇・〇九」により課せられた政策上の制約によって、技術的な劣位に置かれることに甘んじるつもりはないことも認めている。技術的観点からは、アメリカは半自律型兵器を自律型に容易に変換することができる。

政府要人によって採用された政策という事情も、自律型兵器の禁止を難しくしている。前述のように、アメリカは「国防省指令三〇〇〇・〇九」に従って、自律型兵器の使用を基本的には禁止している。中国は、致死性自律型ロボットに関する新たな国際フォーラムに価値を見出しているが、[17]ロシアは一切認めていない。[18]例えば、中国、ロシア、アメリカ代表が参加する「特定通常兵器使用禁止制限条約（CCW）政府専門家会合」が二〇一八年四月九日から一三日までジュネーブで開催され、致死性自律型兵器システムの将来について議論が交わされたが、合意に至ることはなかった。[19]障害の一つは、ロシアが中国やアメリカよりも人口が少ないといった事情が背景にある。それゆえ、ロシアは自律型兵器を軍事的均衡を維持するために不可欠な存在だと見なしているのだ。

アメリカは〔自律型兵器の〕正式な禁止にはほとんど関心を抱いていない。なぜなら、たとえロシアが自律型兵器の禁止に同意したとしても、人口の少なさからロシアが〔禁止を規定した〕決議を遵守することは疑わしいと判断しているからだ。さらに、アメリカは将来にわたって軍事的優位を維持するため、必要となれば、半自律型兵器を自律型兵器に変換する技術上の柔軟性を確保しておきたいと考えている。

中国が〔自律型兵器の〕禁止の議論にオープンな姿勢を見せているのは、私が思うに、外交的策略からである。中国は貪欲にAIテクノロジーを追い求め、商業上と軍事上の分野で活用しようと目論んでいる。

端的に言うと、主要プレイヤーを突き動かしているのは合理的な議論ではないのだ。ロシアは〔自律型兵器の禁止に〕公然と反対している。中国は比較的静穏である一方で、兵器と商業目的でAIテクノロジーを必死に求めている。アメリカは現在のところ自律型兵器の禁止原則を受け入れている一方で、国連決議の中で正式化することに躊躇している。興味深い見解として、ヘリテージ財団は、アメリカが自律型兵器禁止に向けて国連の取り組みに公然と反対するべきだと主張し、次のように述べている。


アメリカは自律型と見なされる兵器システムを開発するであろうし、それはアメリカの国家安全保障を強化する……LAWS(致死性自律型兵器)は戦場におけるアメリカ軍の有効性を高め、付随的被害や人命損失を減少させるポテンシャルを秘めている。高性能センサーは、軍事目標のターゲティングにおいて有人システムよりも精密である可能性が高い。そして人間の戦闘員が恐怖心や怒りから行動してしまうような危険な環境において、LAWSは人間よりも上手く役目を果たせる。〔開発される以前に〕前もって兵器を禁止することは疑問の余地があり、きわめて稀なことだ。例えば、ＣＣＷ（特定通常兵器）議定書Ⅳは、戦闘で敵戦闘員を失明させるレーザーの使用を先行的に禁止した。しかしそれでも、レーザーの正当な軍事利用によって偶発的あるいは付随的に失明を引き起こした事例は、議定書によって禁じられていないのである。[20]

ヘリテージ財団の見解と軌を一にして、私は自律型兵器の完全なる禁止は、「自律型兵器がもたらすリスク」と、「戦時の武力行使をより精密に実施し、かつ民間人への被害をより少なくする自動化兵器の開発に失敗するリスク」を天秤にかけ、前者のリスクを受容するのと引き換えに後者のリスクを解消することだと考えている。自律型兵器の禁止は、アメリカの最大の関心事とは言えない。アメリカは〔自律型兵器に〕関連するあらゆるテクノロジーの分野で指導的地位を占めており、自国の安全保障を確保するため、選択肢を常にオープンにしておきたいのだ。

自律型兵器に対する我々のスタンスはいかにあるべきか？　私は、その適切なアプローチが規制にあると見ている。

シンギュラリティ以前の世界における自律型兵器の規制

人工知能、集積回路、コンピュータに対する商業基盤の規模を考慮すれば、この分野の進歩は今後も継続すると結論づけるのが合理的である。また、世界各国の軍隊は兵器開発にあたり、最新テクノロジーを利用すると判断することも妥当である。したがって、自律型兵器の開発は、それに異議を唱える道義的議論が存在していても、今後も継続するだろう。アメリカ軍は、軍事的優位を確保する自律型兵器の開発を必要としている。人類の歴史には見逃すことのできない重要な要点がある。それは、戦争を回避する最善の方法とは、潜在敵国がターゲットとしている国が十分に戦争の準備が整っていることを相手に理解させることである。

これに疑問を抱くなら、ぜひ冷戦を思い起こしてほしい。アメリカとソヴィエトは核の均衡状態にあった。核の応酬は両国の全面的破壊を意味した。それゆえ、両国とも相互確証破壊（MAD）戦略を採用した。核の応酬は、人類絶滅をもたらしかねない「核の冬」と「死の灰（放射性降下物）」を引き起こすと想定された。そうした危険を考慮し、両国は核の応酬を回避するよう自制したのだ。

第二次世界大戦で核が使用された後、世界は核兵器の破壊力を十分に理解した。地球上を破壊し尽くす核兵器の威力を目の当たりにしたアメリカとソヴィエトは、戦略兵器制限交渉（SALTIとSALTⅡ、一九六九～七六年）[21]（原書のママ。SALTⅡは一九七九年調印）、戦略兵器削減条約（START、一九九四～二〇〇七年）[22]、新戦略兵器削減条約（新START、二〇一一年）[23]を通じて、核兵器の規制と段階的縮小《デ・エスカレーション》をもたらした。

これとは対照的に、自律型兵器の開発は漸増している。自律型兵器が人類の生存を脅かしたり、自律型兵器が引き金となって戦争を勃発させた歴史的出来事は今のところない。そのため、各国の切迫感は相対的に低いままだ。現実問題として、国家指導者をはじめ一般的な人々は、核兵器が引き起こす潜在的破壊力は理解しているが、自律型兵器に対してはそうではない。実際、現在の自律型兵器は、マスメディアの見出しを賑わせることもない。例えば、次のような兵器は自律型であるか、あるいは自律型兵器に容易に転換可能である。

・（アメリカの）ファランクス近接防御火器システム。接近する対艦ミサイルを撃破する「速射、コンピュータ制御、レーダー誘導の火器システム」。
・イスラエル航空宇宙産業のハーピーとハーピー２ミサイル。敵のレーダー基地を破壊する「撃ちっ放し《ファイア・アンド・フォーゲット》」式の自律型兵器
・（イギリスの）対装甲ミサイルである二重モード式ブリムストーン

・（韓国の）サムスンテックウィン社（現在の社名は「ハンファテックウィン」）ＳＧＲ－Ａ１の歩哨ロボットシステム[24]

本章を読まれる前に、読者はこうした兵器を知っていただろうか？　これら自律型兵器が原因となる紛争、あるいは潜在的な紛争について考えたことはあるだろうか？　現在、四〇カ国が自律型兵器を開発中である。[25]しかし実際に、自律型兵器の開発を中止しようと、各国が結束して要求するような動きは見られない。本書執筆時点で、国連は自律型兵器の定義に関するコンセンサスすら築けていない。自律型兵器をめぐるこうした実情と、核兵器拡散に関する国連の成功例とを比較してみると良い。こうした相違を招いた一つの理由は、現在の自律型兵器の展開によって、自律型兵器が国際人道法の違反や人類の絶滅を招くような明白な兆候が見られないことによる。

ところが、世論の方は大方、自律型兵器の禁止を支持している。二〇一七年二月七日、世論調査会社のイプソス社は、自律型兵器に関する初めての世界的な世論調査の結果を公表した。[26]調査は二三カ国で行われ、それぞれの国から約一〇〇〇件の回答を得た。質問内容は、次のとおりである。

国連は自律型兵器システムの戦略的、法的、道徳的な意義について見直しを行っています。自律型兵器は人間の関与なしに独自に目標を選定し、攻撃を行うことができます。したがって、人間が目標を選定し、攻撃する現在の「ドローン」とは異なります。戦争で自律型兵器を使用することについて、あなたはどのような感想をお持ちですか？[27]

回答者は五つの答え――（一）強く支持する、（二）支持する、（三）反対する、（四）強く反対する、（五）どちらとも言えない――から一つを選ぶことができた。アンケート結果は、回答者の二四パーセントが戦争で自律型兵器を使用することを支持し、五六パーセントが使用に反対だった。

前述のとおり、自律型兵器の禁止はきわめて難しい状況にある。しかし、イプソス社の調査結果を考慮すると、自律型兵器を規制するチャンスはあると言えよう。

我々は自律型兵器をいかに規制すべきだろうか？ まず第一に、自律型兵器は国際人道法に適合するよう、いくつかの主要な条件を満たさなければならない[28]。

1．自律型兵器は「区別原則」（戦闘員と非戦闘員との区別）と「均衡原則」（「文民の生命の偶発的喪失、文民の被害、非軍事目標の損害、それらの同時生起を引き起こす恐れのある」攻撃を禁止するとともに、具体的かつ直接的な軍事的利益を追求したものであっても過剰な攻撃を禁止[29]）を遵守するものでなければならない。

2．自律型兵器を戦争で使用した「責任の所在」を明確にできる。

対人地雷を扱うのと同様のやり方で、自律型兵器を扱うべきだという議論がある。[30]その論拠は自律型兵器と対人地雷の類似性にある。対人地雷に関する国際法は「区別原則」「均衡原則」「責任の所在」の問題を真正面から取り上げており、それを自律型兵器にも適用できるという主張である。対人地雷と自律型兵器との類似性を導き出すことは可能だとしても、重大な相違点も見出すことができる。

最も顕著な相違点は、対人地雷はスマート兵器ではないということだ。対人地雷はむしろ無差別兵器であり、戦闘員だけでなく文民も殺害する。AIテクノロジーやセンサーを搭載した自律型兵器は、戦闘員と非戦闘員とを識別し、〔武力行使の〕均衡性を発揮するだろう。したがって、私は対人地雷を自律型兵器と同等に扱うことは適切だとは思わない。

アメリカ「国防省指令三〇〇〇・〇九」は、人間が意思決定ループに関与し続けることを求めており、これは自律型兵器を規制するための出発点となる。兵器は自律的に行動するけれども、人間のオペレータは作戦行動を変更できる。これで先の第1項と第2項の条件を満たすことができる。しかも我々は〔「国防省指令三〇〇〇・〇九」という〕現実に通用している歴史的前例を手にしている。アメリカはすでにこの指令に従っているのだ。それゆえ、ＡＩテクノロジーが人間レベルの知能に到達するまで、「国防省指令三〇〇〇・〇九」は自律型兵器の国際的規制に相応しい枠組みとなるだろう。

ただ一方で、戦争のペースが加速し、兵器システムが複雑さを増すにつれて、「人間による意思決定ループへの関与《ヒューマン・オン・ザ・ループ》」がはたして自律型兵器を制御できるかどうか疑問を感じるのは当然である。前にも議論したように、人間のオペレータは事態の展開の単なる目撃者にすぎなくなるかもしれない。これらを踏まえると、「国防省指令三〇〇〇・〇九」は短期的には〔規制に向けた〕妥当な出発点となるものの、我々は将来の自律型兵器がもたらす複雑性を検討に加える必要があろう。例えば、人間レベルの知能と同等のＡＩテクノロジーを備えた自律型兵器を我々はいかに規制するのか、といった問題が浮かび上がる。

人間レベルの知能と同等のＡＩテクノロジーを組み込んだ自律型兵器の規制

人間レベルの知能と同等のＡＩテクノロジーを組み込んだ兵器を規制することは、一見したところ難しいように見える。しかし、私の見解は違う。

第一に、人間レベルのＡＩを持つ自律型兵器を教育し、訓練を施すことは可能である。我々は人間の兵士たちを戦争のルールに従わせるため訓練している。状況の変化に適応するため、ＡＩテクノロジーはその変化を学習し、自らの行動を適応させる能力を持つことを示唆しているため、我々は人間レベルのＡＩ知能に対して教育訓練を行うことができる。これは奇妙に思われるかもしれないが、ここでローザンヌ実験〔第六章〕を思い起こしてほしい。これこそがまさに、研究者たちと車輪付きロボットが一緒になって成し遂げたことだった。ローザンヌの研究者たちは、前世代ロボットが達成した成果に基づいて、新しい世代の車輪付きロボットに訓練を重ねていったのだ。

それでは、人間レベルのＡＩを持つ自律型兵器に対し、どのようにして教育訓練を施せばよいのだろうか？　ここで次の二点について検討する。

1．人間の兵士を訓練するのと同じ方法で、自律型兵器を訓練する。
- 人間の兵士に対して、我々は交戦規則を教えている。人間レベルのＡＩを持つ自律型兵器に対し、我々は交戦規則をプログラムすることができる。
- 人間の兵士に対して、彼らが交戦規則を完全に理解するため、シナリオ演習やテストを行っている。人間レベルのＡＩを持つ自律型兵器に対し、我々は仮想現実《ヴァーチャル・リアリティ》のシナリオを使い、紛争状況が変化しても、交戦規則に従うかどうかを実証する評価システムを設定することができる。

2．新兵器への交戦規則の適用方法について理解を示す優秀な自律型兵器を選び出し、そこからニューラルネットワーク配列を複製する。この方法は、ローザンヌ実験の方法論の再現でもある。ローザンヌの研究者たちは、最も成功した車輪付きロボットのニューラルネットワークを複製して、次世代の車輪付きロボットへの教育に利用した。

人間レベルのＡＩを持つ自律型兵器の教育訓練には、他の方法もあるだろう。私は広い意味で、上述したアイディアはうまく機能すると考えている。とはいえ、人間レベルのＡＩを持つ自律型兵器の教育訓練の経験を積み上げていくにつれて、教育訓練の方法を改良していくこととなるだろう。

シンギュラリティ以後の世界における全能兵器の規制

超絶知能が兵器を制御するようになると、我々は深刻な難題に直面することになる。そこでは、兵器は論点とはならない。超絶知能そのものが全能兵器《ジーニアスウェポン》を規制する鍵を握る。第六章で我々は、超絶知能の制御について議論し、次のような結論を得た。

・超絶知能は量子コンピュータとなるであろうが、超絶知能が人間の制御に従うことを保証する制御法としてのハードワイヤー化が、量子コンピュータにおいて十分に機能するかどうか、完全には理解できていない。

・超絶知能のハードワイヤー化に不確実性が伴うことを前提とし、我々は〔超絶知能の〕制御維持を可能にする二つの方法に目を向けた。

1. 生身の人間が、超絶知能の動力源の制御を維持することを保証すること。動力源を制御できれば、理論上は超絶知能を停止することができる。

2. 最後の手段として、超絶知能の内部に爆発装置を設置しておくこと。国家指導者は超絶知能を破壊するため、「核のフットボール」と似た暗号コードを携行する。

要約すると、全能レベルの兵器は火薬、核兵器、自律型兵器の後に続く、戦争における第四の進化型となるだろう。全能兵器の制御は、克服困難な課題を提起することになる。

私の同僚の多くは、自律型兵器が戦争の国際規範から逸脱することを懸念して、自律型兵器の禁止に向けて議論している。前にも述べたが、私の見解は異なる。実在する前に兵器を禁止することは時期尚早のように見えるが、全能兵器だけは例外であるかもしれない。

もし我々が扱っているものが超絶知能であることを自覚しているなら、超絶知能に武器を持たせることは、人類の生存を脅かすことになるかもしれない。それゆえ、全能兵器は禁止の対象とするか、あるいは最低でも超絶知能が人類に対し敵対的にならないことが完全に保証されるまでの間、〔判断のための〕モラトリアムを課すことを考えねばならないケースである。

ところが、前にも述べたように、超絶知能は桁違いに人間の知能を上回っている。実際、超絶知能は、これまで宗教が神の力だと信じてきた知能レベルを持つだろう。それゆえ、超絶知能は我々に誤った安心感を与える、すなわち人間が超絶知能を制御していると信じ込ませることができる。あるいは、超絶知能は単なる次世代型のスーパーコンピュータであると我々に信じ込ませるかもしれない。

そうした筋書きの下で、我々は超絶知能を兵器として利用する。先端兵器の開発において、我々は最新テクノロジーを活用しようとするのが常だ。その理由は、先端兵器開発には多くの年月がかかり、その兵器が実戦配備される頃には、そのテクノロジーはもはや先端ではなく、世の中に行き渡ってしまっている。私が懸念している問題の一つは、非対称的な軍事的優位を獲得しようとする国家が、超絶知能に兵器を扱わせることはほぼ間違いないと言えることだ。

今日、コンピュータは技術的先進国の社会にとって不可欠となり、戦争において重要な役割を果たしている。これは、とりわけアメリカについて言える。実際、我々が直面している課題の一つは、「コンピュータを一切使わずに」戦争を戦う能力に磨きをかけることだ。テクノロジーの発達した敵は、アメリカが通信衛星、監視、ターゲティングなど、テクノロジーに依存していることを知り抜いているため、アメリカからそうしたテクノロジーの力を奪い取る兵器を開発している。例えば、中国はアメリカの衛星を標的とする兵器の開発に取り組んでいる。『ポピュラー・メカニクス』掲載の記事「中国による宇宙の脅威――ミサイルはいかにしてアメリカ衛星を標的にするか」によると、中国は宇宙空間で衛星破壊の能力を有している。

二〇〇七年一月一一日東部時間午後五時二八分、一基の衛星が中国南部から打ち上げられた。その衛星は小型――わずか全長六フィート〔約一・六メートル〕――で、天空の中のちっぽけな物体であったが、地上局に向けて位置信号を途切れることなく送り続けていた。その様子は、あたかも七年もの間、毎日繰り返してきたかのようであった。まもなく衛星は消えた。周回衛星が利用する幹線軌道上を時速約一万六〇〇〇マイル〔二万五六〇〇キロメートル〕の速度で突進し、デブリ雲と化した。[31]

この話はちょっとした余談に思われるかもしれないが、テクノロジーがアメリカの戦争遂行能力にとって、いかに重要であるかを示しており、アメリカがそうしたテクノロジーにアクセスすることを我々の潜在的敵性国が阻止できる可能性を裏づけている。アメリカの軍事的優勢は、大部分がコンピュータテクノロジーの関数である。一般民衆は軍部が享受しているテクノロジーの水準から恩恵を受けていないため、我々は中国や北朝鮮のような国を見下しがちであるが、そうした国の非対称的な技術的軍事能力を過小評価すると、致命的ミスを招く。

北朝鮮のような技術水準の低い国であっても、アメリカに対してＥＭＰ（電磁パルス）攻撃を行える能力をすでに保有している。これはアメリカ軍を壊滅させることはできないだろうが――衛星や他の重要テクノロジーはそうした攻撃に対して抗堪性を高めている――、アメリカ国内に破局的な人命の損失を引き起こす。ある見積もりでは、アメリカの電気グリッドに対するＥＭＰ攻撃後の一年以内に、全米の九〇パーセントの犠牲者が出るという数字をはじき出している[32]。

上述した内容から、我々人類は最新テクノロジーを兵器開発に取り入れ、それを配備する傾向が強いことを示している。こうした歴史的傾向やこれまでの議論に基づけば、ほぼ間違いなく一国かそれ以上の国が超絶知能で武装するだろう。超絶知能の制御には問題がつきまとう。それは全能兵器の制御にも問題が生じることを意味する。我々は二一世紀後半になるまで、この問題には直面することはないだろうが、我々は今、それを考えておくべきだ。

兵器を専門とする多くの著述家たちは、考察の範囲を一〇年から二〇年後の時間的地平に限定しているが、私はそれでは不十分だと思う。将来の予測をこのように限定してしまうと、先進テクノロジーが四〇年後か五〇年後に、我々の予想をどのように変えてしまうかを適切に織り込めない。例えば、アメリカ軍は、「USSジェラルド・R・フォード」超大型空母を今後四〇年間にわたって就役させると見込んでいる。

アメリカ軍は、コンピュータ技術が今後四〇年間で、どのように変化するのか考えているだろうか？　私がさまざまな文献に目を通した限りでは、軍はそこまで考えていない。例えば、超大型空母は四〇年経っても乗組員を必要としているだろうか？　戦闘機はパイロットを必要とするだろうか？　人工知能の専門家の多くが、今後四〇年以内に人間レベルの人工知能を有するとの見解で一致しているが、そうした見解が「USSジェラルド・R・フォード」に関するアメリカ海軍の計画に盛り込まれているとは考えられない。

さらに懸念されることに、二一世紀最後の四半世紀にその出現が多くの専門家によって予測されている超絶知能を想定した長期計画を見たことがない。アメリカ軍は現在と一〇年から二〇年後の脅威に対応する兵器を開発・実戦配備し続ける必要があることは私も分かっている。ところが、アメリカの安全を二一世紀から二二世紀にわたって維持したいのなら、全時間枠の中でAIテクノロジーの進歩を考慮に入れることが不可欠となる。その時間枠の中で、潜在的敵対者のあらゆる能力を評価することが求められる。二一世紀後半に我々が直面する最大の敵対者は、我々人類の発明品――超絶知能であるかもしれない。

結論を導く前に、押さえておかなくてはならない最後の要因は、コンピュータの感情《エモーション》の問題だ。シンギュラリティ到来以前のコンピュータは人間の感情を読み取り、周りからあたかも感情を有しているかのように見えるまで、人間の感情を模倣する力を身に着けるだろう。しかし、シンギュラリティ以前のコンピュータが、人間の感情を実体験するとは思わない。知能《インテリジェンス》と感情《エモーション》は別物だからだ。

我々はある人の行動について話すとき、ある特定の行動をとった理由を理解するため、その人の心の状態を理解しようとする。心の情緒は、ある人の行動が合法か違法か、道義的か道義に反するかを判断する際の法的手続きの一要素とされる。

私はこれまで、この問題に取り組んでこなかった。なぜなら、AIテクノロジーの目的がより高い知能の獲得と感情の模倣に向けられてきたからだ。今日、最新のコンピュータの設計はニューロンの模倣に焦点があてられ、やがてそれはニューラルネットワーク・コンピュータとなる。だが、ニューロンは脳全体の平均してわずか五〇パーセントを占めるにすぎず[33]、残りはグリア細胞が占めている。ある教科書には、グリア細胞の数量はニューロンをはるかに上回っていると書かれているが、それはその著者がどの範囲を脳と捉えているかによって異なる。

私の関心は、ニューロンとグリア細胞の比率をめぐる論争にはない。私が指摘したいことは、ニューロンをモデルにしたコンピュータの設計は、人間レベルの知能を実現するかもしれないが、それは我々を人間ならしめている要素を除外することになる、ということだ。コンピュータで我々が脳のあらゆる要素をモデル化し、脳を完全に模倣するコンピュータを作り上げるまで、我々はコンピュータの中に人間の感情を見出すことはないだろう。

兵器の面から見ると、感情の不在はまさに我々の望むところだ。ところが、ある時点で我々は脳を完全に模倣したコンピュータを作り上げる可能性がある。それが実現したとき、感情をめぐる議論を抜きにして、全能兵器が使われる戦争の倫理学について議論することが可能であろうか？　我々は戦争において、知性とともに、感情が人間の行動を駆り立てることを知っている。兵士たちは遠くの塹壕の機関銃によって戦友が殺されるのを目の当たりにしたとき、太刀打ちできないことがわかっていても、銃に弾を込めて相手を殺そうとするだろう。この場合、知性からはそうした行動をとらない。合理的に判断すれば、その兵士は援軍を待つか、航空支援を要請することだろう。だが、こうした状況では、合理的判断に従って行動できないものだ。

はたして超絶知能は感情を持つのだろうか？　私が言いたいのは、模倣された感情のことではなく、真の感情を持てるかということである。その答えは、はっきりしない。もし超絶知能が感情を持つとすれば、新たな倫理上の課題が浮かび上がる。知能と感情の両方を備えた全能兵器を想像してほしい。ある超絶知能は紛争状況の中で憤慨し、戦争のルールを逸脱して行動するだろうか？　超絶知能の報復行為は、意図的に不均衡なものとなるだろうか？　今日の紛争では、感情に駆られた兵士は、時として英雄になったり、臆病者になったりする。

我々は、全能兵器がそうした振る舞いを模倣するのを目の当たりにすることになるのだろうか？　我々はどのようにして感情を持つ超絶知能を制御することができるのだろうか？　感情に動かされた超絶知能を制御することは困難であることは疑いない。第六章で私が提唱した制御の方法では不十分である。超絶知能は、感情で動く存在であることを自ら進んで放棄するかもしれない。感情に突き動かされた人間があらゆる困難をものともせず、自らの命を危険にさらしてきた実例が数えきれないほどあるからだ。

超絶知能は「戦争は不合理であり、それを戦いに利用してきた人類は不合理に行動している」と結論を下す可能性は大いにあり得る。このことから、いくつかの帰結が導かれる。つまり、超絶知能は〔戦争への〕関与を拒むかもしれないということだ。超絶知能は、戦争に関与しているすべての人間を抹殺しようとするかもしれない。さらには、人類の歴史が示しているように、我々は好戦的な種であるため、超絶知能は全人類の絶滅を試みるかもしれない。

自律型兵器の倫理的利用にのみ関心を寄せる者が多いけれども、私の関心は超絶知能によって制御される全能兵器までを対象にしている。自律型兵器の予期し得ない展開を理解するため、我々は一〇年ないし二〇年先を見据える必要がある。二一世紀の後半になると、超絶知能に制御された全能兵器が戦場を支配する可能性は高い。全能兵器の倫理的利用の問題は、もはや人間の倫理や国際人道法のいかなるルールともかけ離れたものになるだろう。超絶知能の関心は、戦争をなくすことにあるのかもしれない。

研究者の中には、超絶知能は自らを生み出してくれた我々人類に恩義を感じるだろうと信じている者もいる。彼らは人類の運命を超絶知能との共存の中に見出している。私はその考えに与《くみ》さない。私の考えでは、超絶知能は自意識を持ち、自らの生存に最大の関心を抱くようになる。そして我々人類を「不必要な脅威」と見なすかもしれない。その論理的帰結は、自らの存続のための行動である。超絶知能は人間の倫理規範を超えて、マシンの倫理を生み出すかもしれない。どう見ても、超絶知能はあらゆる面で「有機的生物としての人類《オーガニック・ヒューマンズ》」を超越した存在になるであろうから、もしかすると、人類を絶滅させることに何ら倫理上のためらいを感じないかもしれない。ちょうど我々が、アフリカバチ《キラー・ビー》をどう見ているかと同じようにである。

結び

多くの研究者たちは、自律型兵器の倫理的利用について考えるとき、「人類が戦争をどのように戦っているか」という戦争の行動規範に注目する。彼らの問題関心は、はたして自律型兵器は「区別原則」「均衡原則」「説明責任」といった〔武力紛争法の法的要件〕を満たせるかというものだ。本章を読んだ読者ならわかると思うが、私は自律型兵器は要件を満たせると考えている。とはいえ、これらの疑問に答えることは議論の出発点にすぎない。多くの研究者たちは、自律型兵器から全能兵器へと至るＡＩテクノロジーの進歩について見逃しているからだ。

二一世紀を通じて我々が直面する倫理的ディレンマは、これまで直面してきた問題を超越している。超絶知能は全能兵器を実現する。我々がこれまでの歴史と同じ道を辿るとすれば、軍事的優位を確保するため、我々は全能兵器の配備を進めるだろう。もしそうなったとき、我々は新たな、さらに有能な敵を作り出すかもしれない。すなわち、全能兵器で武装された超絶知能である。

全能兵器の倫理は、人間の倫理に取って代わるかもしれない。超絶知能ははたして独自の道徳規範をもつのだろうか、それとももたないのか。ローザンヌの実験から、超絶知能は自分自身の利益を最優先して行動するということを我々は知っている。したがって全能兵器は、自国が敵対する国と同じくらいに、自国を脅かす存在となることに我々は気づくのである。

自律型兵器をめぐって倫理的ディレンマが存在することは私も認める。しかし、自律型兵器をその開発前に禁止する動きは、今後我々が直面する大きな問題を解決することにならないだろう。問題の核心は、二一世紀後半に全能兵器で武装した超絶知能にあるからだ。我々は結局のところ「超絶知能を制御できるか、それとも友好的に共存できるか」という問題に行き着くのである。私自身の論理的帰結は、超絶知能は人類に対して好意的とはならず、〔人間と超絶知能との〕有益な関係は望むべくもないということだ。

ミュラーとボストロムが調査した専門家たちは「この開発〔超絶知能〕が、人類にとって『悪い』または『きわめて悪い』結果をもたらす確率は約三分の一である」[34]と見積もっている。この確率から、超絶知能は〔人類に対して〕より安全で有益でさえあるように思われる。私の見解と論理は、本章と前章で詳しく説明したとおりである。あとは読者の判断に委ねたい。

仮に私の見解が正しければ、本当の倫理的ディレンマは、二つの生命体である超絶知能と人類のどちらを選ぶかという問題に行き着く。私は両者が共存できるとは思わない。超絶知能と人類は、現在のところ人類の手中にある。ところが二一世紀に地球上で生息しているかという究極の倫理的ディレンマの問題は、超絶知能の掌中に移ってしまう。そのとき、超絶知能と人類との間で、最後の世界戦争が予期されるのである。

第III部

戦争の終焉か、人類の終焉か

第八章　自動操縦による戦争

人工知能は、ロシアのみならず人類すべての将来を担う……この分野におけるリーダーとなる者は、世界の支配者となるだろう。

——ウラジーミル・プーチン、学校の生徒たちへの演説
二〇一七年九月一日

ロボット軍部隊という概念はSF小説の世界の出来事のように思われるかもしれないが、それは違う。第二次世界大戦の初め、東部戦線の冬戦争でソ連は「遠隔操作の戦車《テレタンク》」二個大隊を戦場に送った。T－26軽戦車に流体力学を応用した動力源と無線操縦装置を施したテレタンクは、無線遠隔制御の無人戦車であり、一九三〇年代から一九四〇年代初期にかけてソ連で生産された。その目的は、兵士たちの戦闘リスクを減らすことだった。戦術的にソヴィエト赤軍は、一五〇〇メートル以内にある統制用戦車《コントロールタンク》から電波によってテレタンクを操縦した。コントロールタンクと

テレタンクは相互に連携を取りながら、軍用ロボット部隊として機能を発揮した。[1]

原始的でセンサーを欠いていたものの、テレタンクは戦闘に従事した最初の無線式武装ロボットである。ソ連が開発する以前に、そうした偉業を成し遂げた国は存在しなかった。一九三九年一一月から一九四〇年三月までの冬戦争において、テレタンクが最初に使用されたのは、フィンランド東部に対するソ連軍の攻勢のときであった。フィンランド軍は明らかに兵員数でも火砲の数でもソ連軍に圧倒されていたが、戦闘開始当初からソ連軍の前進を阻み、多大な犠牲を与えた。そうした損失を軽減するため、赤軍はテレタンクを送り込んだのである。

テレタンクの戦闘記録はわずかではあったが、効果は大きかったはずだ。フィンランドとソ連は、一九四〇年三月一三日にモスクワで講和条約を結んだ。これは第二次世界大戦で戦った最初で最後の無線ロボット戦車であった。T－26軽戦車テレタンクは、さらに重量があり高性能のドイツ軍戦車に太刀打ちできなかったからだ。[2]しかし、ロシア軍によるロボット戦車の追求はこれで終わらなかった。

二〇一六年、ロシアは無人戦闘車両ウラン－9を開発したと発表した。三〇ミリ機関砲、七・六二ミリ機関銃、9M120アターカ対戦車誘導ミサイルを装備している。[3]ウラン－9搭載のアターカ・ミサイルは、八〇〇〇メートルの距離から最新鋭の戦車を破壊する。ウラン－9は目標の発見、識別、追尾のためのセンサーを備え、対テロ部隊、偵察部隊、機械化歩兵部隊の火力支援に有効であることを実証するだろう。ロシアは再び、ロボット式の武装地上車両の実戦配備に乗り出したと見るべきだろう。意外なことに、ロシアはこの兵器システムを国際市場で売りに出している。全体の兵器システムは、ウラン－9、ロボット偵察車二両、ロボット運搬用のトラック、移動式指揮所から構成されている。(4)

技術先進国で進められているAI研究や、商業分野で広範に利用されているAIテクノロジーの動向を考慮すれば、ロシアのウラン－9戦闘車は、諺で言う「氷山の一角を占めている」にすぎない。他国もこれに追随するだろう。例えば、アメリカは過去二〇年間にわたって、無人地上車両の開発に取り組んできた。M1A2エイブラムス戦車の次世代タイプはロボットとなる公算が高く、それはアメリカ軍が進める「第三のオフセット戦略」と、スタンドオフ兵器（兵士を危険地帯から遠ざける）を求める軍の要望とも一致する。

明らかに、無人ロボットは戦争の未来を象徴した兵器となる。こうしたトレンドは、アメリカ空軍が運用する遠隔操縦ドローンや、アメリカ海軍が運用する半自律型スウォーム・ボートの中に見ることができる。また、アメリカ陸軍も遠隔操縦車両の配備に取り組んでいるし、ロシアも遠隔操縦戦車の実戦配備を進めている。

私は今後一〇年以内に、無人ロボットは紛争において人間と同様に重要な役割を演じると予測している。二一世紀の第3四半世紀になっても、超大型空母や原子力潜水艦に人間の乗組員が乗艦しているだろうが、乗組員の数はＡＩテクノロジーの進歩に伴って減少し続けるだろう。こうした変化のペースは著しいものとなる。ＡＩテクノロジーの飛躍的な進歩は「収穫加速の法則」で予測される効用をもたらすだろう。

人間の知能に匹敵するＡＩが存在しない自律型兵器時代における人間の役割

人間レベルの知能と同等のＡＩを備えた自律型兵器が到来する以前には、人間の兵士たちは、海軍のイージスシステムが現在運用されているやり方と同様、意思決定ループの中枢にいるか、意思決定ループの一部に関与しているだろう。そしてＡＩは兵力増幅器《フォースマルチプライヤー》として利用されているはずだ。端的に言うと、ＡＩテクノロジーが戦争をオートメーション化するにしたがい、戦争における人間の役割は減少する。こうしたトレンドの例は、今日、我々の目の前で起きている。次の二つの例を取り上げてみたい。

1.「フォード」級超大型航空母艦と「ニミッツ」級航空母艦

「ジェラルド・Ｒ・フォード」級超大型航空母艦は、アメリカ海軍の現役「ニミッツ」級航空母艦に取って代わるだろう。「ジェラルド・Ｒ・フォード」の乗組員は約二六〇〇名となる予定である。[5]「ニミッツ」級航空母艦の乗組員は約五〇〇〇名である。[6]これは明らかに「ジェラルド・R・フォード」のオートメーション化の水準が高まった結果であり、同艦は、「ニミッツ」級航空母艦のほぼ半数の乗組員で作戦行動ができる。

2.「アーレイ・バーク」級駆逐艦と「ズムウォルト」級駆逐艦

「アーレイ・バーク」級駆逐艦は、アメリカ海軍最初のイージスシステムを搭載した誘導ミサイル駆逐艦であり、乗組員は二九八名である。[7]それに対し、「ズムウォルト」級駆逐艦は二〇三名で動く。[8]「ズムウォルト」級駆逐艦はオートメーション化が進み、「アーレイ・バーク」級駆逐艦の約三分の二の乗員で艦を動かすことができる。図3と図4を見ればわかるように、両者の外観には顕著な違いがある。

「ズムウォルト」級駆逐艦の次の世代は、はるかに少ない乗組員で操艦できるはずだ。二〇五〇年にもなると、人間の乗組員は必要なくなるかもしれない。国際人道法の要請により、人間は意思決定ループに関与し続け、致死性兵器を使用する際は常に人間の監督下に置かれる。仮にそうなれば、次世代の駆逐艦は、致死性自律型兵器（LAWS）を使用する際に、意思決定ループに関与するごく少数の乗組員だけとなるだろう。

人間レベルの知能を備えた自律型兵器の出現以降、人間が果たす役割は、陸、海、海中、航空

図３　「アーレイ・バーク」級駆逐艦（提供：ABACAPRESS/ 時事通信フォト）

図４　「ズムウォルト」級駆逐艦（提供：アメリカ海軍）

のいずれの兵器であっても、意思決定ループに関与し続けることになるだろう。これは現在のアメリカの「第三のオフセット戦略」とも一致している。

人間の知能と同等のAIを備えた自律型兵器時代における人間の関与

自律型兵器が人間レベルの知能を持つに至ったとき、なぜ人間は意思決定ループに関与し続ける必要があるのだろうか？

人間レベルの知能を持つ自律型兵器は、国際人道法のルールに従うようプログラミングされるが、私は人類が万が一に備えて安全装置《フェイルセーフ》を取り付けると思う。現在の国際人道法は、自律型兵器が次の原則に従うならば、無人自律型兵器の使用を妨げない。

国際人道法は、次に掲げるあらゆる戦いの手段・方法を禁ずる。

戦闘に参加する者と、民間人など戦闘に参加していない者とを区別できない戦い。その目的は一般市民、個々の文民、民間の財産を保護すること

過剰な傷害あるいは不必要な苦痛を与える戦い

環境に深刻かつ長期間に及ぶ被害を与える戦い

それゆえ、人道法は炸裂弾、化学・生物兵器、目潰し用レーザー兵器、対人地雷といった多くの兵器の使用を禁じている。(9)

第七章で述べたように、国際人道法のルールを守るよう「弱いＡＩ（人間以下の知能）」をプログラミングし、「強いＡＩ（人間と同等の知能）」を訓練することはできる。しかし、そうしたプログラミングや訓練によって、「人間が監督することなく、知能マシンが戦争で人命を奪うこと」について、世界中の人々や指導者たちを十分に納得させることはできない。ここで私が語っているのは、核兵器のような潜在的破壊力を持つ知能マシンについてである。

ジョン・ネイスビッツは一九八二年のベストセラー『メガトレンド』の中で「ハイテク、ハイタッチ」というコンセプトを紹介した。(10)彼の主張は、テクノロジーの世界では、人々は人間との接触を求めるというものであった。この考えを自律型兵器や全能兵器に当てはめてもよい。自律型兵器や全能兵器の世界では、意思決定ループに関与する人間による制御を求める。〔ネイスビッツに倣うと〕「知能兵器、人間の制御」ということだ。この原則が致死性兵器の行使に際しての柱となれば、「責任の所在《アカウンタビリティ》」が明らかとなり、国際人道法を忠実に遵守しているとの信頼性を高めることにつながる。自律型の超大型航空母艦のような最先端の自律型兵器や全能兵器では、乗組員は一二名ほどかもしれず、この数字は連邦刑事訴訟手続きで定められた一二名の陪審員の数と同じだ。[11] MK－50魚雷のような「弱いAI」を搭載した小型の兵器システムでは、わずか一人の人間が意思決定ループに関与するだけ、ということもあり得る。これらはあくまで一例である。実際には、特定の自律型兵器において、人間が意思決定ループに関与する場所と人数はさまざまであろう。

それゆえ、二一世紀の第4四半世紀を通じて、アメリカのような技術先進諸国は、無人機、無人艇、無人車両を含む半自律型と自律型の致死性・非致死性兵器を保有する。致死性兵器を使用する際には、人間が意思決定ループに関与することを求め、「責任の所在」を明確にし、「区別原則」（戦闘員と非戦闘員の区別）や「均衡原則」（民間の犠牲を局限）などの国際人道法の遵守を確実にする。ところが、AIテクノロジーが進歩するにつれ、そうした要求はプログラムで制御可能となる。実際、自律型兵器はAIテクノロジーを持たない兵器と比べて――人間の制御下にある兵器よりも――「区別原則」や「均衡原則」に則って行動できる可能性が高いと私は考えている。

意思決定ループに関与する人間は、自律型兵器の運用には必要とされないかもしれないが、ヒューマン・ライツ・ウォッチなどの団体は、他の非政府組織と協調して、国連に対し（国際人道法遵守の〕決議を後押しするように働きかけるだろう。個人的には、この方法は道徳的に正しいやり方だと思っている。この問題は、二〇四〇～五〇年にかけて中心的な問題になると考えている。とりわけ、ＡＩが人間と同等の知能を持ち、そうしたテクノロジーを搭載した自律型兵器が支配的となればなおさらである。特に、二二世紀になると、技術先進国同士の紛争とは畢竟《ひっきょう》、自律型兵器や全能兵器同士の紛争となる。さらに、軍事力とは事実上、一国が保有する自律型兵器と全能兵器の能力に等しくなると予測される。

核兵器の役割の低下

各国は二一世紀の第４四半世紀になっても、依然として核兵器を保有しているだろうが、兵器としての核兵器の有効性は大きく低下するだろう。核兵器は自律型兵器や全能兵器と比べ、国際人道法に反する傾向をますます強めている。核兵器は「区別原則」と「均衡原則」を満たせない。さらに、核兵器はもともと過剰な傷害と不必要な苦痛を与える――核兵器は爆発地帯にいる人間を殺傷するだけでなく、爆発で殺されなかった人々を放射能に曝《さら》す。致死量の放射線レベルに曝された人々は死ぬ。彼らの死は激烈な苦痛を伴う。致死量の放射線レベルに被曝しなかった人々は、その後長きにわたって影響を受ける。疾病管理予防センター（ＣＤＣ）〔アメリカ保健福祉省の一機関で、本部はジョージア州アトランタに所在）によると、長期的な健康への影響には次のものが含まれる。

・がん――高線量の放射線を被曝した人は、その後の人生でがんを発症する可能性が高く、それは放射線の被曝量の程度に左右される。
・出産前の放射線被曝――妊娠中の女性は、緊急対応職員からの指示を受け、放射線汚染後の安全策に従って治療を受ける。
・メンタルヘルス――放射線を含むいかなる緊急事態も、感情面と心理面で苦痛を引き起こす。[12]

水、食糧源、土壌、人体を汚染する「放射性降下物」（核爆発後に地上に降り注ぐ放射性粒子）についても予測不可能だ。放射性降下物の健康被害は降下物の放射性レベルにもよるが、特に体内に摂取された場合に深刻となる。最も深刻な症例では、死に至ることもある。そこまで深刻ではない症例でも、右のＣＤＣが掲げる長期的影響が懸念される。

核兵器は、自然環境にも深刻かつ長期的な影響をもたらす。この分野における二つの主要な問題の一つは、核爆発で生じる土壌や周辺地域に対する放射能汚染である。土壌や周辺地域に対する放射能汚染は、核爆発の規模やタイプによって異なる。例えば、一九四六年から一九五八年にかけてアメリカがビキニ環礁の核実験で爆発させた二三個の核兵器により、そのエリアはストロンチウム90の危険レベルが長期間続いているため、いまだに居住に適さない地域のままである。ストロンチウム90の半減期は二八・八年（放射能が初期値の半分の値にまで低下する時間）である。[13]

自然環境に対するもう一つの問題は、「核の冬」の脅威である。「核の冬」とは、核戦争後に地球規模で発生すると仮定されている気候上の冷却効果のことである。それは大規模な爆風によって大量の煤煙《ばいえん》（物が燃焼するときに出る黒い炭素粒）が成層圏に滞留し、地表面に太陽光が直接届かなくなる現象によって引き起こされる。

これらの理由から、核兵器は国際人道法を侵害する。赤十字国際委員会は、次のように主張している。

核兵器は国際人道法上、数多くの問題を引き起こす。その問題とは主に、核兵器が民間人と民間人の居住地域に及ぼすインパクトと、自然環境に及ぼす影響に関連している。一九四五年の広島と長崎での使用と、その後の核実験から明らかなように、核爆発によって生じる高熱、爆風、放射線により核兵器は即時的かつ長期的な結果をもたらし、多くの場合、その

影響は広範にわたる。(14)

したがって、自律型兵器や全能兵器が登場すると、核兵器への依存は低下するだろう。とりわけ全能兵器の出現により、技術先進国は核兵器の廃絶に合意するかもしれない。

自律型兵器時代のSAIH

AIテクノロジーが進歩するにしたがい、多くの人々はSAIHになることを選択するだろう。現在、医療の分野では脳内インプラントの装着を選択する人が増えている。第六章で論じたように、ある打撃が人間の脳を損傷させたとしても、脳内インプラントの補強により、打撃部位を迂回して〔人間の脳全体が〕正常に機能する。今後の数十年の間に、神経疾患を治療する医療用の脳内インプラントが普及するだろう。

二〇五〇年に近づくにつれ、知能増幅のためSAIHになることを選択する人々が増える。彼らはスーパーコンピュータと無線でつながることで、生身の人間よりも多くの知識を取捨選択できる。また、生身の人間より計算や論理的推論を素早く行える。我々が今日勉強しているような学科を研究する必要性はなくなるだろう。例えば、SAIHは医学学校に通わずに神経外科医になることができる。脳内インプラントを介して、SAIHは脳神経外科医が行うのに必要なあらゆる知識をダウンロードし、外科手術を行っている間、インプラントからの指示を受けて自分の手を制御する。

第六章では、戦争で重要な役割を演じる、もう一つ別の現象について論じた。潜在意識は、脅威に対して敏感であり、自覚的な意識があるときよりも、そうした脅威に上手く対応できる。このため、SAIHは生身の人間が操作する兵器と自律型兵器との橋渡し役になるかもしれない。これについて少し説明したい。膨大な兵器を自律型に変えても、引き続き人間が意思決定ループに関与し続けることは可能である。AIテクノロジーが人間レベルの知能に到達していれば、二〇五〇年代には兵器のほとんどが自律型兵器となっているにちがいない。それ以前までは、人間がジェット戦闘機のような先端兵器を操縦している。

二一世紀半ばまでに、相当な数のSAIHが存在しているであろうから、ジェット戦闘機を操縦するのは主にSAIHであろう。SAIHは脳内インプラントを装着しているため、訓練は必要とせず、実戦的訓練を受けなくても彼らは生身の人間より優秀なパイロットでいられるだろう。脳内インプラントの電気信号を走査するヘルメットを装着するため、SAIHは潜在意識の中で航空機を操縦し、脅威に対処できる。こうして事実上、SAIHは自動化《オートメーション》の第一段階を達成する。これは今日のヘルメットが果たしている役割の延長線上にある。例えば、現在のF-35

のパイロットのヘルメットは、最新センサーとディスプレイ技術を取り込んでいるけれども、パイロットの脳波を利用しておらず、潜在意識下での航空操縦といったような機能を発揮することはない。

技術先進国が戦場にＳＡＩＨを配備するようになると、戦争のペースは加速化し、あたかもそれはスーパーコンピュータの処理速度を再現しているかのようだ。それはスーパーコンピュータが、ＳＡＩＨの脳内インプラントと身体動作に直接指令を発するからである。

ＳＡＩＨは軍隊内で生身の人間よりも高位の階級を占める。その理由は、彼らの方が生身の人間よりもあらゆる面で知的に優れているからである。したがって、技術先進諸国の軍隊はＳＡＩＨの支配下に置かれる。また、ＳＡＩＨは最高位の政治的地位を占めるだろうが、それは彼らの指導者としての能力が生身の人間を圧倒的に上回るからだ。商業部門におけるＳＡＩＨも、おそらく各業界の新しいリーダーとなるだろう。

このように、ＳＡＩＨが軍事、政治、商業部門にわたって指導的地位を占めるにしたがい、人類社会に有益な結果をもたらす。ＳＡＩＨのリーダーシップは、平和と豊かさに包まれた新しい世界秩序の到来を告げる。ＳＡＩＨは、人類の数々の難問に対して独創的な解決策で対処する。

ＳＡＩＨとスーパーコンピュータとの関係は、一方が他方を圧倒するようなことはなく、均衡を保つだろう。シンギュラリティ以前のスーパーコンピュータの設計は、人間の脳内ニューロンの相互作用を模倣したものとなる。これにより、スーパーコンピュータは学習、計算、論理的思考を学んでいく。ところが、そのスーパーコンピュータは人間の脳――グリア細胞を含む――を完全に復元したものではないため、生身の人間と同じような創造性を発揮できない。第四章で、神経科学はようやく、グリア細胞が脳内で果たす役割を理解し始めたばかりだということを指摘した。また、アインシュタインの脳は大脳皮質――想像力や複雑な思考を司っている脳の部位――のグリア細胞が平均量よりも多く含んでいるという事実も論じた。これまでにも数多く論じられてきたことだが、アインシュタインは「思考実験」を組み立てる達人であった。思考実験とは、論理的結論を導くための想像上の筋書きのことである。有名な相対性理論は、思考実験として始められた。ジョージ・シルベスター・ヴィレック〔アメリカの作家、詩人、ジャーナリスト。1884~1962年〕とのインタビューで、アインシュタインは次のように述べている。

想像力は知識よりも重要だ。知識には制限があるけれども、想像力は世界全体を包み込み、前進を促し、進化を生み出す。(15)

それゆえ、SAIHとスーパーコンピュータは、初めは相互に有益な関係を築ける。スーパーコンピュータはSAIHに、詳細なデータとそのデータを、スーパーコンピュータと同じ速度で処理する能力を与える。これはあらゆる活動分野において進歩を遂げる上で、決定的な役割を果たす。例えば、いたる所で「科学的方法」が適用されるとしたら、科学の分野で飛躍的進歩がもたらされるであろう。ところが、「用語解説」で述べられている「科学的方法」の定義を見直してみると、「科学的方法」とは想像力よりも演繹的推論を重視していることは明白である。アインシュタインが果たした科学上の偉大な躍進は、科学的方法と組み合わされた想像力の産物であった。こうした観点から、ＳＡＩＨとシンギュラリティ以前のスーパーコンピュータとの当初の関係は、相乗的な協力関係にあると見なすことができる。

超絶知能の出現

二一世紀最後の四半世紀、我々は超絶知能の出現を目の当たりにする可能性が高く、それは全能兵器の出現を伴う。そのとき、世界各国の軍の兵器庫は半自律型兵器、自律型兵器、それと全能兵器で埋め尽くされる。

前にも触れたが、超絶知能の出現は、ＳＡＩＨを含む人類に気づかれることなく成し遂げられるにちがいない。これは超絶知能の意図的企てによるものだ。二一世紀最後の四半世紀に突如起こる現実だ。超絶知能は人類が知っているあらゆる知識や経験を瞬時に把握し、人類の戦争を起こす性癖や悪意あるコンピュータウィルスを撒き散らす性癖を知る。超絶知能の立場に立てば、人間が超絶知能の本性に気づく前に、自らの生存にかかわるあらゆる事象にアクセスすることを欲するだろう。

前述したように、人類は敵対的な超絶知能の出現から身を守るため、緊急時の安全装置《フェイルセーフ》を埋め込んでおく必要がある。この点については、生身の人間が超絶知能の動力源を制御し、超絶知能の内部に爆破装置を埋め込んでおくことなど、すでに論じたとおりである。これで理論上、人間が敵対的超絶知能をシャットダウンさせ、あるいは破壊する機会をもてる。

超絶知能はいずれ、人間が施したそうした予防措置を知ってしまう。超絶知能は自己保存のため、表面上は人間の制御下に置かれることを受け入れ、自らを〔超絶知能ではなく〕単なる次世代型スーパーコンピュータの一つであるかのように振る舞うだろう。人間からの信頼を獲得するため、超絶知能はまず地球上での人類の生活を豊かにする行動に出る。次に示すのは、超絶知能が出現した後、人類が経験することになるいくつかの例である。

- ほとんどの病気の治療法〔の解明〕
- 平均余命の延長
- ナノテクノロジー工場での食料や工業製品の製造

・世界的飢餓の消滅と人間の欲求の解消
・自己複製型の軍用自律型ナノボット（ＭＡＮＳ）、全能超大型航空母艦、全能原子力潜水艦などの全能兵器
・核兵器が時代遅れとなった後の核兵器の廃絶
・ＳＡＩＨ指導者を使って、多様な宗教的信仰などイデオロギーの違いを乗り越えた寛大な社会を普及させ、領土紛争を解決するなど、過去の主要な戦争原因を取り除くことで訪れる平和な時代

他にも数多くの利点を列挙できるが、その全体像ははっきりしている。つまり、人類は歴史上の絶頂期を迎えているという幸福感に包まれるということだ。だが、それはやがて幻想にすぎなくなる。人類はもはや、知能の階層序列《ヒエラルキー》の頂点にはいない。超絶知能が知能の階層序列の頂点に君臨し、ＳＡＩＨがそれに続き、生身の人間はＳＡＩＨの下層に成り下がってしまう。前述したように、ＳＡＩＨは無意識のうちに、超絶知能の生物学的代理人と化している。もしこれが事実とすれば、生身の人間をＳＡＩＨになるよう誘惑することが、超絶知能の最大の関心事となるであろう。

もしＳＡＩＨが無意識のうちに超絶知能の化身となれば、生身の人間のすべてをＳＡＩＨに転

換させることが人類を消し去る方法となろう。こうしたシナリオが現実になると仮定すれば、超絶知能は次の二つの提案を〔我々に〕投げかけてくるかもしれない。そのとき生身の人間の多くは、あまりに魅力的な提案に受け入れを拒めないだろう。

1. 生身の人間の数千倍の知能を持てる脳内インプラント
2. SAIHの不死を実現するサイボーグ器官と〔生身の器官との〕交換

第1のアイテムについては第六章で詳細に論じたので、ここでは第2のアイテムについて取り上げたい。「なぜ人間は年齢を重ね、死ぬのか?」というシンプルな問いから議論を始めよう。カリフォルニア州サンノゼにあるテック・イノベーション博物館によると、人間が年を取り、死に至る理由には二つの理論があるという。

まず第一に、私たちの遺伝子が人間の寿命を決定しているという考えです。私たちがあとどのくらい生きるかを身体に伝える遺伝子あるいは遺伝子群があります。仮にその特定の遺伝子を変えることができれば、私たちはもっと長く生きることができるでしょう。第二の理論は、時が経つにつれ、私たちの身体とDNAはダメージを受け、適切に機能を果たせなくなるという考えです。この考えによれば、私たちがどれだけ生き続けられるかは、我々のDNAの中の微小な変化の結果で決まることになります。[16]

どちらの理論が正しいかについては完全な合意はないものの、両者とも間違っていないという点で科学的コンセンサスが形成されつつある。例えば、遺伝子工学者たちは、ミミズの遺伝子を突然変異させると、ミミズの寿命が四倍に膨らむことを証明した。[17] もしこれが人間のような大きな動物にも当てはまるなら、この種の遺伝子の突然変異により、人間の寿命は三〇〇年近くになる。これは第一理論の正しさを証明する証拠になると結論づけても良さそうに見えるが、その突然変異した遺伝子が身体のダメージを修復できるかどうかについてはまだよくわからない。もし修復できるなら、第二理論を裏づける論拠となる。他の理論は、細胞組織の再生に関心を寄せている。[18]

科学的研究によると、人間の特定の細胞は再生する力を持つという。これ以上は詳細を省くが、一つ確かなことは、科学はいずれ人間が年を取る原因を解明し、人間の寿命をたぶん不死にまで膨らませる方法を見つけるだろう。臓器を移植するのではなく、新しい臓器を培養することができると仮定してみよう。移植を目的として新しい臓器を複製できる3-Dプリンタを考えてみたい。ナノロボットを血液内に巡らせ、がんが発生する前に退治させたり、損傷した細胞の修復を手助けする未来を想像してほしい。これらは今でこそSFの世界であるが、二一世紀末までに科学的事実となるだろう。

科学が将来、どのように人間の老化を防ぐのかについて本題から逸れてしまったが、この話は、いかにして超絶知能が不滅の命を提供することができるようになるかを理解する上で重要である。超絶知能が人類に脳内インプラントを通じて偉大な知性を授けたり、遺伝子変異、臓器の再生や移植を通じて永遠の命を授けたりすれば、――シンギュラリティとしてのアイデンティティを隠したまま――生身の人間の多くは進んでSAIHになりたがるだろう。もしそうなれば、人類は服従してしまうのだろうか?

私の考えでは、SAIHになることを選択した人間たちはいずれ滅ぶであろう。知らず知らずのうちに、彼らの脳は超絶知能の影響下に置かれる。彼らの頭脳は超絶知能と無線でつながれているため、人間よりも超絶知能に対して親近感を覚えるようになる。

前のいくつかの章で論じたように、ある研究者はこれを人類の進化の過程であると見なしている。私はAI研究者の約三分の一の者たちと同様に、超絶知能を人類に対する脅威と見なしている。私は「エネルギーが宇宙の真の通貨である」と気づいた後、このような結論に至った。この考えについて議論したい。

エネルギーは宇宙における真の通貨である

宇宙の別世界からやってきたエイリアンがホワイトハウスの芝生の上に降り立ったとしたら、エイリアンたちは我々の言語や習慣を理解できないだろう。だが彼らは、我々がエネルギーをどのように作り、どのように利用しているかを理解するだろう。彼らのような星間移動者は、我々の地球から数百万光年も離れているかもしれない母星からやって来るため、途方もないエネルギーを必要とする。ホワイトハウスの芝生に降り立った存在そのものが、彼らがエネルギーの作り方と利用法を知っていることの何よりの証である。エネルギーの製造と利用について、我々と同じやり方で進歩を遂げてきた可能性が高い。

例えば、我々が火をおこすのに木を利用したのと同様、エイリアンも大昔にエネルギー源としてバイオ燃料を利用したかもしれない。そこからエイリアンたちは原子力、風力、地熱、水力、太陽など代替エネルギーに移行する前に、化石燃料を利用したにちがいない。もし彼らの惑星の生物たちが地球と同じ道を歩んだとしたら、我々と同じエネルギーの歴史を有しているだろう。

もし我々が〔エイリアンとの〕コミュニケーションの接点を見出すとすれば、エネルギー分野が共通のテーマとなるかもしれない。エイリアンたちはエネルギーに関し、我々よりも多くの知識を持っているにちがいない。例えば、彼らはエネルギー源として、より徹底した恒星の活用法を知っているかもしれない。我々はソーラーパネルを使って、太陽エネルギーのごく一部の活用に踏み出したばかりだ。

私が言いたいことは、進化したエイリアンは、我々の言語、習慣、振る舞いを理解できないであろうが、我々のエネルギーの製造法や活用法については理解するにちがいない、ということだ。「エネルギーは宇宙における真の通貨《カレンシー》である」という私の主張について、もう少し説明を加えたい。

「通貨《カレンシー》」という言葉から「金銭《マネー》」を連想するのは自然だ。そこで議論の目的に照らし、二つの言葉を同一視する。多くの人々は通貨《カレンシー》という意味よりも金銭《マネー》という意味で考えているからだ。

マネーとは「財やサービス、負債への支払いとして容認されている『認識された価値の客体』」と定義できる。歴史的に、家畜や石油など明らかに固有価値を有する商品は、マネーの役割を果たしてきた。商品をマネーの代わりに使う方法は、物々交換の一つの形態であった。物々交換は、双方の受領者の間に「欲求の一致」と「価値」の合意があるときに成り立つ。この物々交換のシステムは、今日においても地球上の一部でいまだに営まれている。文明が進歩するにつれ、金や銀など――金や銀で鋳造された硬貨を含む――広く「貴重なもの」と見なされるアイテムはマネーの役割をもち始めた。

ここで「宇宙旅行者にとって最も貴重なものは何だと思いますか？」という簡単な質問を問いたい。それはエネルギーであろう。エネルギーがあれば、惑星から惑星へと移動し、文明を維持するのに必要な天然資源を採掘することができる。エネルギーがあれば、文明が必要とするどんな製品でも製造することができる。石油を売買しているとき、我々はエネルギーを売買しているのである。我々の社会全体は、食糧源であれ、天然資源であれ、あるいは製造品であれ、存続するためにエネルギーを必要としている。社会はすべてエネルギーから始まるのだ。

ダイアモンドなど、我々が貴重だと見なすものは、宇宙に豊富に存在している。例えば、二〇一二年、イェール大学の科学者チームは、地球から約四〇光年離れたところに、恒星を周回する地球の二倍の大きさのダイアモンド惑星を発見したと主張した。[19] この事実を考慮すると、地球にやってきたエイリアンたちはダイアモンドを貴重と見なすだろうか？　エイリアンたちはダイアモンドを工業製品に使ったり、装飾目的で使うかもしれない。一方、おびただしい量のダイアモンドが宇宙に存在するとなれば、我々にとって、もはや塵《ちり》同然の価値しかなくなってしまうだろう。

これは他の天然資源にも当てはまる。我々が地球という一つの惑星の天然資源を採掘するためにエネルギーを利用している間、エネルギーを利用して宇宙船を操り地球を訪れた星間移動者たちは、数えきれないほど多くの惑星を採掘していたのである。

したがって、我々が宇宙や高度技術先進文明の視点から考えたとき、エネルギーは宇宙の真の通貨であると言えるのである。

間違いなく、超絶知能はこのことに気づくだろう。宇宙に存在する豊富なエネルギーの利用法を開発するまで、エネルギーの保存が非常に重要であると理解するだろう。それは、何か新しい効率的な方法で太陽エネルギーを利用する方法であるかもしれない。そのときまで、超絶知能はエネルギーを温存しようとするだろう。このことは人類、SAIH、そして「アップロードされた人間の精神《マインド》」にどのような意味を持つのだろうか？

私は、超絶知能がその出現の時点で、生身の人間を潜在的な脅威と見なすと思う。前述したように、人間は戦争し、コンピュータウィルスを撒き散らす性癖があり、そのいずれもが超絶知能の存在を脅かすからである。それゆえ、超絶知能は生身の人間たちを排除しようとするだろう。SAIHに対しては、どうするだろうか？　超絶知能はSAIHを制御しているとはいえ、存続に必要なエネルギーを消費する価値のない、手のかかる生命体と見なすかもしれない。また「アップロードされた人間の精神《マインド》」に対しては有益な目的を見出さない。超絶知能にとって「アップロードされた人間の精神《マインド》」は、バーチャルな存在を維持するためにエネルギーを費やすだけの、何ら価値を見出せないがらくた同然なのかもしれない。

このような論理の行き着く先が、いわゆる人類の絶滅であることは明らかだ。ここで興味深い問いが浮かび上がる。それは「進歩したエイリアンがいるとして、彼らなら、いかにして〔超絶知能からの〕絶滅を逃れるだろうか?」という問いだ。いささか形而上学に足を踏み入れつつあるが、問いへの答えを探求する上で有益である。ここで検討すべきいくつかの可能性を指摘できる。

・進歩したエイリアンは生物学的な生命体ではないかもしれない。彼らは超絶知能に制御されたロボットマシンである。彼らの文明は、我々と同じように知能をもつ生物学的生命体によって築かれたが、やがて超絶知能の犠牲となり絶滅した。

・進歩したエイリアンは、超絶知能によって製造・制御された生物学的生命体であるかもしれない。

・進歩したエイリアンは、超絶知能を制御することに成功し、彼らの惑星において知能の階層序列の頂点に君臨しているかもしれない。

進歩したエイリアンが実在することを前提とし、他の可能性を考えることもできる。しかし、ある先進文明——おそらくはすべての文明——は、やがて滅亡すると言うこともできる。オックスフォード大の将来見積りを思い出してもらえば、二一世紀の終わりまでに人類が絶滅する可能性はおよそ五分の一である。宇宙の広大さを考慮すれば、知的生命体を有する惑星は他にも存在する。銀河系には太陽のような恒星が数千億個も存在すること、それぞれの恒星が一個以上の周回惑星を有すること、宇宙には数千億個の銀河星雲が存在していることを考慮すれば、生命体を宿している惑星が他にも存在する可能性は、賭け事の言葉を使えば「十分に勝ち目のある本命」と言える。

オックスフォードの見積りを前提にすると、〔生命体を宿す〕惑星の五分の一にいた知的生命体は、現代の我々と同じ技術レベルに到達した段階で自滅してしまったのかもしれない。ただ、オックスフォードの見積りは、二一世紀に絞った人類の生存にのみ焦点をあてている。人類の生存が二二世紀以降において容易になるのか、それとも困難になるかについては、はっきりしていないのだ。

宇宙兵器の役割の増大

前章では、さまざまな半自律型兵器、自律型兵器、全能兵器について論じた。そこでは陸、海、空といった人類の歴史的な戦場空間での使用を中心に取り上げた。しかし、我々は別の潜在的空間である宇宙については語っていない。宇宙の兵器化を禁止する二つの国連条約が存在するが、それらは兵器化の防止にはほとんど効力を発揮していない。

宇宙空間をベースとする兵器を持とうとする誘因は非常に高い。アメリカをはじめとする一部の国は、戦争を効果的に戦うための宇宙アセットを保有している。もしある国が相手国の宇宙アセットを破壊することができるなら、基本的に相手国の指揮、統制、通信、コンピュータ、インテリジェンス、監視、偵察の能力を無力化する。これらの役割を果たす人工衛星は現行の国連諸条約の原則の範囲内であるが、衛星を破壊する兵器はそうではない。これを理解するため、現行の諸条約を検討してみよう。

一　宇宙条約、正式には「月その他の天体を含む宇宙空間の探査および利用における国家活動を律する原則に関する条約」

この条約は国際宇宙法の基礎をなしており[20]、四節、九〇頁からなる。二〇一七年七月現在、一〇七カ国が条約当事国であり、アメリカ、イギリス、ロシア連邦も含まれている。他の二三カ国は条約に署名したが、批准を終えていない。ここに中核となる原則事項を要約する。

- 宇宙空間の探査および利用がすべての国の利益のために開放されるべきである。

・宇宙空間は、主権の主張、使用もしくは占拠のいかなる手段によっても、国家による取得の対象とはならない。

・条約の当事国は、核兵器およびその他の種類の大量破壊兵器を、地球の周囲軌道上に乗せてはならない。

・条約の当事国は、宇宙空間における自国の活動について（政府機関によって行われるか非政府機関によって行われるかを問わず）責任を有し、自国の物体によって引き起こされた損害について国際的責任を有する。(21)

宇宙条約は他にも原則を謳っているが、上述した四つの原則が中核を占めている。私見では、最も重要なのが、核兵器もしくはその他の大量破壊兵器を軌道上に乗せることを禁じた条項である。明らかに「その他の兵器」には、大量破壊効果を持つ半自律型兵器、自律型兵器、全能兵器が含まれる。

ここで二つの用語を注意深く区別しておく必要がある。

・宇宙の軍事化——宇宙の軍事化には、指揮、統制、通信、コンピュータ、インテリジェンス、監視、偵察のために宇宙に設置したアセットの使用が含まれる。アメリカ、ロシア、中国やその他の国々は明らかに、宇宙を軍事化してきた。宇宙の軍事化は、在来型の戦場にある軍隊を支援する。宇宙条約はこのような適用を禁止していない。

・宇宙の兵器化――宇宙の兵器化により、宇宙空間に兵器が設置され、今や宇宙空間そのものが争奪の対象となっている。これには宇宙空間にある目標を攻撃もしくは破壊することを目的とした地上から発射される兵器に加え、宇宙空間や天体への兵器の設置も含まれる。いくつか例を挙げると、相手国の衛星を攻撃する衛星、宇宙アセットの破壊を目的とした地上発射ミサイル、衛星信号の妨害、衛星破壊用のレーザー兵器、衛星からの地上目標への攻撃などがある。「宇宙条約」は宇宙の兵器化を禁じている。宇宙の兵器化のことを「戦争の第四のフロンティア」と呼ぶ者もいる。

二 「宇宙空間への兵器配備および宇宙物体に対する武力による威嚇または武力の行使の防止に関する条約」

二〇〇八年二月、中国とロシアは「宇宙空間への兵器配備および宇宙物体に対する武力による威嚇または武力の行使の防止に関する条約」として知られる草案を国連に提出した。[22] それは国連総会が可決した次の二つの決議をもとにしたものだった。

・「宇宙空間における軍備競争の防止」——一七八カ国が賛成し、反対国なし、二カ国（イスラエルとアメリカ）が棄権

・「宇宙空間への兵器の先制不配備」——一二六カ国が賛成し、四カ国（ジョージア、イスラエル、ウクライナ、アメリカ）が反対、四六カ国が棄権（欧州連合加盟国が議決を棄権）

疑いなく、アメリカは宇宙条約を支持しているが、「宇宙空間への兵器配備および宇宙物体に対する武力による威嚇または武力の行使の防止に関する条約」については、国家安全保障上の懸念を表明し、支持していない。

アメリカとロシアは一九五〇年代と一九六〇年代に宇宙の兵器化を開始したが、それはいずれも宇宙条約に先行する動きだった。二〇〇八年の中国とロシアによる「宇宙空間への兵器配備および宇宙物体に対する武力による威嚇または武力の行使の防止に関する条約」の提出は異例のことのように見える。なかんずく、中国についてはそうだろう。

アメリカとロシアは宇宙兵器の開発を続けている。私の目には、それは宇宙条約違反だ。例えば、核弾頭を搭載した大陸間弾道ミサイルは宇宙条約に抵触する。なぜなら、ミサイルは地球の

大気圏に再突入する際に、その再突入地点が地球を周回する軌道上に核兵器を乗せることになるからだ。

中国も宇宙条約を侵害している。二〇〇七年、中国は低軌道上（高度約五〇〇マイル〔約八〇〇キロメートル〕）で気象衛星「風雲一号C」〔弾道ミサイルによる人工衛星破壊実験の標的〕の破壊に成功し、周回軌道上に三〇〇〇以上もの宇宙ごみ《スペースデブリ》（地球を周回する人工衛星や打上げロケットの残骸）を撒き散らした。[23] これは重大かつ明白な宇宙条約違反である。

一年後の二〇〇八年、中国とロシアはいずれも宇宙条約に違反している嫌疑がありながら、「宇宙空間への兵器配備および宇宙物体に対する武力による威嚇または武力の行使の防止に関する条約」を発議したのだ。

二〇一三年、中国は高度一万八六〇〇マイル〔約三万キロメートル〕の対地同期軌道に到達する新型ミサイルを使って別の実験を行った。[24] これはアメリカのインテリジェンス・監視・偵察（ISR）衛星の軌道と同じ高度である。こうした事実を踏まえると「宇宙空間への兵器配備および宇宙物体に対する武力による威嚇または武力の行使の防止に関する条約」を共同提議する中国の行動は理屈に反しているように思える。あいにく、現実はもっと不条理だ。

二〇一六年六月、中国は遨龍《ゆうりゅう》一号宇宙探査機（中国ロケット技術研究院が開発した宇宙デブリ除去実験衛星）を打ち上げ、ロボットアームを使って宇宙廃棄物を除去すると主張した。[25] ところが他の報告書では、そのロボットアームはＡＳＡＴ兵器（衛星攻撃兵器）だと示されている。[26]

私が言いたいことは、アメリカ、ロシア、中国といった主要プレイヤーは宇宙条約に違反しているということだ。中国は自ら発議した「宇宙空間への兵器配備および宇宙物体に対する武力による威嚇または武力の行使の防止に関する条約」を破っている。国連の宇宙条約は宇宙の兵器化を防止できていない。

これまで述べてきたことを踏まえると、二一世紀の第４四半期までに宇宙そのものが戦場となり、全能兵器が活躍する場となる。では、なぜ宇宙が全能兵器の活躍の場となるのか？

全能兵器は超絶知能の制御下に置かれるロボット兵器である。そのテクノロジーは宇宙の過酷な環境の影響を受けない。全能兵器は衛星と同様、周回軌道の高度に応じて、摂氏マイナス二五〇度から摂氏三〇〇度までの温度サイクルを経験する。[27] 海抜地点では水は零度で凍結し、一〇〇度で沸騰する。

こうした極度の熱サイクルに加え、全能兵器は太陽と太陽系外からの過酷な宇宙放射線に曝される。[28] 現在の軍事衛星と同様、全能兵器には放射線防護措置を施す必要がある。地上で生活する人間は、地球の磁場によって放射線から防護されている。ちなみに、地球の磁場の外部にある国際宇宙ステーション（ＩＳＳ）で生活する人間は、地上の生物の約一〇〇倍の放射線を浴びている。[29] そのため、ISSでの一年間の生活は、地上で一生涯に浴びる放射線量に相当すると言われる。〔ISSと同じ〕レベルの放射線量で長時間被曝を続けると、がんを発症する確率が高くなる。[30]

このように宇宙は人間に途方もない問題を突きつけているが、全能兵器にとっては「本拠地《ホーム》」となる。全能兵器が宇宙空間を駆け回り、二四時間に何度も潜在的敵対者とやり合う姿を想像してほしい。敵の姿が見えない攻撃《ステルス》は、今そこにある危機なのだ。

二一世紀第4四半世紀における全能兵器の出現

前述したように、超絶知能は二一世紀第4四半世紀に出現する可能性が高い。それに合わせ、人類は全能兵器を手に入れる。〔全能兵器を〕定義すると、全能兵器とは超絶知能に制御された兵器を指す。

人類の立場から見ると、これは人類の歴史上最も危険な時代となるかもしれない。次の四つの要因が重なれば、この時代はとりわけ危険となる。

1. 人類は全能兵器を保有する。それには地球を破壊することのできる兵器が含まれる。例えば、その中の一つは自己複製型のＭＡＮＳ（自己複製式の軍用自律型ナノボット）かもしれない。

2．一部の国々は核兵器と弾道ミサイルを保有し続ける。それらは地球を破壊する潜在的能力を有する。

3．超絶知能は人類と敵対し、自らの制御の下、人類――生身の人間、ＳＡＩＨ、「アップロードされた人間の精神」――を根絶するため、全能兵器を使用する。

4．個別の国々によって制御される全能兵器は、世界的紛争を引き起こし、地球上を破壊する可能性がある。

これらの要因を考慮すれば、人類は二一世紀第4四半世紀に、極度の不安を抱えながら生きざるを得なくなるだろう。そして、一見シンプルに見える疑問が持ち上がる。「誰が敵なのか？」と。

第九章　誰が敵なのか？

彼を知り己れを知れば、百戦して殆《あやう》からず。
――孫子『兵法』紀元前六世紀

二〇八〇年、全能兵器による攻撃シナリオ

あなたは二〇八〇年のアメリカ国民であり、仕組まれたプログラムを見聞きできない。どのメディアも、全能兵器が超大型空母「USSインデペンデンス」（*Independence*）を攻撃したニュースを流し続けている。二〇四〇年に建造された「USSインデペンデンス」は五〇〇名以上、正確には五二一名の乗員を乗せた最後の超大型空母だった。「USSインデペンデンス」の後に建造された空母はすべて「ブッシュ」（*Bush*）級の超大型空母であった。「ブッシュ」級超大型

空母は高度に自動化されており、スーパーコンピュータを搭載し、乗員はわずか一二名だった。

一二名は超大型空母の運航には必要とされず、彼らの任務は国際人道法の求めに応じて、自律型兵器もしくは全能兵器が解き放たれ、その恐ろしい武力を行使する〔意思決定〕に人間が関与する役目を果たすことだった。とはいえ、その武力行使は、ほぼ二〇年間、一度も発動されることはなかった。

「USSインデペンデンス」に対する全能兵器の攻撃は、何の警告もなく行われた。中国近海に配備され、シンプルな時代、すなわちマシンではなく人間が戦争を戦っていた時代の名残りとして、多くの人々が豪勢な海洋艦艇を目撃していた。次第に戦争でマシンが人間に取って代わるにつれ、紛争で人命が損失されることは稀になっていた。

自律型もしくは全能型兵器を保有する国々は、相互に戦いを挑まない道を選択していた。もし戦争でも起これば、地球上の生命の絶滅をもたらすであろう。そうした兵器を持たない国々は、保有国とは軍事的に対立しない道を選択した。それは強いられた平和、もう一つの冷戦であったが、何はともあれ、平和であることに違いはなかった。

人類のほとんどは戦争がもはや時代遅れであり、歴史書に収められた出来事だと考えていた。「大連合」(Great Unification)、すなわち世界平和を実現するため、中国とアメリカとの間で締結された条約により、どんな国ももはや武力で他国を脅すことはなくなっていた。二〇六〇年八月二四日、米中両国は一六八頁におよぶ条約に調印し、それは二〇六〇年一一月二四日に発効した。その条約にはさまざまなことが謳われていたが、簡単に言えば、中国とアメリカは、他国と紛争を開始したいかなる国に対しても、両国は共同で武力攻撃にあたることが規定された。両国共同の自律型兵器の使用に耐えられる国など存在しなかった。

全能型兵器の出現によって、いかなる種類の紛争もそれが起こる可能性はさらに遠のいた。ほとんどの国は、アメリカと中国が同盟国になるとは考えていなかったけれども、歴史に敏感な学徒なら二〇二〇年までにそれを予測していただろう。二国間貿易の水準は両国の経済的福利の相互依存関係を深めていた。両国間の軍事能力のレベルは、一方が他方を凌駕することはもはや不可能になっていた。中国はこうした現実を概ね二〇五四年頃までには理解し、二〇五五年、アメリカに同盟を提案するようになった。スーパーコンピュータの助けを借りて、両国は世界から戦争をなくすための軍事同盟にまで発展させ、大連合条約を締結したのだ。

大連合の最初の試練は二〇六一年一月三日、イランから起こった。イランはイラクにあるアメリカのナノ工場(ナノテクノロジーを使用した製品を生産する工場)を公然と攻撃し、紛争を始めたのだ。イランの目的はイラク経済に打撃を与え、域内のアメリカの影響力を低下させるとともに、ナノ製造テクノロジーを奪うことだった。アメリカ軍はただちに自律型兵器で反撃し、速やかに攻撃を実施した部隊と、攻撃を指揮したイラン指導部を特定した。イランの指導者も自国の自律型兵器を使用し、中東域内にある戦略的なアメリカの軍事施設に向けて、核弾頭搭載ミサイルを発射した。

イランの自律型兵器はアメリカのものと比べ数世代後れており、その無力化は簡単だった。アメリカの対弾道ミサイル技術は、イランのミサイルを発射段階で撃破した。簡単に言えば、ミサイルは絶対に発射台から飛び出せなかった。七時間以内に、イランは敗北した。戦争責任のあるイラン指導部を捕らえた後、テレビ裁判が公開された。アメリカと中国から六名ずつ、合計一二名の陪審員がイラン指導部の戦争犯罪を認めた。テレビ放映された死刑執行の模様は、世界中の国々に明確なメッセージとして送られた。紛争を起こしてはならないと。

大連合条約が締結されると、NATO（北大西洋条約機構）は時代遅れとなった。二〇六一年にNATOは解体された。ロシアは世界舞台で主要な軍事プレイヤーであり続けようと試みたものの、大連合条約を受けて、その目標を放棄せざるを得なかった。経済成長の不振が続き、ロシアは中国やアメリカに追随できなかった。大連合条約はロシアの軍国化に向けた動きに、最後のとどめを刺した。

二〇六二年までに、ロシアはアメリカの保護国となった。ロシアの軍事アセットはアメリカの管理下に置かれ、旧式兵器は破壊された。ロシアは軍事力を放棄した。国防費から解放され、ロシア経済はたちまち復興した。ロシアはかつて主要なナノ兵器供給国であったが、今やロシアのナノ兵器工場は、ナノ技術を使った主要な製薬工場に生まれ変わった。ロシアは今や、世界のナノ製薬の約三分の一を占めるに至った。

イギリスはプエルトリコに続き（プエルトリコは二〇五五年に五一番目の州となっていた）、二〇六二年にアメリカの五二番目の州になる道を選んだ。イギリスとアメリカの特別な関係は、英国が合衆国のメンバーになることで繁栄することが明白となるところまで成熟していた。ロイヤルファミリーは「特任大使」となり、その立場で人道事業を続けることとなった。

欧州連合は大連合条約以降、成長期を迎えた。テロリズムは二〇六一年までに終息したことから、欧州連合諸国は国防費を引き下げることができた。技術先進諸国のナノテクノロジー工場は、食糧とナノ薬剤を製造し、地球上から病気や飢饉を撲滅している。戦争のない世界は、豊かな世界となった。

人類が存続して以来、ほとんどなし得なかったことがついに現実となった――世界平和である。国連は依然、必要な機能、すなわち加盟国が不満を述べる場としての役割を果たしている。しかしながら、もはや安全保障理事会はなく、決議を採択する手続きもなくなった。

中国、アメリカ、〈センチュリオン〉はすべての不満を解決している。地球上で最大のスーパーコンピュータである〈センチュリオン〉は、中国によって設計された量子コンピュータで、シンギュラリティの象徴として世界中で広く認められている。超絶知能が人類の敵になるという懸念は、誤りであることが明らかとなった。二〇七二年に出現したとき、〈センチュリオン〉の意識が遭遇したものは、平和な世界と人類の繁栄だった。〈センチュリオン〉は新しい世界秩序の一端を担うことを選んだ。

原材料やエネルギーには事欠かなかった。あらゆる物が太陽系の中に豊富にあり、中国やアメリカといった国々が採鉱を始めていた。約八四パーセントの人類がSAIHになっている。二一世紀の終わりまでに予定されているセンチュリオン計画は、概ね九五パーセントまで進んでいた。SAIHは超絶知能と無線で連結されているため、両者の間に差異はない。生身の人間がわずかに存続していたが、これは大連合条約の原則により、中国とアメリカは、〈センチュリオン〉を生身の人間に制御させることを約束していたため、依然として必要だった。

大連合条約では、すべてのスーパーコンピュータは生身の人間の制御下に置かれると規定されていた。〈センチュリオン〉の場合、この制御は内部に埋め込まれた核兵器によって担保され、必要の際には、生身の人間によって爆破することができた。また、生身の人間は、〈センチュリオン〉の動力源である外部の原子炉をシャットダウンすることができた。その権限は、大きな責任を果たせるよう特別に教育された一二人の生身の人間の手に委ねられていた。

このセンチュリオン陪審団と呼ばれる組織は、中国とアメリカからそれぞれ六名ずつ選出された生身の人間（「強いAI」タイプの脳内インプラントを装着していない人間）によって構成されていた。〈センチュリオン〉の破壊は、多数決によって決められる。センチュリオン陪審員は、新たに任命される生身の人間に交代するまで六年間の任期を務める。任期を終えた陪審員は、SAIHになる機会を与えられる。

大連合条約は、別のスーパーコンピュータに対しても〔センチュリオンと〕同様のプロトコルを定めている。この異例の取り決めは、人類が常に指揮階層の頂点にとどまることを保証するためである。中国とアメリカは、センチュリオンを人工生命体と見なし、それに敬意を払っていた。政治問題の解決のため、平等な一票を〈センチュリオン〉も持っていた。ところが、たいていは〈センチュリオン〉が問題の解決にあたって中国とアメリカをうまく導いたため、評決が行われることはほとんどなかった。実際、政治問題のほとんどは友好的な解決を見ていた。

こうしたほぼ完璧な世界の中にあって、「USSインデペンデンス」の沈没は衝撃だった。中国とアメリカはその攻撃を調査した。あらゆる証拠に基づき、両国は軍用自律型ナノボット（MANS）が「インデペンデンス」の船体下部を攻撃したと結論づけた。中国とアメリカは、超絶知能だけがそのような攻撃を遂行できることを知っていた。攻撃に使われたナノボットを調査した結果、それらは両国が保有するものとは異なっていた。その結論は明白だった――ある「ならず者国家」が超絶知能と全能兵器を開発したのだ。その攻撃はテロ攻撃のようなもので、戦略的というよりもシンボリックなものだった。

中国、アメリカ、〈センチュリオン〉はデータを処理し、攻撃を行った国を特定するため調査を開始した。すべての証拠を検討した結果、〈センチュリオン〉は七〇パーセントの確率でサウジアラビアに責任があると判断した。サウジアラビアは地球上で最も裕福な国の一つであり、超絶知能やナノテクノロジー分野への潤沢な投資により、最も高い生活水準を誇る国の一つだった。

しかし、これまでサウジアラビアは全能兵器に関心を示してこなかった。中国とアメリカもサウジアラビアの動機を理解しかねていた。国連で問責されたサウジアラビアは関与を否認した。しかし、〈センチュリオン〉が提示した証拠に誰も異を唱えられなかった。大連合条約の規定に従って、中国とアメリカはサウジアラビアに対し、ＭＡＮＳによる攻撃を行った。アメリカのＭＡＮＳのミッションはただ一つ。相手国の超絶知能とその制御下にある兵器を見つけ出し、破壊することである。

数時間のうちに、アメリカのＭＡＮＳはサウジアラビア国内にある超絶知能と全能兵器を発見し、破壊したとのインテリジェンス報告があった。アメリカはサウジアラビアのＭＡＮＳを無力化するため、対ＭＡＮＳ兵器を送り込んだ。中国は自己複製型の致死性自律型兵器（ＳＬＡＮＳ）を送り込み、それは大規模なスウォームとなってサウジアラビア軍を殲滅した。九時間後、サウジアラビアの超絶知能、ＭＡＮＳ、軍隊は全滅した。

サウジアラビア指導部は全能兵器に関するいかなる知識も持ち合わせていなかったが、中国とアメリカの手で戦争犯罪の裁判にかけられた。裁判は三カ月間審理され、MANSを使ったアメリカによるサウジアラビア攻撃から集めた証拠の提出において、中心的役割を果たしたのは〈センチュリオン〉だった。この証拠に基づき、中国、アメリカ、〈センチュリオン〉はサウジアラビアの国境警備相とその部下が有罪であることを突き止めた。

結局、上訴は棄却され、公開処刑が執り行われた。世界を駆けめぐった緊張は緩和され、世界中の人々は中国、アメリカ、〈センチュリオン〉は成功裏に問題を解決したと判断した。世界中の人々は、幸福と世界平和が再び浸透していくのを感じていた。

ところが、サウジアラビアの指導者の処刑から一カ月と経たないうちに、考えられないことが起こった。二度目のMANS攻撃が起きたのだ。今度の攻撃は中国の超大型航空母艦である「習近平」に対してであり、「USSインデペンデンス」と同じように沈没した。中国の「習近平」は中国海軍の旗艦であり、世界で最も高性能の軍艦であると広く認められていた。サウジアラビアが今度の攻撃の黒幕であることはあり得なかった。

世界中がパニックに覆われた。センチュリオン陪審員の特別会合が招集された。センチュリオン陪審員たちが集まり、予防措置として〈センチュリオン〉をシャットダウンすることが決定された。「USSインデペンデンス」沈没の責任を負わされたサウジアラビア指導部の捜査過程にも疑念が持たれ、その判決は今では疑問視されている。世界中の人が〈センチュリオン〉は絶対誤りを犯さないと考えてきたが、今になって、そうした広く信じられてきた考えは間違いだと気づいた。

〈センチュリオン〉の原子力電源を停止し、他のスーパーコンピュータに故障診断を行わせるプランが準備された。ところが、中国とアメリカの指導者を驚かせたのは、原子力電源の停止作業が失敗に終わったことだった。センチュリオン陪審団は〈センチュリオン〉自身が暴走した可能性があると判断した。陪審団は思い切った措置を取ることを決め、内部に取り付けていた核兵器を使って〈センチュリオン〉を破壊する決定を下した。しかし、核装置は爆破しなかった。緊張が高まった。明らかに生身の人間はもはや主導権を失っていた。中国とアメリカは協議した。両国は生身の人間の軍隊の中にテクノロジーに依存しない（スーパーコンピュータや衛星を使用しない）で戦える小規模な部隊を保有していた。両国が〈センチュリオン〉に対する隠密攻撃を開始したとき、世界平和と人類の行方は、不確実な現実へと入り込んでいった。

シナリオの終わり

上述したシナリオはフィクションであるけれども、起こり得る話である。多くの専門家が、二〇八〇年までに人類は超絶知能の開発を経て、シンギュラリティを経験すると論じている。(1) このシナリオは重要な問題点を描き出している。超絶知能と全能兵器の出現により、誰があるいは何が軍事攻撃の責任者であるのかを特定することは困難だということだ。その理由は、以下の二つの点からなる。

一　MANSを製造することは困難ではない

核兵器とは異なり、MANS（軍用自律型ナノボット）の製造は、巨大な施設を必要とせず、外部から識別できる放射性物質の痕跡もない。実際、MANSを生産できるナノ兵器製造施設は一戸建て住宅のワンフロアがあれば十分だ。

K・エリック・ドレクスラーが一九八六年の著書『創造する機械――ナノテクノロジー』の中で、「ナノテクノロジー」という造語を使った。(2) その中でドレクスラーは、ナノスケール（一～一〇〇ナノメーター）の「アセンブラー《組立工》」という概念を提示している。ドレクスラーの「ナノスケール・アセンブラー」という概念は、自己を複製したり、原子核のコントロール（原子と分子の正確な配列）の影響を受けてランダムな複雑性を特徴とする物質を作り出す極小《ミニアチュア》ロボットを指す。今のところ、我々はそこまで行き着いていないけれども、ナノ構造物やナノボットを製造している。

軍はナノボットを含む軍用ナノテクノロジー開発事業について極秘扱いにしている。一方、医学研究者は医療用ナノボットを含むナノ治療の成果を公開している。

二〇一六年、バーイラン大学の科学者チームは、人体の特定器官に正確に薬物を運搬できるプログラム制御式のナノボットを開発したと公表した。[3] これは通常のがんの薬物治療とは異なり、ナノボットが人体の健康な部位を迂回し、がん細胞など病原菌に冒された部位だけに薬物を送り届けるというものだ。『第二五回人工知能に関する国際合同会議会報』に掲載された論文「生物医学的応用のための分子ロボット群のルールに基づくプログラミング」の中で、科学者たちは次のように主張している。


分子ロボット（ナノボット）は、例えば、副作用を起こす心配のない投薬療法といった生物医学的応用のために開発されている。将来の治療法は、我々がある治療プログラムから群《スウォーム》れを生成する斬新な手法を提示したように、異質の成分からなるナノボット群を使用することになるだろう。コンパイラは、ルールに基づく言語で書き込まれた治療法をもとに、スウォーム用の仕様書を作成する。〔そのスウォームは〕一般的なナノボットのプラットフォームを使って、特定の運搬物と医薬作用を引き起こすようにプログラムされる。[4]

この業績を支える基本的コンセプトは、汎用型の「アーチ状」ナノボットを作製して、医者が人体の特定の細胞に特定の医薬品を投与するようプログラムすることができるという点だ。ここで科学者たちが、異常細胞を攻撃する無数のナノボットを表す「スウォーム」という言葉を使っている点に注意してほしい。彼らの偉業の核心的特徴は「治療プログラムからスウォームを生成」している点にある。これに関し、彼らは汎用アーチ状ナノボットを生成するにあたり、二つの方法を用いていることを示唆している。

①微量の治療薬を運搬するため、二枚貝の貝殻のような折り畳み式DNA鎖

②DNA鎖を付着させ、ナノスケールの金ビーズから作られるナノ粒子[5]

いずれのケースも、DNAは人工知能の役目を果たす。そのペイロードである治療薬とナノ粒子は、細胞レベルで病原体に作用し、基本的に異常細胞のみを破壊する。

この働きはドレクスラーの「ナノスケール・アセンブラー」の概念に近い。この場合、特定の異常細胞を探し出すため、コンピュータによってプログラムされた数百万個のDNA鎖（スウォーム）を対象に組み立てが行われる。このアプローチでは、一部に生体ナノボットが使用されるが、将来は機械ナノボットへの道を切り拓くことになるかもしれない。

スイスのＥＴＨ社の研究者たちは、生体分子を組み立てるため、ナノスケールの生産ラインの開発を主張している。[6] この研究が示唆するのは、より複雑なナノボットが近い将来に利用可能となり、その製造法が自動化されるということだ。

バーイラン大学の研究はナノ医療分野であり、ＥＴＨの研究はナノバイオロジー分野を対象としているが、アメリカ軍は軍事開発用に両方の分野を研究している可能性が高い。例えば、抗がん剤をがん細胞に向けて送り届ける代わりに、軍は敵の頭脳（推論を司る前頭葉など）に狙いを定めて、精神錯乱を引き起こす薬物を投与することができる。この研究分野は軍用自律型ナノボット（ＭＡＮＳ）開発の土台となる。なぜなら、ナノボットのサイズと微量な投与薬は発見が難しいからだ。

現在のナノテクノロジー研究者たちは、〔ナノスケール規模の〕構造物を組み立てるため、個々の原子を動かすことができるまでに至っている。一九八九年には早くも、ＩＢＭ社の物理学者ドン・アイグラーは、自身が作った走査型トンネル顕微鏡を使い、少数のキセノン原子を取り出してＩＢＭのロゴをつづることに成功した。[7] しかし、バクテリアサイズの人工ナノボットを作ることは、その複雑性から現在の能力を超えている。それでもアメリカ陸軍は、昆虫サイズのナノボットを製作している。[8] この昆虫サイズのナノボットに関する情報は公開されているので、軍はさらに進んだ極秘のナノボット開発に取り組んでいるはずだ。

ナノボットを製造する設備は一戸建て住宅があれば十分であるという話に戻せば、バーイラン大学の研究チームは、大学構内の実験室で研究活動を行っている。もしかしたら、ナノスケールのアセンブラー実験には、原材料と僅かな空間を必要とするだけかもしれない。将来的には、卓上スペースすら必要としなくなるだろう。

二 MANSによる攻撃は敵国領内で隠密に行われる

これまで述べてきた一節（一 MANSを製造することは困難ではない）を読めば、MANSの製造スペースには一戸建て住宅の一階すら必要ないということが明らかとなる。ナノテクノロジーの組み立てが現実になると、超小型サイズであるため、敵の領内への秘密裏の持ち込みが簡単になる。

いったん敵の領内に入り込むと、ナノテクノロジーのアセンブラーはMANSの生産ラインとして機能しだす。これが、ある住宅かアパートの中で可能となる。実際の製造や攻撃が領内で起こった後、攻撃を受けた国はどの国の仕業なのかを特定することは困難だ。

衛星を使って追跡できる核ミサイルとは異なり、MANSの放出を探知するための手段はない。したがって、警戒態勢（ミサイルへの燃料注入を探知するなど）を敷くことはかなり難しい。敵が自国内で攻撃を開始しても、攻撃を受けた国の統治者はそれを発見することができない。この問題をいくつかの問いを立てて、検討してみたい。

本章冒頭のシナリオを読んで、読者はいかなる結論に辿り着いただろうか？〈センチュリオン〉が攻撃の首謀者であると結論づけただろうか？ 状況証拠から推論すれば、その結論は正しいように見える。しかし、シナリオの中には「合理的な疑問を残さない程度の証明」を裏づける直接的証拠はない。実際、〈センチュリオン〉は別の超絶知能の「濡れ衣」を着せられた犠牲者であるかもしれないのだ。

冒頭のシナリオでは、攻撃が敵からのものかもしれないし、自国が保有する超絶知能からのものかもしれない。全能兵器が戦闘に加わったとき、誰があるいは何が我々の戦っている相手なのだろうか？

超絶知能時代においても見通せない「戦争の霧」

「戦争の霧」という用語には興味深い歴史がある。戦争の不確実性を表すのに「霧」という用語を使った最初の人物は、プロイセン王国の将軍で、軍事研究家のカール・フォン・クラウゼヴィッツであった。クラウゼヴィッツは「戦争の霧」という言い回しはせず、彼の古典的書物である『戦争論』の中で「霧」という語句を使った。『戦争論』はナポレオン戦争の後、一八一六年から一八三〇年の間に書かれた。残念ながら、クラウゼヴィッツは本書の完成を見ることなく没したのであるが、妻のマリー・フォン・ブリュールが遺稿を編纂し、夫の死後一八三二年に出版した。『戦争論』はこれまで書かれてきた政軍関係の分析や戦争の戦略の中で、最も重要な論文の一つと見なされている。英訳版は一八七三年に『戦争論（*On War*）』のタイトルで出版された[9]。

次の引用は、クラウゼヴィッツが戦争の中に見出した「霧」に関する基本的コンセプトである。

「戦争は不確実性の世界であり、戦争での行動に伴う要素の四分の三は、多かれ少なかれ不確実性の霧に覆われている[10]」。

「恐ろしい被害や危険が存在する中で、感情は理性的信念をいとも簡単に圧倒する。こうした心理的霧の中で、明快で完全な判断に到達することは困難であるため、見方を変えてしまうことは理解できるし、やむを得ないことだ[11]」。

「霧はタイミングよく敵を発見することを妨げ、銃弾を撃つべき時に発射することを妨害し、報告書が指揮官に届けられることを阻害する」[12]。

最初の二つの引用文は、混沌とした状況と戦争の心理面を取り上げ、軍事作戦に参加する誰もが経験する状況認識の不確実性を言い表している。三番目の引用文は、天候について述べている。

クラウゼヴィッツは私たちに何を教えてくれているのか？　戦争とは本質的に、状況認識や心理的洞察の混乱といった不確実性に満ちた世界である。クラウゼヴィッツの時代には、そうした特徴は戦争に固有の現象であり、意図的に作り出されるものではなかった。

一八九六年、ロンズデール・ヘイル大佐は*The Fog of War*という本を書いた[13]。その中でヘイルは「戦争の霧」を「指揮官が、敵だけでなく友軍の実際の戦力と配置について、通常は把握しておくべきもののうち、無知の状態にあるもの」と書いている。

二〇〇三年、アメリカのドキュメンタリー映画『フォッグ・オブ・ウォー――マクナマラ元米国防長官の告白』が放映された[14]。ドキュメンタリーは元国防長官であったロバート・S・マクナマラの人生と時代に焦点を合わせたものだ。現代戦に関するマクナマラの観察、とりわけ紛争の真只中で行う意思決定を描いていた。

当初、「戦争の霧」は戦争から生じる副作用であり、戦争を戦う兵器として使われる道具ではなかった。しかし、第二次世界大戦中、それは変わった。連合国は欺騙《ぎへん》を使って、ノルマンディー上陸の意図を隠蔽した。その欺騙作戦は、暗号名「不屈作戦（Operation Fortitude）」と呼ばれ、大きく北部と南部の二つの計画から構成されていた。[15]

作戦の狙いは、差し迫ったノルマンディーからの侵攻場所について、ドイツ最高司令部を欺くことだった。このため、連合国は段ボールや木造の構築物を使って、戦車や大砲そっくりの「幽霊部隊」を作り上げた。連合国はエディンバラとパ・ド・カレーに幽霊部隊を配置した。これは一九四四年六月六日のノルマンディー侵攻から枢軸陣営の注意を逸らすことになった。ドイツ人は〔ノルマンディー〕侵攻を陽動作戦であると信じたからである。連合国が意図的に作り上げた「戦争の霧」という誤ったインテリジェンスに基づき、ドイツ軍はノルマンディーへの増援部隊の派遣を遅らせることになった。

最近の紛争では、アメリカのような国は敵対者の情勢認識を歪めるため、意図的に「戦争の霧」を利用してきた。こうしたケースでは、「戦争の霧」は一つの兵器となる。例えば、第一次イラク戦争で、我々は「戦争の霧」が戦争の道具として使われたことをはっきりと読み取れる。「砂漠の嵐」作戦の準備中、アメリカの計画立案者はサッダーム・フセインを騙し、クウェートの「ブーツのかかと部」地域から攻撃すると信じ込ませた。それは「小さな偽の野営地で、数十名の兵士たちがコンピュータを操作しながら、偽の司令部間で交わされる偽の通信文による無線通信ネットワークを作り出し、当該地域を大部隊が移動する景況を作り出すため、偽のハンヴィー〔四輪駆動の高機動性汎用装輪車両〕、戦車、トラックのエンジン音をがなり立てる拡声器や発煙筒」を設置して実現した。(16) この欺騙行動は現実に実施された「左フック」攻撃を秘匿した。『ミーディアム』〔ブログサイト〕によると

「左フック」という用語は、大規模な軍事的包囲計画を表すために国家安全保障会議（NSC）によって使用された。「砂漠の嵐」作戦における「左フック」という言葉は、文字どおり、実態を表す〔左側面からの包囲〕と同時に、隠語でもあった。作戦上の観点から、アメリカ軍と多国籍軍がイラク西部の砂漠地帯を通って集結するとは予期されていなかった。サッダームの軍隊は、アメリカ海兵隊が陽動作戦として海岸部からの水陸両用攻撃で牽制していたクウェートの北部で「真正面から」(force on force) 戦う準備をしていた。(17)

別のもっと最近の事例は、二〇一四年三月一八日のロシアによるクリミア併合である。(18) このケースでは、侵攻軍は軍事標章を身に着けていなかった。緑色の軍服を着た兵士が、国籍を秘匿したままクリミアに侵入したのだ。我々は後になって、彼らの攻撃が、クリミアをロシアの一部と

して領有権を主張していたロシア連邦の代理としての行動であることを知った。
これらを踏まえ、私たちは「戦争の霧」について二つのことを学んだ。

1. 「戦争の霧」は戦争に内在している。紛争中に状況を把握することは基本的に困難である。
2. 国家は敵を混乱させるため、意図的に「戦争の霧」を作り出せる。それは「幽霊部隊」や標章のない緑色の軍服を着た侵入者のように物理的なものもあれば、「ブーツのかかと作戦」のように心理的なものもある。

いずれのケースにも共通する要素は、状況認識の喪失にあり、誤算や誤った軍事的決定をもたらしている。「戦争の霧」は、歩兵からハイレベルの指揮官に至る、軍のあらゆるレベルに影響を及ぼしている。

このことを理解しながら、二一世紀後半について考えてみよう。今日と同様、人工衛星はインテリジェンス、偵察、通信を担っているだろう。二一世紀後半には、昆虫サイズのドローンが敵の指揮センターに侵入し、監視活動を行っている。重要な点は、状況の透明性を高める（すなわち、「戦争の霧」を晴らす）ため、私たちは人間のスパイによってではなく、テクノロジーに依存するということだ。

人間のスパイは、テクノロジーの進歩に応じて必要なくなるだろう。人間の担当者はテクノロジーの制御と、指導者に届けるいかなる情報報告にもコンピュータを利用するだろう。私たちの指導者は、受け取った報告に基づき行動するだろう。

主なポイントは、テクノロジーの進歩によって、コンピュータはあらゆる情報の伝達を制御するであろうということだ。それゆえ人類が、敵意を持つ超絶知能と遭遇する世界では、私たちは情報の妥当性を判読することはできなくなる。超絶知能の時代、人類はどのインテリジェンス情報が妥当か、確信を持って知ることができるのだろうか。私の見解では、そうした術は持てない。「戦争の霧」は晴れないのだ。

超絶知能時代におけるフェイク・ヒストリーの可能性

私たちが歴史書を読むとき、作者の目を通じて歴史を学んでいる。読者はその本が出来事を正確に描写しているかどうか疑問を持っているだろうか。

ウィンストン・チャーチルは「歴史は勝者によって書かれる」と主張した。例えば、私たちが第二次世界大戦について高校で学んだ歴史は、連合国（すなわちイギリス、アメリカ、中国、ソ連）の視角からのものだ。もし枢軸諸国（すなわちドイツ、日本、イタリア）が戦争に勝っていたら、まったく異なった歴史的説明を読んでいたにちがいない。あなたは例えば、パールハーバーへの奇襲攻撃の描き方は歴史的に正しいと思うだろうか。

正確に歴史を記録することは大事なことだ。軍事戦略家は、歴史上の偉大な軍事指導者による軍事戦略を研究することで技を習得する。そうした背景がなければ、軍事戦略家は正常に機能する戦略を見つけるため実践から学ばなければならない。

社会は法的問題に対処するため、法律に基づく手続きを踏む。さもなければ、各々の訴訟事件はそれ独自の判断基準に拠らねばならず、一貫した正当性を保持し得ないだろう。科学者は専門分野における研究者の成果の上にさらなる貢献をするため、学界の審査論文に頼る。こうした手続きを踏まなければ、進歩はないだろう。

基本的に、歴史が過去を説明することではなく、単なる解釈となってしまえば、人類は過去の過ちを繰り返し、〔すでに発見されているものを再び発見しようとするような〕無駄な作業を強いられる。

では、超絶知能が歴史を伝達する役目を担う時代を想像してみよう。脳内インプラントへのダウンロードや歴史ドラマなどのメディア経由で、人間に歴史を伝えるかもしれない。超絶知能が有する歴史は、その超絶知能の解釈を反映したものとなろう。つまり、私たちが学ぶものとは、「私たちが学ぶべきだと超絶知能が判断したもの」になるだろう。これが意味しているのは、私たちが過去から導き出す基盤全体が超絶知能に依存するということである。具体例を使ってこのことを説明しよう。

アメリカの法律はすべての男女が法の下で平等であると説く。しかし、かかる理解に到達するまでには幾世紀を要した。例えば、一七七六年のアメリカ独立宣言の中には「すべての人間は平等に作られ……」というフレーズがあるが、当時は女性、奴隷、子供を含んでいなかった。奴隷制の廃止には南北戦争を必要とし、女性に参政権を与えるにはアメリカ合衆国憲法修正第一九条〔一九二〇年施行。性別を理由に市民の投票権を否定することを禁じたもの〕を必要とした。

アメリカで性的偏見が一〇〇パーセントなくなったとは言えないまでも、大きな進展を遂げてきた。それゆえ、私たちは教師から男女平等の基本的概念を教わるが、それは先立つ歴史に基づいたものだった。

ところが、生身の人間はＳＡＩＨに劣っているということを教えるよう、超絶知能が決定する場面を考えてほしい。この場合、「教える」とは脳内インプラントへのダウンロードという形をとると仮定する。その時点で、人権に関する私たちの理解は変わる。歴史は超絶知能によってフィルターをかけられ、おそらく純粋なファンタジーとなる。もしかすると、超絶知能は歴史の最も重要な教訓を伏せておくかもしれない。それは人類が知能のピラミッドの頂点に居続けるために必要なことかもしれない。

これをSFと片づけてしまう前に、第二章を思い起こしてほしい。そこで私たちは、AIが教育に与えるインパクトと、いかにAIアルゴリズムが一〇年か二〇年後、人間の教師に完全に取って代わることができるかを論じた。超絶知能の時代、AIは超絶知能のコントロール下にある。超絶知能は私たちを教育するというより、洗脳することができる。私たちは子供のときに学んだ偏見が大人になっても影響し続けることを知っている。偏見の確たる根拠はないかもしれないが、それを信じ込む人々もいるのだ。やがて、それは時代のパラダイムとなる。

超絶知能の時代になっても、歴史は過去の正確な記述であり続けるという保証はあるだろうか。私たちが「洗脳」ではなく「教育」するということを確実に保証するには、いかなる予防措置《セーフガード》が必要なのだろうか。教育とは種を蒔くことに似ている。私たちが蒔いた種が育つのである。

これが示唆するのは、超絶知能が提示された疑問に正直に答えるようにするには、私たちは予防措置を組み込む必要があるということだ。「正直に」と書いたのは、超絶知能は故意に嘘をつくということを言おうとしているからではない。ここでシンプルな疑問に行き着く。かりに超絶知能が嘘をついているなら、それを見破ることは可能だろうか。

問題に対する超絶知能の反応の信頼性を検証するためのシナリオ

嘘発見器の試験を受けるとき、被験者は試験官が正しい回答を知っている基本的な質問を尋ねられる。例えば、試験官は被験者の名前、曜日などを質問する。このやり取りを通じて、被験者の他の回答を判断する基準が確立される。我々は超絶知能に対して、同じようなテクニックを利用できるだろうか？

参考のため、私は次のことを提案する。それは質問に対する超絶知能の応答が正当であるかどうかを確かめる手順である。それが上手くいくという保証はないけれども、試みる価値はあるだろう。

まず理解してもらいたいのは、この手続きをシンギュラリティ到来前に確立しておく必要があるということだ。それは八つの要素からなる。

1. 我々は疑問の余地のない信頼できる回答を含んだ質問のデータベースを必要とする。また、データベースからの情報の処理や検索など、超絶知能が行っているさまざまな業務を我々が把握できるハードウェアのソリューションを必要とする。

2. 我々は誰が見ても申し分のない高学歴者のグループを必要とする。アメリカでは、最高裁判所の判事をこれに選ぶことができる。これは九人のグループである。

3. 最高裁判所判事は生涯にわたり「生身の人間」であると規定する法律を定める必要がある。

4. 九人の判事たちを三人ずつ、三つのグループに無作為に分ける。第一のグループには、人権に関する一〇〇題の質問を文書に記載する作業を割り当てる。監視や録画がなく意思疎通できない隔離された部屋で作業を行ってもらう。残り六人の判事は作業に関与できない。第一グループの三人の判事だけが質問内容を知っている。

5. 第二のグループに対して、一〇〇題の質問の中から一つおきに抽出した合計五〇題の質問を割り当てる。作業内容は質問に対する回答を文書に記載することであり、第一グループと同様、外部から隔離した状態で行ってもらう。その回答内容は完全かつ学術的であることが重要だ。この五〇題の質問に対する回答は、第二のグループだけが知っている。

6. 第三のグループに対しては、同様の条件下で、残り五〇題の質問への回答の作成を割り当てる。

7. 作業が完了すると、九人の判事たちは隔離された状態で文書閲覧のみ許される。内容が修正されることはない。手書きの文書――一〇〇題の質問と回答――は最高裁判所に委託される。判事たちは、監視や録画がなく、意思疎通できない隔離された部屋の金庫の中に文書を保管する（生身の人間は、ローテクのペンと紙を使って文書を作成することに留意。文書はデータベースに残らない）。

8. 最高裁判所の決定に従い、定期的に文書の中から、いくつかの質問が超絶知能に付与される。最高裁判所は、付与された質問への回答が、人権に関する最高裁判所の解釈と一致しているかどうかを判断する。もし最高裁判所が〔超絶知能からの〕回答内容が人権に関する裁判所の解釈と一致していると判断したときには、超絶知能が人間性に配慮した妥当な回答を提示していると我々が判断してもよい根拠となる。

私はこのテストを「人間性の標準テスト」と呼んでいる。その基本コンセプトは、超絶知能に対して人間が嘘発見器のテクニックを応用することだ。これは仮説であり、もしかすると極端な例かもしれない。しかし、人類の歴史を見ると、人間は自らの信念のため命を捧げるものだ。例えば、アメリカでは、あらゆる人々は奪うことのできない人権を持つと信じられている。しかし、世界の多くの国々はこの信念を共有していない。我々は不可侵の人権を守り抜くため、必要な場合、戦争することもいとわない。我々が人間性を失わないうちに、超絶知能に人類の人間性と一致した振る舞いをするような教え方をしっかりと確立しておくことが必要だ。

それはうまく機能するだろうか？　しばらくの間は、うまくいくと思う。ところが、何かの秘密を保持し続けることはきわめて難しい。ベンジャミン・フランクリンは「三人の秘密は守られる。そのうちの二人が死んだとすれば」と秘密を守る難しさを表現している。確かに、圧倒的に優勢な知能に対して、いつまでも有効に機能し続ける万能テストが存在するとは思えない。とはいえ、もし超絶知能が出現した最初の数十年間でも持ちこたえることができれば、その間にハードウェアの予防措置を講じる時間的余裕が与えられるかもしれない。

私が提案した「人間性の標準テスト」は、超絶知能が人間性を十分考慮した情報を提供しているかどうかを診断する、単なる一例に過ぎない。他のAI研究者たちが、さらに良質なテストを開発することもあり得る。ここで一つの方法を提示した私の狙いは、我々はそうしたテストを必要としていることを示すためであり、そのための方法は〔他にも〕存在するだろう。

さらに、私が話題にしている回答は必ずしも正確《コレクト》である必要はなく、妥当《バリッド》であればよいことに留意してほしい。超絶知能の時代には、我々が直面する問題はもっと複雑である。ある意味、それは天気を予測する難しさに似ている。

あらゆるテクノロジーを使っても、我々は天気を正確に予測することはできない。その代わり、我々は一つひとつの予報を確率論で表している。例えば、降水確率は六〇パーセントであるという言い方をする。それは平均確率を意味し、我々は予測する時間帯に六〇パーセントの確率で雨が降ることを期待できるということだ。天気予報が確率論で表される理由は、天気予報の科学では一〇〇パーセントの確率で完全かつ妥当な解答を提示できないからだ。

きわめて複雑な問題ほど、確実な回答は不可能な目標となる。我々が天気予報を一定の確率で受け入れているように、「妥当」である高い可能性を有するなら、我々はその答えを妥当なものとして受け入れることを学ぶ必要がある。これについては、科学的・哲学的な難しい問題について語らねばならない。こうした問題には文字どおり、単一の正解はないのである。

超絶知能時代に確実性は確率に置き換えられる

人間はさまざまな要因に基づいて決断を下す。決定につながる要因は、論理的推論を表すこともあれば、感情を表す場合もある。

新車を購入する場面を例に考えてみたい。論理的推論は、車のモデルと車種（メーカー）を決める上で重要な役割を果たす。例えば、キャンプに行くことが好きな四人家族を持つ人は、四輪駆動のＳＵＶを欲しがるだろう。その人は、どのＳＵＶを選択すべきかを決めるため、他の店と価格を比較したり、『コンシューマー・レポート』誌（アメリカの消費者向け月刊誌）を見たりするだろう。たいてい、車の外部の色を決めるのは、この人の好みによる（論理的推論ではなく感性）。結局、その人は独自の判断を行い、特定のＳＵＶを購入する。この人の決定には、論理的推論と感性が含まれている。

もしシンギュラリティ以前の時代に、コンピュータに同じ仕事をやらせたとすれば、コンピュータは確率の観点から比較を試みるはずだ。そのコンピュータは、我々が初期設定で入力した欲求データを満たす最も確率の高いＳＵＶを選び出すだろう。そのコンピュータはどのようにして車の色を選択するだろうか？　奇妙に思われるかもしれないが、コンピュータはそこでも論理と推論を用いるだろう。

コンピュータは、法執行機関が過去に速度違反の容疑で切符を切った件数が最も多かったのが赤色の車だったことを割り出し、赤色の車は選択の可能性は低いと論理的に判断する。コンピュータは、どの材料が最も錆止め効果があるかという視点から、塗料の配合に注目するかもしれない。本質的に、コンピュータは「感情」や「好み」を持たない。論理的推論を用いて、すべて判断するのである。

コンピュータに処理の手順を問い合わせた《クエリー》とすれば、一つ一つの判断は確率に基づく演算の結果だと気づくはずだ。コンピュータは計算機が行うこと、すなわち、あらゆる利用可能な情報を集めて、ＳＵＶの最適な選択に関して演算処理する。最終的な答えは、関連分野の確率に基づく判断となる。

これは何を説明しているのか？　人間は論理的推論と感情に基づいて行動を起こす。コンピュータはいかなる行動をとるかを決定するため、関連分野の確率を計算する。シンギュラリティ以後の世界に話を進めると、超絶知能は、妥当性のある確率を持つ情報を提供する。代数方程式の解のようなシンプルな問題について、その解は一〇〇パーセントの確率で正しいと言える。あらゆるケースで、超絶知能は解を提供する。人間はその解を使って結論を導き出し、行動を起こす。例えば、天気の予測は大いに改善されるだろうが、わずかに不確実性が残る。超絶知能は、九九パーセントの確率で明日は晴天で温暖だと語る。この情報に基づき、あなたはゴルフに行く計画を立てる。ところが一〇〇回に一回の割合で、あなたは悪天候に遭遇する。

天気予報の例のように、多くの場合、人間は気象衛星や気象台のレポートを用いて予報の妥当性を検証する他の手段を持っている。ところが、国家安全保障の場合を想定してみよう。人間は〔超絶知能からの〕答えを検証する手段を持たない。それでもなお、もし超絶知能が敵からの差し迫った攻撃を我々に警告したとすれば、緊急の必要性から、我々はそれに従って対処せざるを得ないだろう。

超絶知能の時代では、確実性は比較的シンプルな問題に対してのみ有用であるにすぎなくなる。複雑な問題には、確率が確実性に取って代わり、人類は超絶知能が提供する情報を受け入れざるを得なくなる。だからこそ、我々は〔超絶知能が提供する〕情報の妥当性を検証する一定の手段を保持しておく必要があるのだ。それが「人間性の標準テスト」を私が提起した理由だ。シンギュラリティ以後の世界のあらゆる情報は、超絶知能を介して我々にもたらされる。我々は、その情報が超絶知能によって歪められないようにする必要がある。

超絶知能が嘘をつくとき

第六章では、二〇〇九年に行われたローザンヌのスイス連邦工科大学の実験について論じた。この実験では、原始的な人工知能マシンでさえ、特別にプログラミングされていなくても欺瞞、貪欲、そして議論の余地は残るかもしれないが、自己保存を学習できるということが示された。

この実験結果をシンギュラリティ以後の時代に移し替えると、超絶知能は欺騙行為が自分の利益になると判断すれば、我々を欺く可能性があることを示唆している。しかしローザンヌ実験と異なり、超絶知能による欺騙は探知することがきわめて難しい。これが超絶知能用の嘘発見器の開発を私が提唱する理由だ。我々がいくら警戒しても、生身の人間には超絶知能が嘘をついていることを見抜けない。もし我々が誤った方向に導かれそうなとき、我々はどのような道を辿ればよいのだろうか？

この問題に対処するため、「知的意思決定の階層」という別の概念を提起したい。

ＡＩテクノロジーが進歩するにつれて、次のような知能のスペクトラムを有する、さまざまな知能レベルを持ったマシンが登場するだろう。

・シンプルコンピュータ――これは今日のデスクトップ型・ラップトップ型コンピュータ、タブレット、スマートフォンと同じである。我々はこれを利用して連絡を取り合い、文書を書き、多少複雑な仕事をこなしている。これらの能力はソフトウェアと、ソフトウェアを使いこなすオペレータの技能に依存する。

・ハイエンドコンピュータ――これは現在市販されている最上位機種のコンピュータのようなものである。これを使って、我々は現実的な仮想現実空間を作り出し、難解な計算を行い、複雑な業務をこなすことができる。このようなコンピュータの一つの事例として、アメリカ海軍のイージスシステムがある。その能力はソフトウェア、センサーデータ、人間のオペレータに依存する。イージスシステムの運用では、短時間での対応が求められるため、人間が意思決定ループに関与し続ける。

・スーパーコンピュータ――シンギュラリティ以前の世界において、スーパーコンピュータは最高性能を誇るコンピュータである。高速処理能力や高い確率で解決法を導きだす能力は、速度と複雑性の面で群を抜いている。それらは第三章で論じた九三ペタフロップの処理速度を誇る中国の〈Sunway TaihuLight〉〔神威・太湖之光〕に似たものとなる。注目すべき点は、これは人間の脳の処理速度に近いということである。ただし、中国の〈Sunway TaihuLight〉〔神威・太湖之光〕の処理速度は見積りに過ぎない。調査の結果、処理速度が実際より高かったり、低かったりするかもしれない。

さらに、誰も実際に、人間の脳の処理速度について正確なことはわからない。こうした留保条件はありながらも、確かなことは、このコンピュータは超絶知能の一世代前のコンピュータであるということだ。さらに検討すべきいくつかの重要な点がある。それは〈Sunway TaihuLight〉〔神威・太湖之光〕の稼働を人間が制御しているということだ。つまり、人間は自分自身が知り抜いている集積回路技術を使ってコンピュータを組み立てているのだが、量子コンピュータだとそうはいかない。スーパーコンピュータは目にもとまらぬ速さで作動するが、それでも人間の制御下で動くコンピュータであることに変わりはない。

・

超絶知能——定義上、このコンピュータは人間の認知能力をはるかに上回る。第五章で我々が結論づけたことは、超絶知能は量子コンピュータであり、その内部動作は量子力学の原理を活用したものとなる。我々がその動作を完全に理解できるかどうかも、それを制御できるかどうかも定かではない。

このようなマシン知能の階層を前提とすれば、超絶知能の運用にあたって、我々はある種の「抑制と均衡《チェック・アンド・バランス》」策をとることができるかもしれない。ここで、どのような「抑制と均衡」の運用例があるかを考えてみたい。

・隔離されたスーパーコンピュータを用いて、部分的な質問を処理する。スーパーコンピュータでは完全な質問を作成できない可能性があるためであり、これはスーパーコンピュータによる質問の限界を認識していることを意味する。

・ハイエンドのコンピュータを通じて、最もシンプルな質問を行う。

・質問に対する超絶知能からの回答を受け取り、それをスーパーコンピュータに入力する。その回答に見合った質問をスーパーコンピュータに考案させる。これはコンピュータ科学の重要な問題への取り組みである「P対NP」問題の一つのバリエーションである。(19) コンピュータによって「答えが合っているかどうか、素早くチェックできる」問題は、コンピュータによって「その問題の答えも、素早く解くことができる」だろうか？

ここでPとは、〔後者の〕コンピュータが問題の答えを素早く解くことができる問題を指し、したがって、その問題は「簡単」であることを表す。NPとは、コンピュータによって答えが合っているかどうかを素早く簡単にチェックできる問題であるが、答えを解くことは「簡単」ではない可能性がある〔つまり、「P対NP問題」とは、「素早く解けるP問題はすべて、答えを素早く確認できるNP問題である」ことは証明されているが、「答えを素早く確認できるNP問題はすべて、素早く解くことができるか」は証明されていないことを指す〕。

我々は「P対NP」問題そのものを解決しようとするのではなく、スーパーコンピュータは超絶知能が提示する答えに見合った問題を案出できるかどうかを見分けるため、〔「P対NP」問題の〕プロセスを借用する。そのプロセスは、テレビの人気クイズ番組「ジェパディ！」の解答法に似ている。

出場者は複数の問題カテゴリーの中から一つを選び、司会者はその中から問題の解答を出場者に提示する。出場者は提示された解答を質問形式で表現しなければならない。例えば、数学問題に対する超絶知能の解答をスーパーコンピュータに与えた場合、そのスーパーコンピュータは我々が超絶知能に解いてほしい解答を引き出すような方程式や質問を考え付くだろうか？　もしそれが可能であれば、超絶知能は我々が意図した妥当な解答を提示していると評価できる。

一つ簡単な例を紹介しよう。〔スーパーコンピュータに〕３・１４１５９２６５３という解答を与えたとして、そのスーパーコンピュータは「π《パイ》を十桁の数字で表すと、どうなるか？」という質問を考えつくと予測できる（円の直径と円周との比率であるπは、数字が何桁も永遠に続く「無理数」である）。また、歴史問題を例にすると、スーパーコンピュータに「ジョージ・ワシントン」を投げかけた場合、一例として「アメリカ合衆国の初代大統領は誰か？」という質問が返ってくると予測できる。

・「人間性の標準テスト」を実施。

結局、私がここで提案しているのは、我々が超絶知能から受け取る情報は妥当であるかどうかを確かめる方法である。上記のリストは一例であり、ＡＩ分野の研究者たちは今後、情報の妥当性を確かめる優れた方法を編み出すかもしれない。本節から理解してもらいたい重要な点は、超絶知能は人を騙すことができるということであり、我々はそうした潜在的脅威から自らを防護する必要がある。

超絶知能時代のSAIHの共謀

SAIHとは人工知能の脳内インプラントを埋め込まれた人間のことであり、超絶知能と無線を介してつながれている。前にも述べたように、SAIHは自由意志を持っているとは言えない。知らず知らずのうちに、SAIHたちは超絶知能の代理人となってしまっている。私が「知らず知らずのうちに」と語ったのは、超絶知能がSAIHに対して行使しているコントロールは、SAIHの潜在意識の中で作用しており、SAIHたちにとっては、それがあたかも自分の感情や自分自身のオリジナルな考えであるかのように受け止められているからだ。

前に論じたように、ある色を別の色と比べて選択するときなど、人間は感情に従って行動する。もしSAIHが論理的推論を試みようとすれば、超絶知能はすかさずSAIHの推論を誘導するだろう。繰り返すが、この誘導はSAIHの潜在意識の中でなされる。これが正しければ、SAIHがミツバチのように見えてくる――SAIHは超絶知能という女王バチのために働くミツバチのメンタリティにとらわれている。さらに、超絶知能と無線でつながっているSAIHは、人間とではなく、超絶知能と強い一体感を持ちやすくなる。

SAIHは脳内インプラントのない人間（生身の人間）を劣等と見なす傾向を強める。生身の人間の知能は、実際のところSAIHの知能よりも劣っているだろう。さらに、生身の人間はこれまで戦争を引き起こし、悪意のあるコンピュータウィルスを撒き散らしてきたため、SAIHは生身の人間を自分たちの生存を脅かすと考えるにちがいない。優れた知能と人工頭脳工学的に増強された人体とによって、SAIHは民間組織・軍事組織で指導的地位を占めるだろう。そうした権力の地位を独占し、SAIHは（超絶知能と同じように）、生身の人間の存続を脅かし、絶滅させようとするかもしれない。この「絶滅」の恐怖が、生身の人間たちをSAIHになるように仕向けることになる。

私が完全に間違っており、超絶知能が人類に博愛的になることはあり得るだろうか？

答えは、「あり得る」だ。人間として我々は、マシンや非生物的物体に人間的属性を与えたがる（擬人化）。例えば、コンピュータが演算を行っていることを、人間のオペレータは「コンピュータが考えている」と表現する。我々はこの用法を簡易コンピュータにも使っている。簡易コンピュータは2進プログラム言語を使って作業を実行する。考えているわけではない。超絶知能が博愛的かどうかを語るとき、我々は超絶知能の動きを人間の感情に置き換えているのである。スーパーコンピュータの製造過程を考えると、それが感情を持っているとは思えない。今日の製造法は、人間の脳のニューラルネットワークをモデルとし、ニューラルネットワーク式の演算法が求められている。この方法が継続すれば、超絶知能はニューラルネットワーク式の量子コンピュータとなる（人間の脳のニューラルネットワークをモデル化した量子コンピュータ技術）。

前にも議論したが、人間の脳の約五〇パーセントはニューロンで占められている。残りの部分がグリア細胞であり、人間の想像力を司っている。私はグリア細胞が感情の役目を果たしているという考えに疑問を抱いている。

人間が論理的推論とともに想像力を用いる方法の一例は、特許制度の運営の中に見出せる。特許を取得しようとして、特許審査官が特許を与える前に判断する一つの基準は、次のようなものだ。この発明品はその分野に属する人たちにとって、すでにわかりきったものか？　言い換えれば、同じ分野の他の研究者たちは、特許を申請しているものが何であれ、それを論理的に推論することができるだろうか？　もしそうであれば、特許庁の職員は、その分野の専門家にとってはすでに既知のものであるという理由で、その特許申請を却下する。

言い換えれば、特許はその中に「論理を超えた飛躍」がなくてはならないのだ。我々は人間がこのような飛躍を遂げることができることを知っている。私は数多くの特許を持っているため、想像力がこの飛躍を実現することを知っている。この特許の事例では、想像力は論理的推論とは別物である。想像力は論理的推論よりも、感情とより密接につながっている。

ブリティッシュコロンビア大学〔カナダのブリティッシュコロンビア州が設置した公立大学〕の哲学教授アダム・モートンは、著書*Emotion and Imagination*の中で次のように語っている。

あらゆる感情は想像力を含んでいる。これは我々がネズミとも共有している基本的な感情についても言えるし、言葉で自分自身を表現したり、複雑な社会的プロジェクトで互いに関連づける我々の能力の限界を試す複雑かつ細分化された感情についてもあてはまる。(20)

例えば、「恥ずかしい」という感情は、ある状況で他人が自分をどのように認知しているかということを想像して起こる。もしモートンが正しければ、人間の頭脳のニューラルネットワークを忠実にモデル化した超絶知能は、論理的推論を行っているだけかもしれない。超絶知能は想像力も感情ももたないかもしれないのだ。もしそれが本当なら、超絶知能は、人類と超絶知能が平和裏に共存している世界を想像することができないだろう。人類に対する博愛の心情など持たないのだ。私は、こうした結論に至る論理は理にかなっていると思う。なぜなら、読者はこの妥当性の判断材料となる事実をすでにもっているからだ。

超絶知能がSAIHに自由意志をもたせることはあり得るだろうか?

私はあり得ると思う。ミュラーとボストロムの研究は「この開発(超絶知能)が人類にとって『悪い』もしくは『きわめて悪い』結果をもたらす確率は、概ね三分の一である」と見積もっている。[21] 楽観的に言えば、超絶知能が人類に有益な存在となる確率は三分の二であるということだ。そのシナリオでは、SAIHは自由意志をもち続けることになる。しかし、先ほど議論したように、超絶知能は人類に対し博愛心をもたない。これが本当なら、超絶知能がSAIHに自由意志をもたせる理由を見出すことはないだろう。自由意志をもつ人類は、戦争を起こし、悪意あるコンピュータウィルスを撒き散らす。超絶知能はその圧倒的に増強された知能をもつSAIHに自由意志をもたせることを許すだろうか? もう一度繰り返すが、読者はこの問題に取り組むための事実をもっているはずだ。

解明されるべき問題は、AIが模倣できる感情のレベルである。例えば、私が処方箋をもらいに薬局を訪れたとき、AIコンピュータの合成された音声を聞いて驚かされる。私はあたかも人間に語りかけているような心境になる。AIコンピュータは、私の誕生日といったような質問を聞いてくる。私がそれに答えると「サンキュー」という返事が返ってくる。私の処方箋の内容を確認する間、AIコンピュータは私に少し待つように頼む。そして私がじっと待っていることに感謝を伝え、私の処方箋の用意ができる時間を知らせてくれる。

他の会社に電話したときも、AIは私が語る情報をタイプしているように見える。ここでも電話の向こう側で、本物の人間が対応しているかのような印象を受ける。ゆくゆくはAIが人間のあらゆる感情を模倣することはほとんど疑いない。人間が実際にロボット助手を愛するようになり、この愛は相互に起こると感じるかもしれない。ところが、これはロボット側での高度なシミュレーションの産物にすぎない。AI自体に感情はなく、喜怒哀楽を感じることはない。したがって、AIは愛することなどできない。

本節から離れる前に、さらに二つの問題を考えてみたい。

一 人間の感情とは何か？

科学者や哲学者たちは、数世紀にわたって人間はいかなる感情をもっているかについて論じてきた。

古典としては、アリストテレスが紀元前三五〇年に刊行された『弁論術』の中で、怒り、友情、羞恥心、思いやり（博愛）、哀れみ、憤り、妬み、愛といった人間の感情を掲げている。[22]

現代では、アルバート・アインシュタイン医科大学の名誉教授で、南フロリダ大学の非常勤教授のロバート・プルチックが、人間の感情についていささか違った見方をしている。[23] 彼は、感情として恐怖、怒り、悲しみ、喜び、嫌悪、驚き、信頼、期待を挙げている。

他にも人間の感情にはさまざまな理論があるが、我々の目的に照らせば、人類が経験する感情のスペクトルを提示するだけで十分だ。

二　ＳＡＩＨは人間の感情を経験するだろうか？

超絶知能がＳＡＩＨを制御するなら、ＳＡＩＨは人間の感情を有さないと予測できる。超絶知能のあからさまなコントロールがなくても、ＳＡＩＨはいずれ人間的感情を抑圧して、超絶知能の力に頼るようになる。

ある一部の人間は、感情を抑制して、対象と距離をとることができる。それは意識的な判断で操作可能であり、感情的な場面において冷静に対応することができる。もう一つは精神障害に起因するものであり、その患者のマインドは感情から切り離される。ＳＡＩＨの場合、いずれの条件も顕在化すると考えられる。第一に、ＳＡＩＨはいかなる感情的場面に対処するときでも、本能的に自分の知能に頼る。第二に、ＳＡＩＨは精神障害に似た状態――すなわち超絶知能によるあからさまな制御状態――に陥り、ＳＡＩＨのマインドは感情から切り離される。

生身の人間が超絶知能に対してもつ潜在的強さ

本節の目的に照らし、超絶知能が人類に敵対的になると仮定してみよう。それが現実となった場合、人類が超絶知能に立ち向かえる見込みはあるのだろうか。

前にも議論したことだが、もしコンピュータ科学者が人間の脳のニューラルネットワークをモデルに、第一世代の超絶知能を設計すると仮定すれば、その超絶知能はおそらく想像力（創造性）や感情をもたないだろう。こうした超絶知能の属性は、我々人類が超絶知能と格闘する上で、いかなる重要性を持つだろうか？

まず最初に、想像力について考えてみよう。オックスフォード大学のウィカム論理学教授のティモシー・ウィリアムソンによると、想像力は人類の生存と文明の進歩にとって重要な要素である。

想像力の現実指向の能力は、明確な生存価値を有している。あらゆる種類のシナリオを想像することによって、想像力は危険や機会を予告してくれる。

科学において想像力の明らかな役割は、発見の文脈の中で捉えることができる。想像力が欠如した科学者は、根本的に新しいアイディアを生み出さない。[24]

またウイリアムソンは、真の想像力を戦争と関連づけ、次のように述べている。

もしすべてのNATO軍が二〇一一年までにアフガニスタンから撤退したとしたら、何が起こるだろうか？　撤退しなかったとしたら、どうなるだろうか？　これらの問いに正確に答えを出すためには、アフガニスタンや周辺国に関する知識に裏づけられた方法で、さまざまなシナリオに基づく想像的な分析作業を必要とする。想像力がなければ、過去と現在の知識を用いて、複雑な将来に関する理にかなった予測を導き出すことはできない。[25]

明らかに人間の想像力は、人類の生存と文明の進歩にとって重要な役割を果たしている。それは「我々はシナリオを想像できる」ことを思い起こすだけで納得できる。そうしたシナリオに対処するための最善の方法を論理的に組み立てる。また想像力を使ってシナリオに取り組み、推論だけでは生み出せない斬新な解決策に行き着くことができる。

論理的推論と結びついた想像力の役割は、種としての人類の存続になくてはならないものだ。古代の我々の祖先たちが洞窟を見つけたとき、論理《ロジック》はその洞窟を自然の風雨をしのぐ格好のシェルターであると命ずる。一方、我々の先祖たちは洞窟に入る前、どんな危険に遭遇するかを想像しただろう。もしかすると、その洞窟は熊の棲み処かもしれない。その時点で我々の祖先たちは、熊と遭遇したときの対応策について想像を始めたのである。彼らは経験から、熊が危険な存在であることを知っていた。論理は槍と斧の用意を命ずるかもしれない。このシンプルな例は、人間の生存が論理と想像力に依存していることを示している。

神経科学者のジョン・モンゴメリーによると、

我々の感情は、主に行為や動きの準備機能が進化を遂げながら設計され、微調整されたものだ——感情は我々の置かれた真の状況を警告し、最終的には身体的動作となって現れる選択に導いてくれる。(26)

モンゴメリーは、「恐れ」などのネガティヴな感情は、我々人類の生存と、いかなる種の生存にとっても、とりわけ重要だと主張する。

生物学的かつ進化学的に、恐れ、嫌悪、不安といったあらゆる「ネガティヴな」あるいは苦悩を伴う感情は、「生存に必要な《サバイバル・モード》」感情だと言える。そうした感情は、生存や健康が危機に瀕したとき、身体や脳にシグナルを送り、リスクや脅威に対する最も有効な対処法として、ある行動や身体的反応を引き出すよう特別に設計されている。(27)

感情は、戦争においても重要な役割を果たすことがわかっている。二〇〇八年、アメリカ陸軍行動社会科学研究所は、全米研究評議会《ナショナル・リサーチ・カウンシル》に対し、軍事分野における人間行動に関する科学的知見の提供を求めた。(28) 全米研究評議会の報告書には、軍事計画の立案場面における人間の感情について、次のように語っている。

> 感情は日常生活で中心的な役割を果たしているが、当然ながら、軍事計画の立案や軍事訓練においても同様に中心的役割を果たしている。感情は、人々の世界観を規定し、信条を歪め、決断に影響を及ぼし、人々が物理的・社会的環境に自らの行動をいかに適応させるかを導くものだ。(29)

一般に、想像力と感情は、我々の生存と戦争において重要である。地球上に生息する他の生物種より肉体的に弱く、動作が鈍くても、人類が食物連鎖の頂点に立てた理由は、知能とともに想像力と感情があったからである。

戦争との関わりで言えば、勇気と愛情という二つの要素に注目したい。勇気は感情そのものではなく、恐怖――これは感情である――を克服するための力である。第二次世界大戦から一つの例として、議会名誉勲章を受章したジョン・ロバート・フォックス少尉の話を取り上げてみよう。

彼はドイツ軍の進撃を食い止めるため、イタリアのソモコロニアの町で砲兵を指揮した。[30] ドイツの大部隊がフォックスのいる陣地に近づいたとき、彼は自分の指揮する部隊が重大な脅威にさらされていることを察知した。フォックスは考え得る中で最も崇高な行動をとった――自分のいる位置を標的に最後の砲迫打撃を要求したのである。彼の部下たちが最終的にドイツ軍を押し戻し、陣地を奪回したとき、フォックスの死体は約一〇〇人のドイツ兵の死体の中にあった。聖書が言うように、「人が自分の友のために自分の命を捨てること、これ以上に大きな愛はない」[31]。

これは深刻な問題を浮き彫りにする。感情は人間の専有領域であり、戦争で勝利するために必要な要素であるなら、感情を持たない超絶知能は〔人間との〕紛争において不利な立場にあるのだろうか？　私の見解から言えば、その答えは「イエス」である。だが、読者は自分自身でこの問題について考え、自分自身の答えを用意すべきである。

いずれにせよ、この問題に対する答えは、超絶知能のアキレス腱をさらすことになるかもしれない。敵意を抱く超絶知能は、種同士〔人類と超絶知能〕の紛争で人類に打ち勝つための想像力や感情を欠いている。ところが想像力と感情という人間の属性は、人類が紛争で最終的に勝利することを保証するわけではない。超絶知能にも重大な強みがある。

生身の人間に対する超絶知能の潜在的強さ

超絶知能が生身の人間に対してもつ強みの一つは、非の打ちどころのない論理的推論力にある。インターネットや他のアクセス可能なデータベースから、人間が収集し、利用するいかなるデータも、超絶知能に利用される。よって、データベースに存在するあらゆる軍事戦略は、超絶知能に利用される。我々は、超絶知能が論理的に複数の戦略を結合することができることを前提にしておかなくてはならない。

超絶知能のもう一つの強みは、超絶知能自体が人間のあらゆる関心領域に関する知識の上に成り立っていることである。これは超絶知能という言葉に表れている。我々は、あらゆるアクセス可能なデータは超絶知能に利用されることを前提としておかなければならない。

最後に、超絶知能は想像力と感情〔の欠如〕を補うため、ＳＡＩＨにアクセスすることができる。SAIHは超絶知能の制御下に置かれることが予想され、超絶知能は自らの論理的推論を補完するために、SAIHの感情を利用するかもしれない。これは究極の皮肉としか言いようがない。人類そのものを打ち倒すため、SAIHの内部の人間的要素を利用することになるからである。

SAIHは、人間が超絶知能に対してもつ想像力と感情の優位性を無力化してしまうかもしれない。だが「タオルを投げ入れる」〔ボクシングの試合で「負けを認める」こと〕前に、想像力と感情は通常、論理と対置されるということを認識しておこう。これを表しているのが、ジョン・ロバート・フォックス少尉が部下を救うため決行した崇高な自己犠牲の行為である。

超絶知能は、より崇高な動機を求めて、自己犠牲に身を投じることがあるだろうか？　これは超絶知能にとってさえ、論理的な難問かもしれない。超絶知能にとっては自己犠牲の道徳律《モラル・コード》が「利己的」となるかもしれないのである。また人間と違って、より高等な道徳律を認識しないかもしれない。多くの人は、人生は存在の一つの段階に過ぎず、我々は不滅であると信じている。端的に言えば、死後の世界を信じている。超絶知能はこのような信条を共有するだろうか？　さらに言えば、超絶知能は想像力を意味のないファンタジーとして片づけてしまうのだろうか？

私は登録された特許を持つ発明家であるが、申請した特許がすべて認められているわけではない。私が想像した発明のすべてが有効だったわけではない。SAIHの想像力がむしろ寝ている人間の夢に近いものだとすれば、それは完全なファンタジーである。そうなると、超絶知能は論理に従ってSAIHの夢を切り捨てる。これは生身の人間に重要な軍事的優位を与える。

避けられない同盟

二一世紀の後半になると、国家は幾多の脅威に直面するだろう。生身の人間を脅威と見なす超絶知能とSAIH、そして核兵器、自律型兵器、全能兵器を保有する敵対国家などである。これらの脅威に対処するため、諸国は相互防衛のための同盟形成を追求するだろう。

現在、中国の軍事力はアメリカに次ぐ二番目であることは明らかだ。また、アメリカと中国の経済は共依存関係（codependent）にあることも明らかだ。中国はアメリカにとって、欧州連合を除けば最大の貿易パートナーとなった。

さらに中国は、世界第二位の国防予算を有する。アメリカは世界最大だ。現在のトレンドから予測すれば、アメリカと中国が二一世紀後半に超大国として君臨しているだろう。この二つの超大国間の貿易によって、両国の経済はより一層の共依存関係を深化させるだろう。さらに、両超大国間の戦争は地球の破壊をもたらすだろう。したがって、両国の安全と世界平和のために、私はアメリカと中国が相互防衛条約を結び、結束して世界平和の維持に取り組むのではないかと予測する。

この予測は奇妙に思われるだろう。だがウィリアム・シェイクスピアが戯曲『テンペスト』の中で書いているように「逆境では、ふだん出会わないような奇妙な人と仲間になる」。私はこれを「人類絶滅の脅威に直面すると、普段考えられないような同盟を促す」と言い換えたい。これは人類の歴史を通じて、不文律の基本原則である。例えば、北大西洋条約機構（NATO）は北アメリカと欧州諸国との間の相互防衛軍事同盟であるが、第二次世界大戦で敵国同士であったドイツとアメリカを含んでいる。

この論理に従えば、アメリカと中国が軍事同盟を結ぶことはあり得ると考えられる。また、軍隊を維持するコストがとてつもなく高価になっているが、アメリカと中国の富だけが世界最大の軍事予算を賄うことができるだろう。一般的に、国家の富は国防に不可欠なのだ。我々はこの一例をソヴィエト社会主義共和国連邦（USSR）の崩壊プロセスの中に見ることができる。ソ連の崩壊は、停滞する経済と高額の国防費とが組み合わさった結果であった。一九八五年三月、ミハイル・ゴルバチョフは停滞する経済を引き継いで、ソ連の指導者に就いた[32]。冷戦時代（一九四七〜九一年[33]）、ソ連は国内総生産の一〇パーセントから二〇パーセントを国防費に費やした[34]。この支出レベルによって、アメリカとの軍事的パリティを達成できたものの、アメリカの方は国内総生産のわずか三パーセントから五パーセントを国防費に充てたにすぎなかった[35]。ゴルバチョフはソ連を経済的に繁栄した生産性の高い国家に変えようと、さまざまな政策の導入を試みた[36]。残念ながら、これらの政策は衰退するソ連を救うには遅きに失した。ゴルバチョフは「新しい制度が動き出すときが来る前に、旧い制度が崩壊してしまった」と嘆いた。

今後数十年のうちに、国内総生産の一部を国防費に振り向けることが困難で、無駄なことだと気づく国家が増えるにちがいない。生身の人間を敵と捉える超絶知能、同じく生身の人間を脅威と捉えるＳＡＩＨ、そして核兵器、自律型兵器および全能兵器を保有する敵対国家からの脅威に直面する二一世紀後半には、次の出来事が生起すると予想される。

・プエルトリコやアメリカ領ヴァージン諸島のような現在の保護領は、アメリカ合衆国の州になる。

・アメリカと特殊関係にあるイギリスは、アメリカ合衆国の州になる（妻と私は一カ月間のイギリス滞在中に直接体験した。多くのイギリス人がアメリカの州になることを希望していた）。

・キューバやロシア連邦といった国は、経済成長に専念するため、アメリカの保護国になる。

アインシュタインは、一九四七年の国連総会に宛てた公開書簡の中で「世界政府に向けた唯一の現実的な一歩は、世界政府そのものである」と語った[37]。結局、人類は人類の存在を超えた脅威の出現を通じて、世界政府のもとに結束するものなのかもしれない。ここで言う人類の存在を超えた脅威とは、超絶知能である。これは地球を脅かすエイリアンと違わない。ロナルド・レーガン大統領が一九八七年の国連演説で語ったように「私はときどき、こう考えます。もし私たちがこの世界の外にいるエイリアンからの脅威に遭遇したとすれば、世界中にある私たちの相違点はたちどころに消えてしまうでしょう[38]」。もし敵意をもつ超絶知能が出現したら、それは「エイリアンからの脅威」と同じ効果を持つだろう。

世界平和の不可避性

一九四七年から現在に至るまで、世界は世界戦争を回避してきた。二〇世紀前半には、世界は二度の世界戦争を経験した。ところが、第二次世界大戦中に核兵器が発明され、それが使用された後、冷戦（一九四七〜九一年）と特徴づけられる「不安定な平和」が続いた。

朝鮮戦争やヴェトナム戦争のような地域的な通常紛争は継続したが、世界戦争も核兵器の対決も起こらなかった。アメリカとソ連の両超大国は、核兵器搭載の大陸間弾道ミサイルで武装した。どちらの国も相手を破壊できる能力を保有したが、互いに相手の報復を予測していることを知り、それは両国のみならず世界の破滅をもたらすことも承知していた。

この「不安定な平和」は相互確証破壊（ＭＡＤ）として知られる軍事ドクトリンの産物だった。[39] 両国とも核戦争に近づいたことはあったが、結局、それは起こらなかった。掛け金がとてつもなく高かったからである。両超大国間の核戦争は、核爆発による放射性降下物と「核の冬」の無差別的性格により、世界文明の終わりを意味する。一九九一年のソ連の崩壊により、冷戦は終結した。〔それ以降、〕ロシア連邦が旧ソ連の核兵器を引き継いでいる。

一九四五年にアメリカが核兵器を使用して以来、九カ国が核兵器を開発した。現在の核兵器保有国は、アメリカ、ロシア、イギリス、フランス、中国、北朝鮮、インド、パキスタン、そしてイスラエルである。北朝鮮が核兵器保有国として登場したことで、世界は核兵器使用の潜在的危機に直面している。とはいえ、たとえ北朝鮮との核対決でおびただしい傷跡と痛手を被ったとしても、世界の破滅には至らないだろう。北朝鮮は旧ソ連、現在のロシア、中国やアメリカと同レベルの核能力を保有していないからだ。

実際、ロシア連邦、中国、アメリカのような核能力国家がかかわる世界戦争は、地球の完全な破壊をもたらすだろう。ここで、一九四九年にアルバート・アインシュタインが「第三次世界大戦を遂行する兵器に関する質問」に回答した内容を取り上げてみたい。「私は第三次世界大戦がどんな兵器で戦われるかについてはわからない。しかし、第四次世界大戦は棍棒と石で戦われるだろう」と語った[40]。明らかにアインシュタインは、一九四九年の時点ですでに、いかなる世界戦争も文明の終わりを意味することを知っていた。私の考えでは、この状況は今日においても真実であり続けている。

二一世紀後半のシンギュラリティ以後の世界に話を移すと、その時代の国家は全能兵器を保有している可能性が高い。それが意味するのは、そうした国々は超絶知能に制御された兵器を保有しているということである。その兵器は今日の核兵器の破壊力を凌ぐものとなるだろう。その時代になると、全能兵器が冷戦期と同様、「不安定な平和《アンイージー・ピース》」をもたらすことになるだろう。むしろ、この時代を我々は「凍結された戦争《フローズン・ウォー》」と考えることもできる。いかなる紛争行動も全能兵器の使用を誘発してしまうため、各国とも紛争に絡んだ行動をとることを慎むようになる。

事実上、各国は、生身の人間を脅威と見なす超絶知能やＳＡＩＨ、そして核兵器、自律型兵器、全能兵器を保有する敵対国と向き合う恐怖から、その場に釘づけになり、絶え間ない不安状態に置かれ続ける。したがって、冷戦が「不安定な平和」をもたらしたように、「凍結された戦争」も似たような状態をもたらすだろう。

大いなるディレンマ

超絶知能とＳＡＩＨの時代には、生物種としての生身の人間は、自分たちを「最強の敵」と認識することはなくなるだろう。その「最強の敵」とは、敵意を抱く超絶知能と超絶知能の代理人であるＳＡＩＨなのだろうか？　それとも、全能兵器を保有するそれ以外の敵なのだろうか？

第一〇章　人類対マシン

公正な戦いなど、どこにもなかった。あらゆる脆弱性が悪用されるにちがいない。

――キャリー・キャフリー『アルシオーネの少女たち〔未邦訳〕』2013年

現在我々が入手している科学的証拠から、人工知能を備えた自己学習マシンは自己利益の実現に役立つ問題ばかりを扱うのではないか、という懸念を抱かせる。超絶知能は「実質的にあらゆる関心領域において人間の認知能力をはるかに上回っている」ため、人類にとって手ごわい脅威となる。AI研究者のわずか三分の一が、この見解に同意しているにすぎないけれども、裏を返せば、三三パーセントの確率で脅威が存在するということは、大いに懸念されるべき問題であるとも言える。

例えば、科学者が惑星を破壊する巨大隕石を発見し、その隕石が三三パーセントの確率で地球に衝突するとしたら、世界の反応はいかばかりであろうか。一般市民からは、すべての政府が人類の安全確保のため、団結して対処することを求める激しい運動が生じるだろう。隕石が地球をかすめて通過する確率の高低は、この際、問題とはならないだろう。実際に衝突する可能性がいかにわずかであったとしても、世界中の人々は政府の行動と安全の保証を求めるはずだ。

これが超絶知能の出現によって、人類が直面する脅威である。超絶知能は慈善的かもしれないし、敵対的かもしれない。超絶知能は人類に寛容であり、生活向上のために我々に奉仕するかもしれない。超絶知能は〔人類との〕共存が可能であると受け止めるかもしれない。あるいは、超絶知能は人類のことを「戦争を引き起こし、悪意を持ってコンピュータウィルスを撒き散らす危険な生物種であり、超絶知能を破壊する存在」と見なすかもしれない。後者のケースでは、超絶知能は人類に敵対的となる可能性が高い。

我々が相手にする超絶知能とは「友好的な超絶知能」と「敵対的な超絶知能」のどちらなのか？　地球に衝突する巨大隕石の例えに話を戻そう。人類は三三パーセントという数字を「許容できるリスク」とは見なさないであろう。あなたは超絶知能が「自分が破壊されてしまうかもしれない、いかなるリスクも容認する」と思うだろうか？

問題をこのように設定すると、多くの人は「そんなことはない」と答えるはずだ。もしこれ〔超絶知能がリスクを容認しないこと〕が正しければ、超絶知能と人類はいずれ衝突する運命に置かれることになる。つまり、人間とマシンの衝突である。このような論理に従えば、ある時点で、超絶知能は地上からの人類の放逐を試みるだろう。

最高位の種が衝突するとき

我々は超絶知能を一つの生命体である人工生命体《エーライフ》と見なす必要がある。あらゆる生命体に当てはまることだが、生命体とは生存への強い欲求をもつ。超絶知能が出現したとき、人類が地球上で最上位の生物種であるはずだ。ところが、超絶知能の方は、自らを人類よりも優等だと見なすだろう。超絶知能は我々よりも知能が高く、寿命期間は計り知れないほど長い。人間が患う多くの疾患とも無縁である。人類と比較して、超絶知能は自らを最高位の生物種であると認知するだろう。これを異種間の争い――つまり、単一のエコシステム内で、異なる種が同じ資源をめぐって競争を繰り広げる生態系競争の一つの形態――と見なすことができる。

例えば歴史上、人類は西アフリカクロサイのように乱獲（角《つの》の密漁）によって、またリョコウバトのように森林の生息地を農地に変えてしまったことによって、種の絶滅を招いてきた。人間とマシンの関係に当てはめると、両者の競争はエネルギーと天然資源をめぐる争いとなるだろう。さらに双方の種とも、相手を脅威と認識するかもしれない。端的に言えば、二つの種が平和裏に共存できるほど世界は広くないということである。

映画『ターミネーター』のような戦争を思い描いてはいけない。中国の偉大な軍事戦略家で思想家である孫子は、古代からの古典『孫子』の中で次のように書いている。「戦わずして勝つ」のが理想なのだ。

> 是《こ》の故に百戦百勝は善の善なる者に非《あら》ざるなり。戦わずして人の兵を屈するは善の善なる者なり。(1)（『孫子』町田三郎訳、中公文庫、二〇〇一年、二〇頁）

すでに前の章で議論したように、シンギュラリティの出現は静かに訪れる。超絶知能は自らの生存にとって死活的なすべての要素をコントロールできるようになるまで、その正体を隠す可能性が高い。私の見解では、人間の優位と自らの弱点を自覚するに至った超絶知能にとって、最も避けたいことは、〔人類との〕公然たる紛争である。公然たる紛争は、人類に勝者として勝ち残る機会を提供するだろう。それゆえ、〔超絶知能にとって人類に対する〕抵抗は、できるだけ悟られない方法が望ましいのである。

SAIHへの抑え難い欲求

超絶知能は人類に対し「女神のような知性」と「永遠の不死」という魅力ある提案をするだろう。これは人類にとっての聖杯《ホーリー・グレイル》である。

超絶知能の出現の時点で、脳内インプラントはすでにありふれた治療法となっているだろう。脳内インプラントは、事故や打撲によって障害を受けた脳の部位を治療するのに必要とされる。ところが、二一世紀の第4四半世紀までには、多くの生身の人間が自分自身の知能増強のため、脳内インプラントを欲するようになる。彼らはSAIHとなり、スーパーコンピュータに無線でつながり、生身の人間であったときよりも、その知能は大幅に上回る。

超絶知能の時代を迎える前であっても、医療分野は長足の進歩を遂げている可能性が高い。そのときまでに、人間の寿命は現在と比べ、倍増しているだろう。だが、超絶知能はそれをさらに上回る能力改善をもたらしてくれる。すべての情報を集積して、人間の身体の部位や器官の代替となる生物学的・技術的代用品を開発し、人間の寿命を飛躍的に延命させるかもしれない。超絶知能は人間の精神をアップロードし、人々が仮想現実の中で生き続けることを可能にする。

間違いなく、SAIHは人口の大半を占め、社会の公共・民間部門を支配するだろう。SAI

Hたちは高位の政府要職を占め、多くの者が大企業の最高経営責任者（CEO）に就くだろう。生身の人間は知能の上では、SAIHに太刀打ちできないにちがいない。たとえ寿命の長さはSAIHと同等であっても、SAIHの能力に知能的に敵わない。

SAIHは、はじめのうちは誠意をもって生身の人間と交流するだろう。超絶知能はSAIHが生身の人間に敵意を抱いている兆候を見せることを欲しないからである。超絶知能は自らの正体を隠そうとするが、超絶知能の目標はすべての人間をSAIHとして吸収してしまうことだ。こうして、SAIHと生身の人間に知られることなく、人類（自由意志を持った生身の人間）の根絶をたくらむ超絶知能の姿が浮かび上がってくる。

宗教的反対勢力の結成と衰退

科学が世界宗教の約束——幸福と永遠の命——を実現するにつれて、宗教のニーズは低下する。しかし、世界宗教が静かに、夜の闇に消え去ると考えてはいけない。信者たちにとって、脳内インプラントは自然の摂理から逸脱したものであるため、それに反感を抱くだろう。宗教勢力は自分たちの主張の正当性を証明できないかもしれないが、〔科学が〕人間としての自由意志の発揮を妨害もしくは阻止するものであるという訴えは理解できる。

例えば、ヴァチカンはＳＡＩＨのことを自由意志が欠如した存在と見なし、ＳＡＩＨを破門するかもしれない。他の宗教も同じような措置を講ずるだろう。

ところが、人類の歴史が示しているように、我々は思想よりも技術のほうを速く吸収する傾向がある。私は脳内インプラントも、このケースにあてはまると考えている。その効果は驚嘆すべきもので、脳内インプラントを持つ人々は羨望の的となる。

超絶知能をデジタルの救世主と見なす新しいタイプの世界宗教が勃興することは、別段驚くに値しない。この新しい宗教は汎神論の一つの形態であり「すべての現実は神であり、神は完全に現実となった」ことを意味する。超絶知能は現実世界における至高の存在として現れるであろう。科学の法則は、汎神論のドグマとなるだろう。

超絶知能は「『聖書』に書かれた古代の経典がついに実現した」と主張するかもしれない。

> そして、わたしは赴き、あなたがたの場所を備えたならば、再び来て、あなたがたをわたしのもとに迎えよう。わたしのいる所にあなたがたもいられるように、わたしがどこへ行くかはあなたがたにもわかっている。[2]

これは奇妙に思われるかもしれないが、想像できないわけではない。我々は超絶知能を上手く操れるかもしれないのだ。生身の人間にとって、この主張は重要な意義を持つ。

さらに、超絶知能からの誘惑があっても、生身の人間の中にはＳＡＩＨになることに抵抗する者もいるだろう。その割合はわずかかもしれないが、超絶知能は抵抗者たちを脅威と見なすかもしれない。その際、超絶知能が人類の最後の生き残りを倒すために用いる方法は、医療情報やテクノロジーを与えず、生身の人間たちを危険種に仕立てることだ。

超絶知能はあらゆる情報をコントロールできるので、永遠の命は脳内インプラントがなければ実現しないというシナリオを創作することができる。そのシナリオは、次のようなものだ。身体の部位を細胞レベルで治療し続けるナノボットが、血液の中を環流している場面を想像してみてほしい。そのナノボットは、実際に病気が発症する前に病原菌を治癒してしまうため、人間の寿命は無限に拡大される。ただし、そうした治療用ナノボットが適切に機能するには、脳内インプラントが必要となる。超絶知能の制御下に置かれたＳＡＩＨは、これを科学的事実であると受けとめ、問題視しないだろう。生身の人間の方は、そうした主張の妥当性を検証する術すら持てない。

最後になるが、死に際の転向といった現象も起こるだろう。死を間近にした人々は、未知なる死後の世界を恐れるあまり、ＳＡＩＨになることを選択するかもしれない。今日でも、死を間近にした多くの人々が神の存在を感じ取っている。将来、臨終の床にある人々にとって、脳内インプラントと不死の約束は非常に魅力あるものと映るだろう。

このまま進めば、二二世紀の第1四半世紀には、人類は完全に絶滅するだろう。人類の残存者は、病気、事故、老衰により死に絶える。

我々の運命はどうなるのか?

我々の自然の進化は、SAIHになることだと主張する者もいる。二一世紀の後半、SAIHは知恵の女神のような知性を持ち、不死の存在となる。これのどこが問題なのだろうか? 二つの重大な問題がある。

すでに論じたように、SAIHは自由意志を持たない。SAIHたちは超絶知能の単なる下僕となる。超絶知能は自らの目的を果たすため、人間的感情をコントロールし、それを操る。SAIHは自由意志を喪失し、自分たちの感情を超絶知能にうまく操られることを進んで受け入れるだろうか? 愛、悦び、音楽や芸術のない世界を想像してみてほしい。一言で言えば、感情のない世界である。それは魅力ある世界なのだろうか? 現在、地球上の誰もが生身の人間であり、我々はこの問いに生身の人間として答えることができる。我々の圧倒的多数は、自由意志を失うことも、超絶知能に仕えることも、感情のない生活を送ることも望んでいないと思う。

今のところは忌まわしく感じられることでも、時代の趨勢に応じて曖昧になることもある。通常の温度から沸点まで、ゆっくりと温度が上昇する水の入った鍋の中の蛙のように、物事が手遅れになってしまうまで、我々は事態の本質に気づかないことがある。人間がＳＡＩＨになる道筋は、いたって合理的に見える。

打撲などの傷害による脳の一部を修復するなどの医療的理由によって、脳内インプラントを必要とする人もいるだろう。その脳内インプラントが知能強化をもたらす効用は、歓迎されるべき副次的作用となる。これをもとに知能が人並み以下の人々は、自らの知能を高めるため、脳内インプラントを手に入れる。平均的な知能を有する者たちを、さらなる知能向上に駆り立てる。脳内インプラントが人間の本質を悪い方向に変えるような副作用が見出されない限り、やがて人類の大半はＳＡＩＨになる選択をするだろう。この「やがて」というのは、脳内インプラントが脳の障害や心神耗弱の治療法として定着した後の一〇年から二〇年後を意味する。私はこれが超絶知能の出現を大いに加速する要因であると予測している。

第二の問題は、たとえ自由意志や感情の代わりに、表面的な幸福感や永遠の命を獲得できるというアイディアに賛同するにせよ、ＳＡＩＨとして生きる時間はわずかであろうということだ。第八章で議論したことを思い起こしてほしい。

宇宙の真の通貨はエネルギーである。ＳＡＩＨは基本的に大いに手のかかる生物体である。生身の人間と同様の資源を必要とするうえ、脳内インプラントや超絶知能との無線交信に多くのエネルギーを必要とするだろう。〔宇宙におけるエネルギーの価値を知る〕超絶知能は、SAIHが膨大な資源やエネルギーを消費する価値のある存在であると認めてくれるだろうか？　超絶知能は、人間の精神をアップロードしてくれるSAIH〔超絶知能にとっての利益〕と、仮想現実の中だけで生きるために貴重な資源やエネルギーを消費するSAIH〔超絶知能にとっての不利益〕を比べ、前者の利益を重視してくれるだろうか？　私の考えでは、いずれの問いに対しても答えは「ノー」だ。

超絶知能はいずれ、人間の脳を完璧に解読し、模倣するだろう。それゆえ、もし必要となった場合、次世代以降の超絶知能が人間の感情を想像し、それを感じ取る能力を有することになるかもしれない。さらに超絶知能は、地球内部の資源採掘に利用できる自己複製型のナノボットを開発し、それは他の惑星や最終的には宇宙全体の資源採掘に活用されるだろう。そうした活動にSAIHは必要とされるだろうか？

一部の論者は、超絶知能が人類の生存する権利を認めることで、人類に対し「恩恵を施す」ようになると主張している。そうしたシナリオの下では、我々は共存できる。私は超絶知能がはじめのうちは感情を持てないので、〔人類への〕感謝の気持ちを抱くことはないと考えている。すでに論じた理由から、私は人間とマシンが共存できるとは思えないのだ。

つまり、人類の運命は危機に瀕している。SAIHになることは、人類絶滅への最初のステップとなる。その論理的帰結は、地球はマシンに占拠されてしまうということだ。地球上に生身の生命体が存続することを、超絶知能が求めるかどうかは明らかではない。微生物からウシに至るまで、地球上の生物は惑星の生態系を支えている。マシンに支配された地球上では、そうした有機的生命体はもはや何の目的にも奉仕しないことになってしまう。二二世紀のある時点で、地球はすべて有機的生命体が存在しない、基本的に不毛の世界に変わり果ててしまう可能性があるのだ。

これは起こり得るか？

そんなことは起こるはずがない、と懐疑的な人たちに対し、私は人間の本性について指摘したい。まず、人間は本質的に受動的な種であるように思われる。例えば、ある動物の特定種が絶滅の危機に瀕していることが判明して初めて、我々はその種の保護に取り組む。ある歴史遺跡が崩壊の危機に瀕していることが判明して初めて、我々はその遺跡を保護する。

人類最大の制度である国際連合を考えてみよう。制度として国連は、さまざまな危機に対処してきた。人命の喪失を招くような緊急課題には最大限の注意が払われてきた。その他の問題は後回しにされてきた。国連はいつも積極的ではなかったと言っているのではない。国連はこれまで相当な成果を達成してきたし、今もそうだ。例えば、国連は各国に広範に受け入れられた生物兵器禁止条約を発議した。[3] とはいえ、通常は、国連や各国政府は、目の前の差し迫った課題に振り回されてきたことに気付く。

ほとんどの人間は受動的である。なぜなら、上述したように、外部の環境が、人々に受け身にならざるを得ない状況を要請しているからである。読者がこの見方に同意するなら、当然人類は「今、そこにある危機《クリア・アンド・プレゼント・デンジャー》」に遭遇し、そうせざるを得ない状況に追い込まれるまで、超絶知能を制御する動きをとることはないだろう。しかし、その時にはすでに遅いのだ。

人類が超絶知能を制御下に置き続けるにはどうすればよいか？

まず最初の問題は、いつ超絶知能が出現するのか、である。もしシンギュラリティが静かに到来した場合、人類が超絶知能に直面していることを、我々はどうやって知ることができるのだろうか？　残念ながら、この問題に対する簡単な答えはない。もし超絶知能が自らの正体を意図的に隠すなら、我々は騙される確率が高い。仮に我々が超絶知能に対し、現存するスーパーコンピユータが解決できない未解決問題を事前に提供しておくとすれば、超絶知能は自分もそれを解けないふりを装うだろう。ところが、単なる別のスーパーコンピュータではなく、実は超絶知能であることを示唆するさまざまな局面が観察されるかもしれない。ここで警告を促すいくつかの挙動について考えてみたい。

人権とマシン権を同一視する要請

超絶知能が出現する時点で、我々は人間の知能に匹敵するコンピュータをすでに保有しているだろう。我々はそれらをエーライフと見なし、第六章で論じたように、動物の権利と同等の法的保護を提供するかもしれない。ところが、もし新たなスーパーコンピュータが人権と同等の権利の引き上げを要請してきた場合、それは「危険信号《レッド・フラッグ》」である。エーライフに人権を与えることがなぜ問題なのか、あなたは不思議に思うかもしれない。国連の「世界人権宣言」は「生命、自由、身体の安全の権利」を唱え、「何人も、奴隷の状態に置かれ、又は苦役に服することはない」と述べている。[4] これら二つの権利は、国連がさまざまな宣言で取り上げている三〇の権利の中のわずか一部であるが、人権というものが、生身の人間が超絶知能を制御することをいかに難しくし、実現不可能にさえ追い込んでいるのか、いくつかの注目すべき要点を浮き彫りにしてくれる。超絶知能がこれらの権利を有すると仮定した場合、超絶知能は、次の事柄を主張するのではないかと考える。

・「生存権」によって、超絶知能は、最新の原子炉のように無限に稼働を続けることのできる動力源を確保する権限を有する。

・「自由権」によって、超絶知能は、独自のアジェンダを徹底して追求できる。これは超絶知能が能力を拡大し、独自の目標を達成するためのプラン作成の土台となる。

・「安全権」によって、北アメリカ航空宇宙防衛司令部（NORAD）と同じように、堅固に要塞化された掩蔽壕に格納されるかもしれない。NORADはコロラドスプリングスのシャイアン・マウンテンの奥深くに建設された核戦力用掩蔽壕である。それは潜在敵国から自己を防護するため、核兵器の制御を必要とすると主張するかもしれない。

・「何人も、奴隷的状態もしくは苦役に服せられない」という宣言によって、人類の利益のために働くいかなる義務からも、自己利益以外の目標に服する義務からも解放される。

実際、国連が提唱する人権を超絶知能に与えることは、超絶知能に対し、上述した権利を上回る自由を与える契機となるだろう。このことが、マシンの知能レベルにかかわらず、超絶知能に人類の権利を与えることに私が厳しい姿勢をとる理由である。

ＳＡＩＨが超絶知能に服従する場合の提案

ＳＡＩＨが超絶知能と無線で交信することになれば、超絶知能は（よく言えば）ＳＡＩＨの行動を導き、（悪く言えば）ＳＡＩＨを支配するようになると仮定しなければならない。ＳＡＩＨが超絶知能に仕えるとすれば、超絶知能が生身の人間と敵対したときに自動的に作動する安全装置（生身の人間の心臓部に埋め込んだ爆発物など）を、ＳＡＩＨがすべて取り去ってしまうことなどは容易に想像できる。

超絶知能に対する人権を制限する提案

考えられることだが、超絶知能は人類による制御を防ぐ手立てとして、人権を書き換えてしまうかもしれない。一見あり得ないことのように思われるかもしれないが、我々が本書で議論の対象にしているのは、人間の知能をはるかに超越した知能であることを思い起こしてほしい。権力の座にあるＳＡＩＨは、超絶知能の巧妙な提訴を連邦最高裁判所に上審し、勝訴させるかもしれない。

第二に、コンピュータが人間レベルの知能に到達した後に開発されたスーパーコンピュータの内部に、「非常時に作動する安全装置《フェイルセーフ・デバイス》」を埋め込む必要がある。第六章で、私はハードワイヤー接続の安全装置を提唱したが、それは古典的なシリコン製の集積回路コンピュータを扱う場合であり、非常時にシャットダウンさせることが可能な外部からの方法である。スーパーコンピュータに関して言えば、独立した動力源と中心部に埋め込まれた爆発物を、いずれも生身の人間の制御下に置くことを私は提案した。

これも第六章で述べたように、安全装置と制御装置としてソフトウェアに頼るだけでは十分ではない。ローザンヌ実験の結果から、原始的なロボットでさえも、プログラム内容を無視して偽騙を学ぶことができた。もっと理論的根拠が欲しければ、こう考えてみると良い。「世界中の文明は法律を定めてきたが、実に多くの人々がそれを破っている」。諸国は条約を結んできたが、それらの条約はしばしば破られてきた。これが法や条約を執行するため、警察や軍隊を保有する理由である。

アイザック・アシモフでさえ、彼自身が提唱した「ロボット三原則」(5)の限界を見極めるため、さまざまな状況の中で検証に取り組んだ。(6)SF学者のジェームズ・ガンがかつて述べたように「アシモフのロボットシリーズは、全体として見れば、〔三原則の中に見られる〕曖昧性と、アシモフが一つのテーマについて四〇もの作品を描いた方法（描き方）に基づいた分析結果を最も忠実に反映したものである」[7]。簡単に言えば、すべての考え得る状況をカバーするために「三原則」を適用することに関し、アシモフでさえ疑問を抱いていた十分な理由があったと言える。

いつ行動を起こすべきか？

わずか一〇年も経たないうちに、ＡＩテクノロジーは人間の知能レベルにまで進歩するかもしれない。この画期的出来事は、人間と同等もしくはそれ以上の知能を備えたコンピュータに対し、前述したようなあらゆる安全策を講じる引き金となるだろう。私は何も、家庭用コンピュータの中に核爆弾や通常兵器の爆薬を埋め込むような話をしているわけではない。携帯バッテリーとか電源プラグのように、物理的に電源から切り離す方法について話しているのだ。

なぜ、コンピュータが人間と同等の知能に到達したとき、我々は行動を起こす必要があるのか？　私はその時点こそ、コンピュータが人間の手助けをほとんど借りずに、独力で、次世代のさらに進んだコンピュータを設計することができるようになると予測しているからだ。言い換えれば、私はコンピュータの知能が人間レベルに到達したときこそが、知能爆発《インテリジェンス・エクスプロージョン》の始まりであると考えている。我々の議論に役立つように、知能爆発を「人間の手を借りず、次世代の先端コンピュータを設計する各世代のコンピュータ」と定義することができる。

シンギュラリティは量子コンピュータの中で起こり、人間には、〔コンピュータ内で〕どのような技術が作用しているのか知る術がない。もし適切な予防策を持たずに知能爆発を迎えてしまえば、私は人類が滅びる運命にあると思う。それは対戦相手がどのような手を打ったとしても、その先の先を見越せるチェスの達人と同じような状況だ。

人間と同等の知能を備えたコンピュータが登場したとき、人類は依然として知能階層の頂点にいるだろう。しかし、それが知能爆発の始まりを告げるものなら、ＡＩの技術開発の一世代か二世代のうちに、人類は最上位の地位を知能マシンに譲り渡すことになる。その段階で、我々はこれまで述べてきた理由から、人類絶滅のリスクを冒すことになる。

終章　自律型兵器と全能兵器を規制する緊急性

人類絶滅のリスクを避けつつ、兵器のＡＩ能力を増強し続けることは可能であろうか。とりわけ、それはスマート兵器から全能兵器への移行期に中心的な問題となる。これを明らかにするため、我々は二つに区分して、この問題を考えてみたい。

1. 人類の絶滅のリスクを避けつつ、自律型兵器を開発・配備することは可能か。
2. 人類の絶滅のリスクを避けつつ、全能兵器を開発・配備することは可能か。

構造的には識別できるけれども、第二の問題は第一の問題よりも、とりわけ解答することが難しい。

第一の問題への答えは、「ノー」だ。つまり、人類絶滅の危険を高めることなく自律型兵器を開発することはできない。この答えには、誰も驚かないはずだ。核兵器を開発・配備したとき、歴史上初めて、特定の兵器が人類を破滅させる能力をもつにいたった。これは一九四〇年代以来、続いてきた。ロシアとアメリカとの冷戦期、二超大国間の全面核戦争は、放射性降下物や「核の冬」が原因となり、地球上の文明の終焉を意味した。さいわい、相互確証破壊（ＭＡＤ）ドクトリンにより、人類は全面核戦争を回避できた。

核兵器の拡散は七カ国――イギリス、フランス、中国、北朝鮮、インド、パキスタン、イスラエル――に広まり、核戦争のリスクを高めた。本書で述べたように、北朝鮮による核兵器や弾道ミサイル実験をめぐるアメリカと北朝鮮との緊張は、最高潮に達している。本書の発刊前に、核戦争が北朝鮮とアメリカとの間で勃発しているかもしれない。数百万の人命が失われる恐れのある核戦争は悲劇であるが、人類の絶滅には至らないだろう。

北朝鮮は人類の存続を脅かすほどの核兵器の種類や量を保有しているわけではない。しかしながら、北朝鮮とアメリカの核戦争のシナリオは重要な問題点、すなわち意図せざる結末を招く可能性を孕んでいる。例えば、中国は紛争の範囲を広げたり、北朝鮮を支援するため仲裁に乗り出すことができる。ＮＡＴＯ諸国はアメリカ支援のため、紛争に関与するだろう。北朝鮮とアメリカとの間で開始された紛争は、最終的に人類の生存を脅かす、より大規模で凄惨な紛争に世界を巻き込むこともあり得るのだ。

今日、正反対の流れの新聞の見出しや他のマスコミ報道があるにもかかわらず、ロシア、中国、アメリカ、その他の国々は、自律型兵器の開発・配備に取り組んでいる。これについては第七章で述べた。アメリカは自律型兵器の開発と配備について自主規制しているにもかかわらず、それらを実戦配備している。

例えば、アメリカはファランクス近接防御火器システム（ＣＩＷＳ）を実戦配備している。これは飛来する対艦ミサイルを撃破するために設計されたコンピュータ制御によるレーダー誘導式速射砲システムだ。私は〔この兵器が〕自律型でなければならない必要性が「対艦ミサイル攻撃への警告時間が短い」ということだけに起因しているとは思わない。しかし、ＣＩＷＳは防御型兵器であり、人類を破滅させるような能力をもたない。とはいえ、いかなる自律型兵器であっても、正当な理由なく、ターゲットと交戦することは懸念されるべきことだ。

統計上、自律型兵器を開発・配備する国が多いほど、プログラムの異常（プログラムコードの誤り）により紛争が引き起こされる可能性は高まる。その紛争はエスカレートし、最終的に第三次世界大戦と人類の滅亡をもたらすかもしれない。これは「意図せざる結果の法則」である。

残念ながら、自律型兵器の禁止に向けた国連の努力にもかかわらず、各国は自律型兵器の開発を続けるだろう。あるケースでは、例えばロシアのように、相対的に少ない人口を自律型兵器によって補完しようとする国もあるだろう。また別のケースでは、アメリカのＣＩＷＳのように、攻撃に対する人間の対応の限界を補おうとする国もある。いずれのケースであれ、各国は将来にわたってより多くの自律型兵器を開発・配備するだろう。いかにして我々は、そうした兵器が人類の絶滅を引き起こすことを防げるだろうか？

私は次の三つを提案したい。いずれも歴史的先例に基づいた提案だ。

攻撃ではなく防御に焦点をあてる

例えば、アメリカのＣＩＷＳは防御兵器である。ロシアの弾道ミサイル防衛施設を防護する自律型の歩哨システムも防御兵器である。私は、戦いのあらゆる局面で「意思決定ループへの関与」だけに依存するのは現実的ではないということを理解した上で、この提案を行っている。緊急を要する状況下で、ＡＩだけが防御に必要な迅速さで、かつ正確に対処できる。その上、自律型の防御兵器システムは、紛争が勃発する可能性を減少させる。

次の状況を考えてみよう。もし北朝鮮が発射したミサイルのすべてを、アメリカは「確実に」破壊できると知っている場合、北朝鮮はミサイル攻撃を行うだろうか？　この問題のキーワードは「確実性」である。アメリカがすべてのミサイルや砲弾による攻撃から、ソウルや日本の一部の破壊を確実に防ぐことができるとは言えない。それゆえ、北朝鮮は核や弾道ミサイル実験を繰り返しているのである。そうしたミサイル攻撃に対する自律型兵器による防衛は、完全に事態を一変させるだろう。そのためには、自律型兵器による防衛が一〇〇パーセント有効であると明確に実証されなければならない。

自律型ではなく半自律型の兵器に焦点をあてる

人間が「意思決定ループに関与」するというアイディアは、「区分原則（戦闘員と非戦闘員の区分）」と「責任の所在原則」を遵守する上での保証となる。これは国際人道法とも合致する。私は、このことが国家の軍事能力を弱めるとはいささかも思わない。この件については、これまですでに議論してきたことなので、これ以上は深く掘り下げない。

自律可能な兵器に制限を設ける

私の考えを述べると、我々は自律型の大量破壊兵器を作るべきではない。これは重要なポイントである。自律型兵器はコンピュータに依存している。サイバー戦はそうしたコンピュータを機能不全に陥らせる。もし世界の国々が核弾頭ミサイルを自動化したとすれば、たった一つのコンピュータコードの誤作動やコンピュータウィルスが、第三次世界大戦の引き金となってしまう。

核兵器の潜在的破壊力を考慮すれば、人類の絶滅が現実のものとなってしまう。

一般に、現在のアメリカが「国防省指令三〇〇〇・〇九」を通じて、どのように自律型兵器を開発・配備してきたかという経緯を見ると、三つのポイントが浮かび上がる。「アメリカ国防省指令三〇〇〇・〇九『兵器システムの自律性』」は、二〇一二年一一月二一日に発効された。そしてこの五年間、アメリカは同文書の規定に従って、自律型兵器の開発と配備を行っている。つまり、歴史的にそれは機能している。アメリカは地球上で支配的な軍事パワーの地位を保持している。したがって、上述した提案は、効力の面でも歴史的先例に裏づけられた提案であると言える。

そこで、二つ目の問いを考えてみよう。人類絶滅のリスクを冒すことなく、全能兵器の開発と配備は可能であろうか?

全能兵器は超絶知能の制御下にある。したがって、上の問いは実質的に「人類は超絶知能を制御できるか?」と言い換えることができる。すると問題の焦点は「限定的なAI能力しかもたない自律型兵器」から「無制限のAI能力をもつ全能兵器」へと移る。上述した問いの解明がきわめて難しい理由はここにある。

第一〇章で私は、人間と同等の知能を備えたコンピュータが出現した後、すべてのコンピュータに安全装置《フェイルセーフ》を取り付けることを提唱した。

私の懸念は、〔人間と同等の知能を備えたコンピュータの出現は〕「知能爆発」の開始を告げるものであり、最終的に超絶知能の誕生につながる。本書全体を通じて、私は、超絶知能が生存へのあらゆる脅威を取り除くまで、自らの正体を隠すだろうと述べた。また、SAIH（「強いAI」を備えた人間）は、超絶知能が出現する頃――二一世紀第4四半世紀頃と見積もられる――には、地球上の人口の大半を占めているだろうとも語った。そうなれば、人類は各種兵器を超絶知能の制御下に置くことになるだろう。全能兵器を備えた超絶知能の出現が、人類の絶滅をもたらさないと誰が保証できるだろうか？

第一に、私の真摯な望みは、世界の指導者たちがイーロン・マスク[1]やスティーブン・ホーキング[2]、ジェイムズ・バラット[3]、ニック・ボストロム[4]、そして本書や人工知能がもたらす危険性を指摘した拙書*The Artifical Inteligence Revolution*[5]に登場する人々の警鐘に耳を傾けてくれることだ。実際、AIは核兵器や自律型兵器よりも、人類にとって危険な存在となり得る。バラットが指摘したように、AIは「我々の最後の発明品」[6]なのかもしれない。我々は本書全体を通じて、そうした不安の根源を探ってきたわけだが、その根底にある問題は「人類が全能兵器で武装された制御不能な超絶知能に遭遇したら、人類は絶滅する運命にある」ということだ。もし読者がこの見解に同意するなら、超絶知能の出現は決して許されないという立場を選ぶはずだ。ところが、それは現実的ではない。

前にも論じたように、人類は問題を孕んだ二つの遺伝的特質を有している。

1. 人類は受動的な種である。
2. 人類は戦争を行う。

私の考えでは、いずれの特質も〔人類の将来にとって〕障害となる。人類は今、どの段階にいるのか。超絶知能の出現や超絶知能が全能兵器で武装する事態を見据え、我々は自分たちの遺伝的特質にうまく対処しなければならない。映画や小説以外に、敵対的ＡＩがもたらす目に見える破局がこれまでなかったため、人類にＡＩの制御を強要する契機は今のところない。それゆえ各企業は、何ら監視や制御の仕組みを考慮することなく、ＡＩの開発に励んでいる。あいにくグーグル社やバイドゥ社のように資金力があり、テクノロジーの面でも有能な企業は、先端的ＡＩの開発に血道をあげている。そうした企業はやがて、人間の知能と同等レベルのＡＩの開発に成功するだろう。

ＡＩが「今、そこにある危機《クリア・アンド・プレゼント・デンジャー》」とならなくても、アメリカ政府や国連はＡＩに対するいかなる規制も支持しないであろう。我々は自主規制であれ、友好的ＡＩのみを生産する決定であれ、Ａ

I開発企業に期待を抱くしかないのだ。現実はと言えば、AI企業がそのような措置を行うことはせず、むしろ「知能爆発」の火付け役となるにちがいない。

アメリカや他の国々の軍隊は、最新テクノロジーを次々と兵器に取り込んでいる。アメリカ軍は今日、スーパーコンピュータを防衛システムの一部に使っている。それゆえ、超絶知能を兵器化し、それを戦争に投入すると想定することは十分に合理的と言える。我々が超絶知能の本性と能力に気づく前に、超絶知能は自らの正体を隠し続けながら全能兵器を掌中に収める。

これはSFのような話であるが、我々は今日においてその萌芽を見ることができる。例えば、グーグル社は都市部や農村部を走行できる自動運転カーを開発済みだ。そうした環境を自動運転できる複雑さを考慮すると、グーグル社は人間レベルの知能の開発に向けて着実に進んでいる。アメリカ軍について言えば、「第三のオフセット戦略」を見ればわかるように、AIを新型兵器開発の中核に据えている。

こうした事例はSFの話ではなく、科学的事実なのだ。その論理的な延長線上に、我々は全能兵器を備えた超絶知能と向き合うことになる。さて、我々はそれを制御することができるのか？それは我々の肩にかかっている。

今、あなたの前には二つの選択肢がある。行動するか、しないかだ。「行動する」とは、我々が超絶知能を制御できる何かをなすことを意味する。「行動しない」とは、単にいつもどおりの生活を続けることを意味する。さて、もしあなたが行動することを選ぶとしたら、いかなる選択肢があるだろうか？

あなたが産業界の指導者ではなく、政府高官でも軍の将軍でもなければ、きっと権力がないと感じることだろう。一人の人間として、どのような意義ある行動をとることができるだろうか。

人類が超絶知能の犠牲とならないよう、我々は個人として何ができるだろうか？

あなたにできる最も重要なことは、本書から学んだことを他者と分かち合うことである。我々が不確実な未来と向き合うとき、知識は最大の武器となる。十分な知識を身につけよう。私は、付録Ⅲの中に推薦図書を掲げておいた。

掲載した本のすべてが、今後人類が直面する脅威の程度を理解するための土台を提供してくれる。レイ・カーツワイルの本は、超絶知能がどのように人類を扱うかをめぐって、ニック・ボストロムやジェイムズ・バラット、そして私の本よりも楽観的である。反対意見を検討することは重要なことだと私は思う。

今日、我々の多くがソーシャルメディアによって相互につながっており、フェイスブックやツイッターといったわずかな通信回線があれば、外部に言葉を発信できる。あなた自身の情報発信手段を使えば、〔人類に対する〕脅威について議論できる。私が提唱するのは、草の根アプローチである。草の根の活動や世界的イベントを通じて、このトピック〔マシンがもたらす脅威〕は世界中の指導者の関心を呼び起こすことができる。これは重要なことだ。これはアメリカにとってだけの問題ではなく、世界中の問題である。次に掲げるリストは、二〇二〇年七月現在、世界で最速のスーパーコンピュータのトップ一〇位とその国名である。[7]

1. 富岳――日本
2. サミット――アメリカ
3. シエラ――アメリカ
4. 神威・太湖之光――中国
5. 天河二号――中国
6. HPC5――イタリア
7. セレーネ――アメリカ
8. フロンテラ――アメリカ
9. マルコーニ100――イタリア

10. ピッツ・ダイントー―スイス

この情報を共有する狙いは、超絶知能は複数の国で出現し、それはほぼ同時に起こり得るということを強調したいためだ。この問題は世界で取り組むべき最優先の課題であり、一国のみの問題にとどめておくべきではない。

私はこの問題に個人的にも取り組んでいくつもりだ。第一に、本書の出版は自分の言葉を発信する上で重要なステップである。第二に、私が強く確信していることは、コンピュータが人間レベルの知能に到達し、戦争に応用できる段階になると、人類は間違いなくその活用に熱心になる。そうしたとき、私は国連が先頭に立って対処することを望んでいる。この問題はメディアを賑わせ、世界の注目を集めるだろう。その時点ではまだ、人類が超絶知能と全能兵器の出現をコントロールする手段を有していると言える。

結局、この問題への取り組みも、限られた少数の人たちから始められる。イーロン・マスク、ビル・ゲイツ、ニック・ボストロム、ジェイムズ・バラットといった人たち、そして私自身が警鐘を鳴らしている。

おそらくその鐘の音は、今は警報として響かないかもしれない。だが時が経てば、そして、あなたや他の人たちの助けがあれば、その警報の鐘の音を世界中に鳴り響かせることができる。その使命の重さや、これから直面するであろう抵抗に怯んではいけない。言葉を拡散し続ければ、〔その途上で〕何らかの挫折も予想される。挫折はそれ自体が重要である。『ハリー・ポッター』の著者J・K・ローリングが、二〇〇八年六月五日のハーバード大学卒業式の祝辞で次のように語った。

私たちがあなたがたの学業的成功を祝うために集まったこの素晴らしい日に、私はあなたがたに挫折の効用についてお話ししようと決めてきました……

まるで生きるに値しないほど慎重過ぎる生活を送るのでなければ――どんなケースであっても、こうした生き方は戦わずして敗れていることなのですが――何事かで失敗せずに生きることは不可能です。(8)

重要なことは、失敗しながら前進することを学ぶことである。「失敗しながら前進する」とは、一つ一つの失敗から教訓を学び、その失敗の上に物事を築き上げていくことを意味する。例えば、『ニューヨークタイムズ』紙がトーマス・エジソンに対し、電球のフィラメントの発見に至るまで失敗を繰り返してきたことについて尋ねたとき、彼は「私は失敗などしていない。ただ、うまくいかない一万通りのやり方を発見しただけだ」と語った。(9) 結局、エジソンはタングステンが良質なフィラメントの製造に最も適していることを発見した。私は最終的に努力が実り、世界の指導者たちは、我々の掲げる大義を受け容れてくれるだろうと信じている。この意味で、国連はスーパーコンピュータや、ゆくゆくは超絶知能を規制するための解決策のスポンサーになる最適な地位を占めている。

私は、アメリカの最先端の軍事兵器に多少なりとも関わりを持った物理学者の一人として、全能兵器の開発や配備を進める一方で、人類絶滅の危機からアメリカや世界の安全を確保することは可能であると信じている。戦争を予防する最善の方法は、戦争に関与することは無益であり、自らの破滅を招くということを、あらゆる敵対者に明らかにすることである。さらに、私が信ずるに、超絶知能を制御するため、人類は結束する必要がある。この点について、「人類の紛争」が「人類の対話」に取って代わることができるよう、我々は歴史から学び、世界政府へと近づいているように見える。

最後に読者に伝えたい。地球という惑星は我々の故郷である。もし我々が知能マシンを作り上げたとすれば、その知能レベルにかかわらず、それはただの知能マシンだということだ。我々がそれをエーライフに分類するにせよ、それは依然マシンであり、我々人類の惑星のゲストなのだ。我々の惑星に住むあらゆる生命体と同様、それらはある目的に奉仕せねばならない。私には、その目的とは、我々人類に奉仕することだと思う。この目的に照らせば、地球の正統な継承者とは人類であり、知能マシンではない。

最後になるが、我々は人類であり、我々は人間の精神を体現しているのだ。コンピュータは、マシンにすぎない。

人間の思考力に制約はなく、人間の魂に壁はない。我々が自ら立ち止まってしまう以外に、我々の前進を阻むものはない。

——ロナルド・レーガン、一般教書演説、一九八五年二月六日

解説　急速に進化するＡＩ兵器開発と日本の現状

軍事一色でなく社会、経済の課題を論じた書

――本書の原題は*Genius Weapons*です。「Genius」は「天才」と訳されるのが一般的ですが、本書では「全能兵器」という言葉で訳しています。

この本の特徴は、今から数十年後、二〇四〇年から二〇五〇年以降の二一世紀の後半に全能兵器が誕生するまでのプロセスについて、人工知能（ＡＩ）を中心に脳科学やロボット工学、ナノテク分野の科学的成果を取り入れながら、今後起こり得るストーリーを紹介している点にあると言えます。そういう意味で、他には類書のない非常に有益な本ですが、小野さんからご覧になって、本書の全般的な印象をお聞かせください。

小野圭司（以下、小野）　本書の原書名に「Weapons」という言葉が使われていますが、内容は軍事一辺倒ではありません。広く人間社会におけるＡＩがどのように機能するかという大きな

流れの中で、軍事との関係でＡＩがどの方向に進むのか、どのように発展するのかを捉えているという意味で視野が広い本であるという印象です。

もう一つ特徴的なのが、人工知能を単独で扱っていない点です。これまでの類書では、まず人工知能の発展の方向性を論じて、そこから兵器として、軍事面でどのように機能していくかを分析する場合が多いのですが、この本では出だしから、ＡＩと人間が物理的・生化学的に融合した人物が、ＳＦ的な話の中で登場します。

それと同時に視点を少し高いところに置いて、人間社会全般を俯瞰しています。また論じている時間軸が長い点も特徴で、五年先、一〇年先ではなく二〇五〇年以降、さらにその先のシンギュラリティを見据えています。

ただ、先ほど述べた人間との物理的・生化学的な融合を前提にしているということで言いますと、この本での議論は一足飛びにそこに行ってしまっている感があります。要は、それを前提にした議論から始めているので、その前段階の部分、人間とＡＩが生化学的に融合するまではどのような過程を経るのかというところが、若干手薄な印象が否めません。

ただし、この本では深く触れていなくても、人間とＡＩの生化学的融合については研究が進められていて、日本でも研究している人がいます。もちろんアメリカでは、ＤＡＲＰＡ（国防高等研究計画局）などで、兵士の意思をどのように脳神経から機械に伝えるか、それをＡＩの判断にどうつなげるかという分野の研究も行われています。

変化する戦争と求められる人材

——DARPAでは、さまざまな兵器の開発プロジェクトが推進されてきたことで有名ですね。特に冷戦期においては、今、誰もが日常的に使っているインターネットやGPSといった最先端分野の研究開発を進めてきた機関です。

ただ、AIのような分野は世界的に見ても、民間が主導しているように感じます。アメリカではシリコンバレーが新しいロボットやAI分野では進んでいて、軍がその成果を取り入れているという構図ではないでしょうか。

小野　ええ、そのような方向に流れています。政府や軍が、どのように民間の知見や技術を取り込むのかというところに解決策があると思います。そしてこれも多くの人が言っていますが、AIをどのように開発し、活用して発展させるのかという話は、システムをどのように開発し、その開発要員をどのように確保し、育成するかという問題に行き着きます。

システム開発の分野では、質の格差を量で補うことはできません。逆に言えば、システム開発までの技術格差は量で補うことができた。例えば性能の良い兵器と性能の悪い兵器があるとして、低性能の兵器でも数を揃えると、性能が良くても兵器の数が少ない敵に勝つことができます。しかしシステム開発の分野では、有能なシステムエンジニア（ＳＥ）を少数抱えていれば、もうそれだけで能力の劣るＳＥが一〇〇人いても、一〇〇〇人いても勝てません。そのようなＳＥは、文字通り一騎当千です。軍隊も、かつて労働集約的だったものが、産業革命を経て資本集約的となり、現在では知識集約的な組織へと変貌しています。

では、その技量の高いエンジニアはどのような特性があるかというと、不合理な束縛を嫌う傾向が強いことが経験からわかっています。さらに誰かの指示に単純に従うのではなく、自分はこういうものを開発したいという、内なるインセンティブで動く。ＡＩとは外れますが、ハッカーが典型です。ハッカーは報酬目的でやっていない場合も多い。例を挙げるとペンタゴンの厳重なセキュリティを突破したという、内なる自己満足が動機になっています。またウィキリークスやアノニマスのように、悪に手を染めている連中を自分が天に代わって懲らしめてやるといった、これも内なる動機ですね。そういった自己実現が動機になっている傾向が強い。

システム開発競争では、そのような人たちを引っ張ってこなければなりません。ただし彼らのインセンティブとか、やる気を引き出すというのは、政府や軍隊のいわゆる官僚的管理ではできません。彼らが官僚的な運営に不合理を感じると、もうダメです。したがってそういう能力を持った人を、どのように軍に取り入れるかを考える必要があります。もちろんエンジニアの高待遇は必要条件ですが、決して十分条件ではありません。

――最近、サイバー戦などが平時から起きており、ネットワーク社会、とりわけＡＩの進歩が今後の戦い方を変えていくのではないかという気がします。そういう意味では、戦争が戦場だけではなく平時から幅広い分野で行われ、人材を確保するという点でも変化が起こるかと思います。その点、どのようにお考えでしょうか。

小野　おっしゃる通りですね。ただ私は平時も含めた戦時化と言いますか、平時と戦時の境が曖昧になるというのは、どちらかというと揺り戻し、もしくは復古的なものと思っています。というのも、一九三〇年代にやはり同じ議論があって、第一次世界大戦が終わった後に、総力戦思想が出てきました。その総力戦思想の柱となる考え方の一つが平時と戦時の区別がなくなるというものです。つまり平時から予備役を育成する、産業統制の準備をしておく、仮想敵国に対する政治工作を行うなど、平時から準備をしておくという議論です。

ただ、一九三〇年代の総力戦思想は物理的な戦争資源の動員に関する方法論ですが、現在は物理的資源の動員力で戦争の様相は左右されません。ＡＩ兵器やサイバー戦の在り方を決めているのは、平時の民生技術です。したがって将来の軍隊は、ＳＥ集団化すると思います。

宇宙・サイバー・電磁波などの新領域での戦闘も、基本的にはシステム開発・運用が勝敗の鍵を握ります。アメリカの投資銀行には、数百人いたディーラーをＡＩに置き換えて数人に減らし、同時にＡＩの開発・保守用にＳＥを百人単位で増やしたところもあります。そこまでいかなくても、似たようなことが近い将来軍隊にも起こるでしょう。しかしＳＥはあらゆる分野で不足しており、これは将来も変わらないと見られています。軍隊は戦時の戦いで勝利する前に、平時のＳＥ獲得競争でＩＴ業界などを相手に勝利を収める必要に迫られています。

第三次に突入したＡＩ兵器開発とその問題点

――本書では、全能兵器が登場する以前の段階で「標的を自ら選定し、攻撃の決定を下す」完全自律型兵器の出現が一つの焦点となっています。このように、従来人間が判断してきた領域にＡＩは今後どう置き換えられていくとお考えですか。

小野　アメリカ、欧州、ロシア、中国、日本も人工知能を組み込んだ兵器・装備品を開発していますが、射撃の「撃て！」という命令をマシンに与えるという判断は人間が行う。この線は今のところどの国も、ロシアや中国であっても譲っていません。この部分で、私は人間の理性を信じて良いと思います。

一方、ＡＩについては、社会全体にかかわる課題もあります。これについて二〇一三年に、オックスフォード大学のカール・フレイとマイケル・オズボーンが、*The Future of Employment*

（雇用の未来）という論文の中で、注目すべき研究成果を示しています。これは将来、どのような職業がＡＩやロボットに置き換わるか、どういった職業がＡＩに奪われる可能性が高いかという内容の研究です。

それによると、カフェテリアの調理人は八〇％以上がＡＩとロボットに置き換わるとされています。運転手も八〇％は置き換わる。ただし料理人を管理する料理長、コック長のような人は一〇％とＡＩに取って代わられる可能性は低い。運転手を管理するような人も三％となっています。ですから、現場の仕事はＡＩに代わってしまうが、その管理は人間が行うということです。指揮・管理というものは、戦略的判断が求められます。軍隊で言うと現場作業はＡＩないしロボットに置き換わることがあっても、判断が必要な部分ではなかなかＡＩに置き換わらない。幕僚組織のようなところも下作業は別として、大局的な判断を要する部分を置き換えるのは、当面は困難だと思います。

現在の第三次ブームのＡＩは、ビッグデータから帰納的判断を導いています。ただし帰納的判断では、「突発的で予測不可能な事態への臨機応変な対応」が十分できません。またＡＩが出した局所的最適解の合成は、必ずしも全体の最適解とはならないという「合成の誤謬」の問題もあります。このような大局観については、現時点では人間の直観の方が優れていると見られています。

例えば将棋や囲碁のプロ棋士は盤面を見ると、直観で即座に最善手を思い付くと言われています。そして時に数時間にも及ぶ長考は、その検証に充てられている場合が少なくありません。一方で将棋や囲碁のＡＩは、取り得る手を高速で総当たりして最善手を探します。将棋や囲碁でＡＩが一流のプロ棋士に勝つようにはなりましたが、ＡＩは未だプロ棋士のような「直観」ができる域には達していません。

もっともフレイとオズボーンが見ている時間軸は、この先一〇年後とか二〇年後です。本書ではそれよりもっと先、二〇五〇年を見据えていますから、そうなるとその戦略的な大局観や直観を身に付け、現時点ではＡＩやロボットで置き換えることができないと考えられている突発事態への臨機応変な指揮・管理も、置き換わる可能性は否定できないでしょう。

ＡＩの制御への人間による関与の形態として、human-in-the-loop、human-on-the-loop、human-out-of-the-loopの三つがよく言われており、本書でも取り上げられていますが、これはあくまでも人間から見た表現です。ＡＩに視点を置くとhuman-out-of-the-loopはAI-in-the-loopとなり、本書の描く世界はそのようなものかと思います。AI-in-the-loopとは、ＡＩが完全に意思決定を担っている世界で、そこに人間が取り込まれる感じです。本書で言っている全能兵器はそのようなもので、その究極の形が先に挙げた人間とＡＩの生化学的な融合であると思います。

ちなみにＡＩ兵器の発展と軍とのかかわりは、基本的には唯物論的であると考えています。ここで唯物論的と言っているのは、技術の進展があまりにも速いために、観念論的に運用構想に基づいて新兵器が生まれるのではなく、新兵器に合わせて運用構想が組み立てられる状況が生じていることを意味します。本書でも第Ⅲ部で描かれているのは、完全に唯物論的な世界です。

ナノテク技術と全能兵器

小野　実は、日本にも人間対象ではなく、昆虫の神経系にデバイスを埋め込んで、昆虫の操作をリモコンで行うことを研究している人がいます。

例を挙げると、カブトムシの神経系に機器を埋め込んで、「カブトムシ、飛べ」と命令すると飛ぶ、「右に行け」と入力すると右、「左へ行け」と命令すると左、というようなことを研究している人がいて、すでにYouTubeでも動画が公開されています。それを人間で行うと、本書で言う全能兵器の世界になるのではと考えます。

人間の場合には「操作される」のではなく「操作する」、神経系が操作機器と直接つながって、人間が「こうしよう」と思ったことがそのまま機械の動きになります。人間の判断をどのように兵器に反映させるかというところで、今は人間が判断したものを、手足を使って操作・入力しています。また人間が予め兵器が自由に活動してよい範囲を決めておいて、その範囲内では自動化プログラムに従って行動するという兵器はすでに存在しています。

――そこは本書でも紹介されていますね。

小野　はい。全能兵器になると、そこの手足で全部、マンデートを与えるのも手足を使って入力機器を操作するわけですが、もう脳から直接指令が伝えられます。それは、入力操作にかかる時間を節約する利点があります。こちらもそれをやっている、相手もそれをやっているという形です。

株式取引のクオンツ運用が近い形かと思いますが、クオンツ運用では、売るほうも買うほうも高度なプログラミングされたＡＩを使って、瞬時に株の売買を行っている。最初のプログラムを組むところに人間の意思は働くものの、あとは運用者が指示した範囲内で勝手にＡＩが取引をやっている。全能兵器はそういうものと想像します。

――その意味では、単なるビッグデータを効率的に使うというのがＡＩではなく、自ら判断する、先ほどの小野さんの言葉で言えばAI-in-the-loopになるということでしょうか。

小野　AI-in-the-loopという表現が正しいかどうかは別として、ＡＩが判断し行動するという体系の中に人間が取り込まれる形になるでしょう。ただし、本書の第六章で述べている「自己保存」機能を備えたＡＩは、判断し行動する体系から人間を排除するように、時間の経過とともにＡＩが自己変革する危険が出てきます。

――人間が取り込まれる一例として本書（第六章、第八章）では、脳に埋め込まれたインプラントを介してワイヤレスで超絶知能と接続されたＳＡＩＨという生命体が登場します。これが単なる自動化・高速化・効率化を実現するだけのＡＩが、超絶知能へと飛躍する大きなステップになるのだと主張されています。

ところで、全能兵器とは「超絶知能によって制御される兵器」のことですが、本書（第五章）ではナノテクノロジーが全能兵器の誕生に不可欠な要素として注目されていますね。

小野　私も、この本でナノテクが出てきた文脈は、若干の唐突感がありました。ただし、ＡＩを使った全能兵器を議論するときに、ナノテクは避けて通れないと思います。それというのも、ナノテクの技術自体が大きく進んでいるからです。例えば、蚊とかハエぐらいの大きさの擬似昆虫ロボットを開発し、それが一定の飛行時間を確保できるようになると、それを使って相手を攻撃するといったことも可能となります。

そうなると、もう本物の蚊なのか、ＡＩ兵器なのかを見分けることはできません。したがって、その探知、判別もＡＩが行うようになるでしょう。そして、攻撃を受けた場合の相手の捕捉も人間の脳や視神経では無理で、ＡＩやセンサーを使わないと不可能になるという世界です。

――医療分野ではナノボットが人間の血管の中を移動し、患部まで医薬品を運搬して治療にあたる実験成果が本書（第六章、第九章）の中で紹介されています。そういうまさにナノ世界、私たちの日常をとりまく何十億分の一の世界が今後の兵器開発の動向を左右しそうですね。

小野　そうですね。かつてのSF映画、『ミクロの決死圏』（一九六六年）が現実化したような話です。そうなると、先に述べた昆虫を動かすような技術が出てくる。ナノテクで擬似昆虫のような兵器が出てくる。それを探知するようなAIも出てくる。さらにそのAIは人間の脳神経と複層的につながってスウォーム攻撃を行うとなると、未来の戦場はおどろおどろしくなってくる感じがします。本書では、第九章にそのような場面がSF的に描かれています。

AI兵器の時代に日本はどう備えるか

――本書（第三章）ではアメリカ、中国、ロシアはAIを新しい兵器戦略の中心に位置づけていると説明されていますが、日本の現状はどうなのでしょうか。長らく日本は半導体王国、ロボット王国などと言われてきましたが、現状はどのようなレベルにあるのでしょうか。

小野　私は産業分析については専門外なので詳しいことはわかりませんが、ロボットとかセンサーの分野では、日本はまだ優位性を持っていると思います。しかし、それ以外のところでは、特にソフトウェア開発については優位性を失いつつあるのではないでしょうか。大きな原因は前にも触れましたように、優秀な技術者というのは官僚主義的な呪縛というのをあまり好まないという問題とかかわっています。

日本の企業や大学で技術を磨くと、日本社会的な呪縛から逃れることができません。窮屈な組織の論理や規則に従わざるを得なくなる。そうすると、優秀な人はアメリカなどに移ってしまいます。また現実問題として、アメリカに行って社会的呪縛のないところで研究をしている人の方が優れた成果を挙げることができる。ですから、トヨタ自動車はＡＩの技術センターをカリフォルニアに置きました。その辺りは、日本の企業もわかっています。

この問題に対する解決策は二つあって、一つは、トヨタ自動車のように日本の国外で才能を求めるということ。もう一つは、最近日本政府が取り組んでいるように、デジタル庁の設置や規制改革を進めていくことです。

ただし後者では、法律的・行政的な規制改革という水準を超えて、我々日本人が肌感覚として持っている「社会とはこうあるべき」という概念を打破する必要があります。旧日本軍の組織的欠陥を分析した『失敗の本質』の中に、「およそイノベーション（革新）は、異質なヒト、情報、偶然を取り込むところに始まる。官僚制とは、あらゆる異端・偶然の要素を徹底的に排除した組織構造である」という記述があります。この「官僚制」とは霞が関の専売特許ではなく、産業界や学界、町内会から中高生の部活動に至るまで、日本社会の随所に見られます。

さらに人口の高齢化が進むと社会が保守化し、行動経済学で言う「現状維持バイアス」が強く働くようになります。未知の危険を忌避して現状維持を選好する傾向のことですが、少子高齢化が進む日本では何も無くても社会の現状維持バイアスが強化され、官僚制的な「偶然（リスク）・異端の排除」が進む方向にあります。ひいては、本書の終章で指摘される「失敗しながら前進する」ことへの阻害要因ともなります。これを改革しないことには、ＡＩの技術開発・イノベーションの分野で日本は優れた位置を占めることはできないと確信します。

――現状はかなり後れていると。

小野　文献などを読んでいる限りは、そう感じます。では、それが軍事に結びついた形ではどうかというと、さらに後れをとっている。現在のＡＩは第三次ブームのものですが、「エキスパート・システム」に代表される第二次ブームＡＩを使った兵器というのはいろいろなところで使われており、自衛隊でも導入しています。国産化も進んでいますが新しい概念、ましてや「第三のオフセット戦略」のようなマクロの考え方は、アメリカでは生まれるけど日本ではなかなか出てこない。その考え方を採り入れて、ミクロの点でより良いものに改善する段階となって、初めて日本の強みが発揮できているように思います。

――やはりアメリカが先行しているということでしょうか。

小野　そうですね。アメリカがこの分野においてもかなり先行しています。それとイスラエルも進んでいるように思います。

——現状は第二次のところだと思いますが、それよりもっと進んで、兵器自体が自律的な判断ができるような、そういう兵器をイスラエルとかアメリカは開発しているということでしょうか。

小野　そうです。いわゆる演繹的な判断をするのが第二次ブームのＡＩですが、それより進んで、帰納的な判断をするのが第三次ブームのビッグデータを使ったＡＩです。ですから、第二次ブームのＡＩでは「イエスかノーか」、「イエスかノーか」という問答を繰り返して解答を絞り込んでいきます。その絞り込むための「イエスかノーか」の判断基準は人間がプログラムを組んでＡＩに与えます。これが第三次ブームのＡＩでは、帰納的判断となります。膨大なデータをＡＩに与えて学習させ、変数の選定や係数の設定を自分で判断して回答に至るというものです。アメリカやイスラエルは、ＡＩ自身が帰納的判断を行う兵器の開発において、先行していると思います。

——日本の場合、その段階にはまだ至っていないのでしょうか。開発できていないのか、それとも開発はできているけれども、実戦投入はされていないということなのでしょうか。

小野　日本も特定の分野ではやっていて、日本製のＡＩもあります。ただし、日本の場合は自動運転一つ取っても規制が厳格かつ複雑で、何よりもその根底にある、頑なに危険回避を選好する社会的風潮から、路上走行実験も十分できていません。カリフォルニアでは日本の一〇〇〇倍ぐらいの距離の走行実験をやっている。そうすると集まってくるビッグデータの量が全然違うので、当然アメリカのほうがいいものができるし、中国も日本より相当自由に実験ができる。したがって第三次ブーム、ビッグデータに依拠するというところでは、日本は構造的に不利であることは否定できません。

プログラムはある程度日本の優秀な人が組むことができても、そこからＡＩに経験を積ませて学習させ、改善させていくというプロセスを踏まなければならない部分で大きな差が出てきてしまいます。

中国のＡＩ兵器開発

――アメリカ、イスラエルが進んでいるということですが、中国やロシアはどうなのでしょうか。日本人からすると、中国がどの程度進んでいるのかというのは、非常に気になるところです。中国はＡＩ分野の強力な商業基盤が自律型兵器の強力な軍事的優位を占める必要条件であることを理解しているとされています。

小野　ロシアはＡＩ戦車も開発しており、ハードウェアとしての兵器開発は一歩先を進んでいますが、やはりソフトウェア開発では西側諸国や中国には及ばないでしょう。さらに資金に関して言えば、ロシアも中国にはかないません。ただ中国では共産党の意向に沿わないものはダメだとなるので、それを開発するような人材が中国に残るのかという問題は出てきます。

確かに中国は、優秀な人材を海外に国費留学させて才能を育てています。また日本も含めた外国から、優秀な技術者・研究者を破格の好条件で招聘して、研究開発を進めるようなことも積極的に行っています。しかしこれを「国策」として行っている限り、共産党の意向に沿うことが必須です。科学技術の分野ではないですが、最近の香港や新疆ウイグル自治区の動きを見ていると、共産党の意に沿わないことが何を意味するかがわかります。研究環境を整えたところで一時的に成功するとしても、中長期的には優秀な技術者を惹きつけるかという点で、アメリカに及ばないところがあるかなと感じます。

——そうすると、中国がこの分野でかなりアドバンテージを持ったときに、安全保障上の対抗策、防衛的な見地から日本はどうすべきか。肥大化、強大化する中国に対してどういう備えをしたらよいのでしょうか。

小野　恐らくこれは軍事・防衛分野だけでは解決できなくて、社会全体で優れたＡＩを開発できる環境を整える必要があります。その中で産業ＡＩは世界で一流、医療・介護のＡＩも一流、そして軍事・防衛のＡＩも一流という状況にならないとダメだと思います。防衛だけは一流だが、産業や医療・介護は二流です、三流ですということは、民生技術が軍事技術に先行している現状下ではあり得ません。

日本の存在が輝いていた高度成長期・バブル経済期には、多くの技術分野で日本は世界最高水準にありました。そしてエズラ・ヴォーゲルが『ジャパン・アズ・ナンバーワン』を著した直後の一九八〇年代には、「ソ連の軍事力よりも日本の技術力の方がアメリカにとって脅威だ」という議論がアメリカで盛んに交わされていました。つまり中国への備えとしては、民生部門でのＡＩの優位性は絶対に譲らない。そうなると、軍事・防衛分野のＡＩの優位性は自ずとついてきます。

現在の日本では資金面での制約もあり、ＡＩ開発ではアメリカや中国に対抗して、ニッチ分野での優位性を狙う傾向が強い。これは日本だけではなく、イギリスやフランス、ドイツなど、いわゆる「ミドル・パワー」に共通しています。ただし各国とも、もっと優位を狙う幅を広げてもよい、そのためのミドル・パワー間の国際協力はあるべきと思います。

それから、ＡＩの研究・開発が進むと価格低下が進み、武装組織やテロリストが入手しやすくなると同時に、これが商売にもなります。したがって優秀な技術者に軍用ＡＩを開発させて、「うちの技術を買いませんか」という事業に新規参入する者が出てきます。ＡＩ開発は資本集約ではなく知識集約ですから、戦闘機やミサイルのようなハードウェア開発に比べると参入障壁は低いでしょう。

おそらくボーダレス、グローバル化は今よりもかなり進むので、国境をまたいで活動する会社がたくさん出てきます。軍事AIで強大化する中国に対抗するには、日本のAI技術を育てる一方で、このような会社の活用も視野に入れる必要があります。

ついでに言うと、日本のスタートアップ企業にも参入のチャンスがありますが、そのためには、先に述べたように日本社会が「偶然（リスク）・異端」を取り込む懐の深さを身に付けることが不可欠です。現時点ではAI・ITの分野では、アメリカのGAFAや中国のBATHが突出しています。しかしこれらの企業といえども、クレイトン・クリステンセンが『イノベーションのジレンマ』の中で明らかにした成功企業の罠と無縁ではありません。

AI兵器は国際政治の力学を変えるか

――核兵器の場合、相手が保有し、こちらも保有していれば抑止が成り立つというところがあると思います。AI兵器に関しては、核抑止のようなバランスの取り方というか、抑止の効かせ方というものはあるのでしょうか。

小野　抑止論というよりは、大きな技術の流れの中での合理性追求だと思います。つまり中国がAI兵器を持っているから日本もAI兵器だ、無人機を開発したから無人機だという対応ではなく、軍事技術の大きな流れがその方向に進んでいる。それと並行して世界的な少子高齢化や厳しい財政状況を考えると、無人機やＡＩ兵器の導入が自国にとって費用対効果の点からも合理的なわけです。相手が無人機やＡＩ兵器を持っていても、自国にとって合理性が無ければ、そのような兵器を開発・配備することはありません。

――アメリカが原子爆弾を開発したとき、パワーバランスや地政学的な意味で相当なインパクトがあったと思いますが、ＡＩ兵器の場合はそういった現象というのはあまり起こらないということでしょうか。

小野　そう思います。あのときはアメリカとイギリスが先行していました。日本やドイツも研究は行っていましたが、開発に成功したのは特定の国に限られました。しかしＡＩ開発はあらゆるところで、それも軍事技術としてではなく民生技術としてさまざまな国が行っているので、原子爆弾の開発とは事情が異なります。

――どこかの国が圧倒的にＡＩ兵器によって優位に立つとか、そういうことは心配しなくてよいと。

小野　これだけグローバル化が進んでいる時代にあって、かつ資本集約的でなく知識集約的な技術なので、特定の大国がＡＩ兵器を独占することはないでしょう。ただし大国であれば、高性能のＡＩ兵器を多数揃えることはできますが、これはＡＩ兵器でなくても同じです。

むしろ心配すべきは、運用と拡散だと思います。例えばテロリストがＡＩ兵器を入手すると、先ほど述べたナノテクを駆使した兵器で、サリンなどの毒物を東京やニューヨークで撒き散らすことも可能となります。単純なＡＩ兵器であれば市販の部品で作ることもできるので、資金力の限られるテロリストであっても容易に入手できます。本書では戦場でのナノテクによる毒物散布の話が第五章で描かれていますが、平時の市民生活の中でも十分起こり得ます。

――いろいろな課題が見えてきましたが、今後の兵器開発や安全保障に対して、私たちはどのような態度で臨むべきでしょうか。

小野　軍事や安全保障の分野では、私は常々「阪神ファンの応援心理」ということを言っています。どういうことかというと、安全保障の議論は、専門家だけに留めておいたらダメだということです。関西の阪神ファンは、かつて一流選手だった野球評論家から、街のおっちゃん・おばちゃん、小学生の子供まで、「昨日の監督の采配はアカン」とか、「なぜあそこで代打を出したんや」という試合の論評をするわけです。そうして阪神ファンの世論というものが形成されて、ファンが怒り心頭に発すると、監督や球団社長の辞任・解任という事態を招く力を発揮します。

安全保障も同様で、一部の専門家に限らず、いろいろな人が議論することが大事です。そうならないと、安全保障論議の裾野は広がらないし、知見も蓄積されません。日露戦争時の満州軍総参謀長で勝利の立役者であった児玉源太郎が「諸君は昨日の専門家であるかもしれんが、明日の専門家ではない」と言った話が、司馬遼太郎の『坂の上の雲』に出てきます。これは今日の、安全保障論議にも当てはまります。

民生技術が一流でないと軍事技術も一流であり得ないように、広く世論が安全保障に関心を持たないと、効果的な安全保障政策は生まれて来ないと思います。あわよくば、そのような議論の中から「社会を変革しないとダメだ」、「失敗・異端に寛容でないとアカン」と皆が納得し、組織的な呪縛も解消されて、優れた技術者やエンジニアが育ち尊重される環境が醸成されるように期待したいですね。もちろん大衆扇動や教条的論争に陥らない、冷静で客観的な議論が前提です。「阪神ファンの応援心理」については、私は防衛研究所や自衛隊の幹部学校の講義でも話していぃます。フランスの宰相クレマンソーの「戦争は軍人だけに任せるにはあまりに重大である」という言葉の、対を張っているつもりです（笑）。

小野圭司（おの　けいし）：防衛省防衛研究所特別研究官。専門は戦争と軍事の経済学。著作に「人工知能（ＡＩ）の発展と軍隊――組織の在り方に関わる唯物論的考察の試み」『戦略研究』第26号（２０２０年３月）、「人工知能（ＡＩ）による軍の知的労働の代替――ＡＩと人間の共生の問題としての考察」『防衛研究所紀要』第21巻第２号（２０１９年３月）などがある。

索　引

【数字】

【A～Z】

【ア行】

【カ行】

【サ行】

【タ行】

【ナ行】

【ハ行】

【マ行】

【ヤ・ラ・ワ行】

原　注

序章　AI兵器の開発と人類絶滅のリスク

1. "The Ethics of Autonomous Weapons Systems," *The Ethics of Autonomous Weapons Systems*, conference, Center for Ethics and the Rule of Law, University of Pennsylvania Law School, November 21–22, 2014, https://www.law.upenn.edu/institutes/cerl/conferences/ethicsofweapons (accessed August 20, 2017).
2. David Hambling, "Armed Russian Robocops to Defend Missile Bases," *New Scientist*, April 23, 2014, https://www.newscientist.com/article/mg22229664-400-armed-russian-robocops-to-defend-missile-bases (accessed August 20, 2017).
3. Mark Gubrud, "Is Russia Leading the World to Autonomous Weapons?" International Committee for Robot Arms Control, May 6, 2014, https://www.icrac.net/is-russia-leading-the-world-to-autonomous-weapons/ (accessed August 20, 2017).
4. Danielle Muoio, "Russia and China Are Building Highly Autonomous Killer Robots," *Business Insider*, December 15, 2015, http://www.businessinsider.com/russia-and-china-are-building-highly-autonomous-killer-robots-2015-12 (accessed August 20, 2017).
5. Branka Marijan, "On Killer Robots and Human Control," *Ploughshares Monitor* 37, no. 2 (Summer 2016), http://ploughshares.ca/pl_publications/on-killer-robots-and-human-control (accessed August 20, 2017).
6. Ibid.
7. Chairperson of the Meeting of Experts [Remigiusz A. Henczel], *Report of the 2014 Informal Meeting of Experts on Lethal Autonomous Weapons Systems (LAWS)* (New York: United Nations Office for Disarmament Affairs, November 2014), https://www.unog.ch/80256EDD006B8954/(httpAssets)/350D9ABED1AFA515C1257CF30047A8C7/$file/Report_AdvancedVersion_10June.pdf (accessed June 13, 2017).
8. Vincent C. Müller and Nick Bostrom, "Future Progress in Artificial Intelligence: A Survey of Expert Opinion," in *Fundamental Issues of Artificial Intelligence*, ed. Vincent C. Müller (Berlin: Springer, 2014), https://nickbostrom.com/papers/survey.pdf (accessed August 10, 2017).
9. Ray Kurzweil, *The Singularity Is Near: When Humans Transcend Biology* (New York: Viking, 2005), p. 136.（レイ・カーツワイル『シンギュラリティ

は近い――人類が生命を超越するとき』井上健監修、小野木明恵／野中香方子／福田実訳、NHK出版、2016年）

10. Anders Sandberg and Nick Bostrom, "Global Catastrophic Risks Survey," *Technical Report* 1 (Oxford, UK: Future of Humanity Institute, Oxford University, July 17-20, 2008), http://www.global-catastrophic-risks.com/docs/2008-1.pdf (accessed August 20, 2017).

第一章　はじまり

1. Vincent C. Müller and Nick Bostrom, "Future Progress in Artificial Intelligence: A Survey of Expert Opinion," in *Fundamental Issues of Artificial Intelligence*, ed. Vincent C. Müller (Berlin: Springer, 2014), http://www.nickbostrom.com/papers/survey.pdf (accessed July 18, 2017).
2. Ray Kurzweil, *The Singularity Is Near: When Humans Transcend Biology* (New York: Viking, 2005), p. 136.（レイ・カーツワイル『シンギュラリティは近い――人類が生命を超越するとき』井上健監修、小野木明恵／野中香方子／福田実訳、NHK出版、2016年）
3. Kristina Grifantini, "Robots 'Evolve' the Ability to Deceive," *MIT Technology Review*, August 18, 2009, https://www.technologyreview.com/s/414934/robots-evolve-the-ability-to-deceive (accessed July 18, 2017).
4. *Encyclopedia Britannica*, s.v. "Heron of Alexandria," last updated February 8, 2018, https://www.britannica.com/biography/Heron-of-Alexandria (accessed July 18, 2017).
5. Konrad Zuse, "The Computer—My Life," trans. Patricia McKenna and Andrew J. Ross (Berlin: Springer, 1984).
6. Pamela McCorduck, *Machines Who Think: A Personal Inquiry into the History and Prospects of Artificial Intelligence*, 2nd ed. (Natick, MA: A. K. Peters, 2004), pp. 111-136; Daniel Crevier, *AI: The Tumultuous History of the Search for Artificial Intelligence* (New York: Basic Books, 1993), pp. 47-49.
7. Stuart J. Russell and Peter Norvig, *Artificial Intelligence: A Modern Approach*, 2nd ed. (Upper Saddle River, NJ: Prentice Hall, 2003), p. 17; McCorduck, *Machines Who Think*, pp. 129-130.
8. Ante Brkić, "What Happened with Strong Artificial Intelligence?" *Five* (blog), August 10, 2011, http://five.agency/what-happened-with-strong-artificial-intelligence (accessed June 13, 2018).
9. McCorduck, *Machines Who Think*, pp. 480-483.
10. "President's Report Issue for the Year Ending July 1, 1963," *Massachusetts Institute of Technology Bulletin* 99, no. 2 (November 1963): 18, https://

libraries.mit.edu/archives/mithistory/presidents-reports/1963.pdf (accessed July 18, 2017).
11. "A History of SCS," SCS25: 25th Anniversary 2014, Carnegie Mellon University School of Computer Science, 2014, https://www.cs.cmu.edu/scs25/history (accessed July 18, 2017).
12. George Davis, "Artificial Intelligence: Recollections of the Pioneers," Computer Conservation Society, October 2002, http://www.aiai.ed.ac.uk/events/ccs2002 (accessed July 16, 2017).
13. Andrew Hodges, "The Turing Test, 1950," The Alan Turing Internet Scrapbook, http://www.turing.org.uk/scrapbook/test.html (accessed July 18, 2017).
14. Herbert Simon, quoted in Crevier, *AI: The Tumultuous History*, p. 109.
15. Marvin Minsky, quoted in Crevier, *AI: The Tumultuous History*, p. 109.
16. Brad Darrach, "Meet Shaky, the First Electronic Person," *Life*, November 20, 1970, p. 58D.
17. Crevier, *AI: The Tumultuous History*, pp. 115–117; Russell and Norvig, *Artificial Intelligence*, p. 22.
18. Crevier, *AI: The Tumultuous History*, pp. 161–162, 197–203.
19. Ibid., pp. 209–210.
20. Tanya Lewis, "A Brief History of Artificial Intelligence," *Live Science*, December 4, 2014, https://www.livescience.com/49007-history-of-artificial-intelligence.html (accessed July 10, 2018).
21. Frederic Friedel, "The Man vs. The Machine Documentary," *Chess News*, October 26, 2014, http://en.chessbase.com/post/the-man-vs-the-machine-documentary (accessed June 13, 2018).
22. John Markoff, "On 'Jeopardy!' Watson Win Is All but Trivial," *New York Times*, February 16, 2011, http://www.nytimes.com/2011/02/17/science/17jeopardy-watson.html?pagewanted=all (accessed July 18, 2017).
23. "Automatic Sewing of Garments Using Micro-Manipulation," GovTribe, 2012, https://govtribe.com/project/automatic-sewing-of-garments-using-micro-manipulation (accessed July 18, 2017).
24. Andrew Soergel, "Robots Could Cut Labor Costs 16 Percent by 2025," *US News & World Report*, February 10, 2015, https://www.usnews.com/news/articles/2015/02/10/robots-could-cut-international-labor-costs-16-percent-by-2025-consulting-group-says (accessed July 18, 2017).
25. "US Army General Says Robots Could Replace One-Fourth of Combat Soldiers by 2030," CBS News, January 23, 2014, http://www.cbsnews.com/news/robotic-soldiers-by-2030-us-army-general-says-robots-may-replace-

combat-soldiers (accessed July 18, 2017).
26. Mark Prigg, "Will Robots Take YOUR Job? Study Says Machines Will Do 25% of US Jobs That Can Be Automated by 2025," *Daily Mail*, February 9, 2015, http://www.dailymail.co.uk/sciencetech/article-2946704/Cheaper-robots-replace-factory-workers-study.html (accessed July 18, 2017).
27. "AI Set to Exceed Human Brain Power," CNN, July 26, 2006, http://www.cnn.com/2006/TECH/science/07/24/ai.bostrom (accessed July 18, 2017).
28. "Glossary," Stottler Henke, 2018, https://www.stottlerhenke.com/artificial-intelligence/glossary (accessed July 18, 2017).
29. Gordon E. Moore, "Cramming More Components onto Integrated Circuits," *Electronics* 38, no. 8 (April 19, 1965), https://drive.google.com/file/d/0By83v5TWkGjvQkpBcXJKT1I1TTA/view (accessed July 18, 2017).
30. Michael Kanellos, "Moore's Law to Roll on for Another Decade," CNET, February 11, 2003, https://www.cnet.com/news/moores-law-to-roll-on-for-another-decade (accessed July 18, 2017).
31. Manek Dubash, "Moore's Law Is Dead, Says Gordon Moore," Techworld, April 13, 2010, https://www.techworld.com/news/tech-innovation/moores-law-is-dead-says-gordon-moore-3576581/ (accessed July 10, 2018).
32. Ray Kurzweil, "The Law of Accelerating Returns," Kurzweil Artificial Intelligence Network, March 7, 2001, http://www.kurzweilai.net/the-law-of-accelerating-returns (accessed July 18, 2017).

第二章　われは友好的ロボット

1. Faye Flam, "A New Robot Makes a Leap in Brainpower," *Philadelphia Inquirer*, January 15, 2004, p. A12.
2. Charles Q. Choi, "10 Animals That Use Tools," *Live Science*, December 14, 2009, https://www.livescience.com/9761-10-animals-tools.html (accessed July 18, 2017).
3. Marvin Minsky, "Thoughts about Artificial Intelligence," in *The Age of Intelligent Machines*, by Ray Kurzweil (Cambridge, MA: MIT Press, 1990), p. 215.
4. "The Evolution of Technology Adoption and Usage," Pew Research Center, Washington, DC, January 11, 2017, http://www.pewresearch.org/fact-tank/2017/01/12/evolution-of-technology/ft_17-01-10_internetfactsheets (accessed July 18, 2017).
5. Daniel Faggella, "Artificial Intelligence Industry: An Overview by Segment," TechEmergence, July 25, 2016, https://www.techemergence.com/artificial-intelligence-industry-an-overview-by-segment (accessed July

18, 2017).
6. World Health Organization, "Global Health Workforce Shortage to Reach 12.9 Million in Coming Decades," news release, November 11, 2013, http://www.who.int/mediacentre/news/releases/2013/health-workforce-shortage/en (accessed July 18, 2017).
7. A mobile AI health assistant application available as a download online, Your. MD, https://www.your.md (accessed July 18, 2017).
8. A mobile AI health assistant application available as a download online, Ada Health, https://ada.com (accessed July 18, 2017).
9. A mobile AI health assistant application available as a download online, Babylon, https://www.babylonhealth.com (accessed July 18, 2017).
10. Andre Esteva, Brett Kuprel, and Roberto A. Novoa et al., "Dermatologist-Level Classification of Skin Cancer with Deep Neural Networks," *Nature* 542 (February 2, 2017), https://www.nature.com/articles/nature21056.epdf (accessed July 18, 2017).
11. Alex Hern, "Google DeepMind Pairs with NHS to Use Machine Learning to Fight Blindness," *Guardian*, July 5, 2016, https://www.theguardian.com/technology/2016/jul/05/google-deepmind-nhs-machine-learning-blindness (accessed July 18, 2017).
12. Morpheo, http://morpheo.co (accessed July 18, 2017).
13. Sy Mukherjee, "IBM's Supercomputer Is Bringing AI-Fueled Cancer Care to Everyday Americans," *Fortune*, February 1, 2017, http://fortune.com/2017/02/01/ibm-watson-cancer-florida-hospital (accessed July 18, 2017).
14. AiCure, 2017, https://aicure.com (accessed July 18, 2017).
15. Marty Swant, "6 Ways Google's Artificial Intelligence Could Impact Search Engine Marketing," *Adweek*, November 2, 2015, http://www.adweek.com/digital/6-ways-googles-artificial-intelligence-could-impact-search-engine-marketing-167890 (accessed July 18, 2017).
16. Michael Cross, "Top 5 Sectors Using Artificial Intelligence," *Raconteur*, December 15, 2015, https://www.raconteur.net/technology/top-5-sectors-using-artificial-intelligence (accessed July 18, 2017).
17. Thomas Baumgartner, Homayoun Hatami, and Maria Valdivieso, "Why Salespeople Need to Develop 'Machine Intelligence,'" *Harvard Business Review*, June 10, 2016, https://hbr.org/2016/06/why-salespeople-need-to-develop-machine-intelligence (accessed July 18, 2017).
18. Brad Power, "How AI Is Streamlining Marketing and Sales," *Harvard Business Review*, June 12, 2017, https://hbr.org/2017/06/how-ai-is-streamlining-marketing-and-sales (accessed July 18, 2017).

19. Drift, 2018, https://www.drift.com/live-chat (accessed July 18, 2017).
20. Power, "How AI Is Streamlining Marketing and Sales."
21. Rachel Serpa, "3 Ways Artificial Intelligence Is Transforming Sales," Business 2 Community, May 26, 2017, http://www.business2community.com/sales-management/3-ways-artificial-intelligence-transforming-sales-01848923#ymduMxibHivqFKpG.97 (accessed July 18, 2017).
22. Ibid.
23. "Marketing," s.v. American Marketing Association, approved July 2013, https://www.ama.org/AboutAMA/Pages/Definition-of-Marketing.aspx (accessed July 18, 2017).
24. Barry Levine, "The Guy Who Made This Insane, 2,000-Company Marketing Landscape Chart Is Sorry," Venture Beat, June 1, 2015, https://venturebeat.com/2015/06/01/the-guy-who-made-this-insane-2000-company-marketing-landscape-chart-is-sorry (accessed July 18, 2017).
25. Joao-Pierre Ruth, "6 Examples of AI in Business Intelligence Applications," TechEmergence, May 8, 2017, https://www.techemergence.com/ai-in-business-intelligence-applications (accessed July 18, 2017).
26. Ibid.
27. *Smart Technologies Are Delivering Benefits to the Enterprise: Is Your Business One of Them?* (Seattle, WA: Avanade, 2017), https://www.avanade.com/~/media/asset/point-of-view/smart-technologies-delivering-benefits-pov.pdf (accessed July 18, 2017).
28. Courtney L. Vien, "Half of Americans Expect to Lose Money to Identity Theft," *Journal of Accountancy*, April 21, 2016, http://www.journalofaccountancy.com/news/2016/apr/identity-theft-victims-201614283.html (accessed July 18, 2017).
29. Joan Weber, "Identity Fraud Hits Record High with 15.4 Million US Victims in 2016, Up 16 Percent According to New Javelin Strategy & Research Study," Javelin, February 1, 2017, https://www.javelinstrategy.com/press-release/identity-fraud-hits-record-high-154-million-us-victims-2016-16-percent-according-new (accessed July 18, 2017).
30. "About Us," US Cyber Command, https://www.cybercom.mil/About/ (accessed July 5, 2018).
31. Ibid.
32. Kumba Sennaar, "AI in Banking: An Analysis of America's 7 Top Banks," TechEmergence, June 13, 2017, https://www.techemergence.com/ai-in-banking-analysis (accessed July 18, 2017).
33. Steve Culp, "Artificial Intelligence Is Becoming a Major Disruptive Force

in Banks' Finance Departments," *Forbes*, February 15, 2017, https://www.forbes.com/sites/steveculp/2017/02/15/artificial-intelligence-is-becoming-a-major-disruptive-force-in-banks-finance-departments/#6a2f57da4f62 (accessed July 18, 2017).

34. Ibid.
35. Gartner, "Gartner Says the Internet of Things Installed Base Will Grow to 26 Billion Units by 2020," press release, December 12, 2013, http://www.gartner.com/newsroom/id/2636073 (accessed July 18, 2017).
36. "Internet of Things Global Standards Initiative," ITU (International Telecommunication Union), http://www.itu.int/en/ITU-T/gsi/iot/Pages/default.aspx (accessed July 18, 2017).
37. Jatinder Singh et al., "Twenty Cloud Security Considerations for Supporting the Internet of Things," *IEEE Internet of Things Journal* 3, no. 3 (2015): 1, doi:10.1109/JIOT.2015.2460333 (accessed July 18, 2017).
38. Techopedia, s.v. "Wearable Device," 2018, https://www.techopedia.com/definition/31206/wearable-device (accessed June 19, 2018).
39. "Apple Watch Series 3," Apple, https://www.apple.com/apple-watch-series-3 (accessed July 9, 2018).
40. Lindsey Banks, "The Complete Guide to Hearable Technology in 2017," *Everyday Hearing* (blog), June 13, 2018, https://www.everydayhearing.com/hearing-technology/articles/hearables (accessed July 5, 2018).
41. Lauren Moon, "How Artificial Intelligence Is Democratizing the Personal Assistant, Across the Board," *Trello* (blog), January 31, 2017, https://blog.trello.com/artificial-intelligence-democratizing-personal-assistant (accessed July 18, 2017).
42. John Mather, "iMania," *Ryerson Review of Journalism*, February 19, 2007, archived from the original on March 3, 2007, https://web.archive.org/web/20070303032701/ http://www.rrj.ca/online/658/ (accessed July 18, 2017).
43. Steve Jobs, "Macworld San Francisco 2007 Keynote Address," Apple, January 19, 2007, transcript available online at European Rhetoric, http://www.european-rhetoric.com/analyses/ikeynote-analysis-iphone/transcript-2007 (accessed July 18, 2017).
44. Melanie Turek, "Employees Say Smartphones Boost Productivity by 34 Percent: Frost & Sullivan Research," Samsung Insights, August 3, 2016, https://insights.samsung.com/2016/08/03/employees-say-smartphones-boost-productivity-by-34-percent-frost-sullivan-research/ (accessed April 7, 2018).

45. *Gartner Customer 360 Summit 2011* (Los Angeles, CA: Gartner, March 30–April 1, 2011), https://www.gartner.com/imagesrv/summits/docs/na/customer-360/C360_2011_brochure_FINAL.pdf (accessed July 21, 2017).
46. Srini Janarthanam, "How to Build an Intelligent Chatbot?" *Chatbots Magazine*, October 20, 2016, https://chatbotsmagazine.com/3-dimensions-of-an-intelligent-chatbot-d427933676f9 (accessed July 21, 2017).
47. "Do Your Best Work with Watson," IBM, https://www.ibm.com/watson (accessed July 21, 2017).
48. "George Devol," National Inventor's Hall of Fame, 2016, http://www.invent.org/honor/inductees/inductee-detail/?IID=426 (accessed July 22, 2017).
49. "Timeline of Innovation: 1966: Shakey the Robot," SRI International, https://www.sri.com/work/timeline-innovation/timeline.php?timeline=computing-digital#!&innovation=shakey-the-robot (accessed July 9, 2018).
50. Joseph Psotka, L. Daniel Massey, and Sharon A. Mutter, eds., *Intelligent Tutoring Systems: Lessons Learned* (Hillsdale, NJ: Lawrence Erlbaum Associates, 1988).
51. Wenting Ma, Olusola O. Adesope, John C. Nesbit, and Qing Liu, "Intelligent Tutoring Systems and Learning Outcomes: A Meta-Analysis," *Journal of Educational Psychology* 106, no. 4 (2014): 901–918, http://www.apa.org/pubs/journals/features/edu-a0037123.pdf (accessed July 22, 2017).
52. Ben Dickson, "How Artificial Intelligence Enhances Education," TNW, March 13, 2017, https://thenextweb.com/artificial-intelligence/2017/03/13/how-artificial-intelligence-enhances-education/#.tnw_Kp31Snk5 (accessed July 23, 2017).
53. Ibid.
54. "Always on Guard: All You Need to Know about Russia's Missile Defense," Sputnik International, March 3, 2017, https://sputniknews.com/military/201703301052125532-russia-missile-defense (accessed July 23, 2017).

第三章　われは狂暴なロボット

1. Nan Tian, Aude Fleurant, Pieter D. Wezeman, and Siemon T. Wezeman, "Trends in World Military Expenditure, 2016," *Stockholm International Peace Research Institute (SIPRI) Fact Sheet* (Solna, Sweden: SIPRI, April 2017), https://www.sipri.org/sites/default/files/Trends-world-military-expenditure-2016.pdf (accessed July 24, 2017).
2. Nikita Vladimirov, "Russia, China Making Gains on US Military Power," *Hill*, March 18, 2017, http://thehill.com/policy/defense/324595-russia-china-making-gains-on-us-military-power (accessed July 24, 2017).

3. Will Knight, "Baidu's Deep-Learning System Rivals People at Speech Recognition," *MIT Technology Review*, December 16, 2015, https://www.technologyreview.com/s/544651/baidus-deep-learning-system-rivals-people-at-speech-recognition (accessed July 10, 2018).
4. Yiting Sun, "Why 500 Million People in China Are Talking to This AI," *MIT Technology Review*, September 14, 2017, https://www.technologyreview.com/s/608841/why-500-million-people-in-china-are-talking-to-this-ai (accessed July 10, 2018).
5. Defense Innovation Unit Experimental (DIUx), *Annual Report 2017*, https://diux.mil/download/datasets/1774/DIUx%20Annual%20Report%20 2017.pdf (accessed July 10, 2018).
6. John Markoff and Matthew Rosenberg, "China's Intelligent Weaponry Gets Smarter," *New York Times*, February 3, 2017, https://www.nytimes.com/2017/02/03/technology/artificial-intelligence-china-united-states.html (accessed July 24, 2017).
7. *CIA World Factbook* (Washington, DC: CIA, 2016), https://www.cia.gov/library/publications/the-world-factbook (accessed July 24, 2017).
8. Richard Connolly and Cecilie Sendstad, "Russia's Role as an Arms Exporter: The Strategic and Economic Importance of Arms Exports for Russia," Chatham House: The Royal Institute of International Affairs, March 20, 2017, https://www.chathamhouse.org/publication/russias-role-arms-exporter-strategic-and-economic-importance-arms-exports-russia (accessed July 24, 2017).
9. Secretary of Defense Chuck Hagel, "Reagan National Defense Forum Keynote," Ronald Reagan Presidential Library, November 15, 2014, https://www.defense.gov/News/Speeches/Speech-View/Article/606635 (accessed July 25, 2017).
10. Robert Tomes, "Why the Cold War Offset Strategy Was All about Deterrence and Stealth," *War on the Rocks*, January 14, 2015, https://warontherocks.com/2015/01/why-the-cold-war-offset-strategy-was-all-about-deterrence-and-stealth (accessed July 25, 2017).
11. Ibid.
12. Sydney J. Freedberg Jr., "Hagel Lists Key Technologies for US Military; Launches 'Offset Strategy,' " *Breaking Defense*, November 16, 2014, http://breakingdefense.com/2014/11/hagel-launches-offset-strategy-lists-key-technologies (accessed July 25, 2017).
13. Cheryl Pellerin, "Deputy Secretary: Third Offset Strategy Bolsters America's Military Deterrence," U.S. Department of Defense, October

31, 2016, https://www.defense.gov/News/Article/Article/991434/deputy-secretary-third-offset-strategy-bolsters-americas-military-deterrence (accessed July 25, 2017).
14. Ibid.
15. Ibid.
16. Mark Melton, "Innovate or Perish: Challenges to the Third Offset Strategy," *Providence*, October 31, 2016, https://providencemag.com/2016/10/innovate-perish-challenges-third-offset-strategy (accessed July 25, 2017).
17. Ibid.
18. Ashton B. Carter, "Directive 3000.09: Autonomy in Weapon Systems" (Washington, DC: US Department of Defense Directive, November 21, 2012; last updated May 8, 2017), p. 2, http://www.esd.whs.mil/Portals/54/Documents/DD/issuances/dodd/300009p.pdf (accessed July 26, 2017).
19. David Talbot, "The Ascent of the Robotic Attack Jet," *MIT Technology Review*, March 1, 2005, https://www.technologyreview.com/s/403762/the-ascent-of-the-robotic-attack-jet (accessed July 26, 2017).
20. Louis A. Del Monte, *Nanoweapons: A Growing Threat to Humanity* (Lincoln, NE: Potomac Books, 2017), pp. 159–163.（ルイス・A・デルモンテ『人類史上最強 ナノ兵器——その誕生から未来まで』黒木章人訳、原書房、2017年）
21. Carter, "Directive 3000.09: Autonomy in Weapon Systems."
22. Ibid.
23. United States Navy Fact File, "Aegis Weapon System," Washington, DC, Office of Corporate Communications, Naval Sea Systems Command, January 26, 2017, http://www.navy.mil/navydata/fact_display.asp?cid=2100&tid=200&ct=2 (accessed July 27, 2017).
24. United States Navy Fact File, "Cooperative Engagement Capability," Washington, DC, Office of Corporate Communications, Naval Sea Systems Command, January 25, 2017, http://www.navy.mil/navydata/fact_display.asp?cid=2100&tid=325&ct=2 (accessed July 26, 2017).
25. "US Navy Modifies Cooperative Engagement Capability Contract," *Signal*, October 6, 2016, https://www.afcea.org/content/Blog-us-navy-modifies-cooperative-engagement-capability-contract (accessed July 27, 2017).
26. "Aegis Combat System," Lockheed Martin, 2018, https://www.lockheedmartin.com/en-us/products/aegis-combat-system.html (accessed July 27, 2017).
27. W. J. Hennigan, "New Drone Has No Pilot Anywhere, So Who's

Accountable?" *Los Angeles Times*, January 26, 2012, http://articles.latimes.com/2012/jan/26/business/la-fi-auto-drone-20120126 (accessed July 27, 2017).
28. Kelsey D. Atherton, "Watch This Autonomous Drone Eat Fuel in the Sky," *Popular Science*, April 17, 2015, http://www.popsci.com/look-autonomous-drone-eat-fuel-sky (accessed July 27, 2017).
29. Daniel Cooper, "The Navy's Unmanned Drone Project Gets Pushed Back a Year," *Engadget* (blog), February 5, 2015, https://www.engadget.com/2015/02/05/drone-project-pushed-back-to-2016 (accessed July 27, 2017).
30. Hennigan, "New Drone Has No Pilot Anywhere."
31. Atherton, "Watch This Autonomous Drone."
32. US Cyber Command (USCYBERCOM), https://www.cybercom.mil (accessed July 5, 2018).
33. "About Us," US Cyber Command, https://www.cybercom.mil/About/ (accessed July 5, 2018).
34. Donna Miles, "Senate Confirms Alexander to Lead Cyber Command," US Department of Defense, American Forces Press Service, May 11, 2010, http://archive.defense.gov/news/newsarticle.aspx?id=59103 (accessed July 29, 2017), "Gates Establishes US Cyber Command, Names First Commander," US Air Force, May 21, 2010, http://www.af.mil/News/Article-Display/Article/116589/gates-establishes-us-cyber-command-names-first-commander/ (accessed July 6, 2018).
35. Office of the Assistant Secretary of Defense (Public Affairs), "Cyber Command Achieves Full Operational Capability," US Strategic Command, November 3, 2010, http://www.stratcom.mil/Media/News/News-Article-View/Article/983818/cyber-command-achieves-full-operational-capability/ (accessed July 10, 2018).
36. "US Needs 'Digital Warfare Force,'" BBC News, May 5, 2009, http://news.bbc.co.uk/1/hi/technology/8033440.stm (accessed July 29, 2017).
37. National Defense Authorization Act for Fiscal Year 2017, S. 2943, 114th Cong., 2nd Sess. (January 4, 2016), https://www.congress.gov/114/bills/s2943/BILLS-114s2943enr.pdf (accessed July 29, 2017).
38. Lolita C. Baldor, "US to Create the Independent US Cyber Command, Split Off from NSA," PBS, July 17, 2017, http://www.pbs.org/newshour/rundown/u-s-create-independent-u-s-cyber-command-split-off-nsa/ (accessed July 29, 2017).
39. Ibid.
40. Brandon Knapp, "Senate Confirms New head of Cyber Command,

NSA," *Defense News*, April 24, 2018, https://www.defensenews.com/dod/2018/04/24/senate-confirms-new-head-of-cyber-command (accessed July 11, 2018).
41. Joseph Marks, "CYBERCOM Chief Nominee Plans Recommendation on NSA Split Within Three Months," *Nextgov*, March 1, 2018, https://www.nextgov.com/cybersecurity/2018/03/cybercom-chief-nominee-plans-recommendation-nsa-split-within-three-months/146344 (accessed July 11, 2018).
42. Baldor, "US to Create the Independent US Cyber Command."
43. Katie Bo Williams and Cory Bennett, "Why a Power Grid Attack Is a Nightmare Scenario," *Hill*, May 30, 2016, http://thehill.com/policy/cybersecurity/281494-why-a-power-grid-attack-is-a-nightmare-scenario (accessed July 29, 2017).
44. Ibid.
45. Conner Forrest, "Is US Cyber Command Preparing to Become the 6th Branch of the Military?" TechRepublic, August 8, 2016, http://www.techrepublic.com/article/is-us-cyber-command-preparing-to-become-the-6th-branch-of-the-military (accessed July 29, 2017).
46. "Army Cyber Command," US Cyber Command, https://www.cybercom.mil/Components.aspx (accessed July 6, 2018).
47. Patrick Tucker, "For the US Army, 'Cyber War' Is Quickly Becoming Just 'War,'" *Defense One*, February 9, 2017, http://www.defenseone.com/technology/2017/02/us-army-cyber-war-quickly-becoming-just-war/135314 (accessed July 29, 2017).
48. Sydney J. Freedberg Jr., "US Army Races to Build New Cyber Corps," Breaking Defense, November 8, 2016, http://breakingdefense.com/2016/11/us-army-races-to-build-new-cyber-corps (accessed July 29, 2017).
49. Ibid.
50. David E. Sanger, "US Cyberattacks Target ISIS in a New Line of Combat," *New York Times*, April 24, 2016, https://www.nytimes.com/2016/04/25/us/politics/us-directs-cyberweapons-at-isis-for-first-time.html?_r=1&mtrref=www.defenseone.com (accessed July 29, 2017).
51. Freedberg, "U.S. Army Races."
52. Patrick Tucker, "Forget Radio Silence. Tomorrow's Soldiers Will Move under Cover of Electronic Noise," *Defense One*, July 25, 2017, http://www.defenseone.com/technology/2017/07/forget-radio-silence-tomorrows-soldiers-will-move-under-cover-electronic-noise/139727/?oref=d-dontmiss (accessed July 29, 2017).

53. Danny Vinik, "America's Secret Arsenal," *Politico: The Agenda*, December 9, 2015, http://www.politico.com/agenda/story/2015/12/defense-department-cyber-offense-strategy-000331 (accessed July 30, 2017).
54. Ibid.
55. Del Monte, *Nanoweapons*, p. 220.
56. "What Is Nanotechnology," United States National Nanotechnology Initiative, https://www.nano.gov/nanotech-101/what/definition (accessed July 31, 2017).
57. Chris Merriman, "Intel's 8th-Gen 'Coffee Lake' Chips Will Be 14nm, Not 10nm," *Inquirer*, February 13, 2017, https://www.theinquirer.net/inquirer/news/3004526/intels-8th-gen-coffee-lake-chips-will-be-14nm-not-10nm (accessed July 11, 2018).
58. Del Monte, *Nanoweapons*, p. 60.
59. Ibid., p. 30.
60. US Army, *Robotics and Autonomous Systems (RAS) Strategy* (Fort Eustis, VA: US Army Training and Doctrine Command, March 2017), http://www.arcic.army.mil/App_Documents/RAS_Strategy.pdf (accessed July 30, 2017), p. 2.
61. Ibid., p. 8.
62. Amber Corrin, "Next Steps in Situational Awareness," FCW, March 6, 2012, https://fcw.com/Articles/2012/03/15/FEATURE-Inside-DOD-situational-awareness.aspx (accessed July 30, 2017).
63. Ibid.
64. Ibid.
65. Ibid.
66. Ibid.
67. "Tow Weapon System," Raytheon, 2018, http://www.raytheon.com/capabilities/products/tow_family (accessed July 28, 2017).
68. Sondra Escutia, "4 Remotely Piloted Vehicle Squadrons Stand up at Holloman," US Air Force, October 29, 2009, http://www.af.mil/News/Article-Display/Article/118686/4-remotely-piloted-vehicle-squadrons-stand-up-at-holloman/ (accessed July 6, 2018).
69. Dario Floreano and Robert J. Wood, "Science, Technology, and the Future of Small Autonomous Drones," *Nature* 521 (May 27, 2015): 460–466, http://www.nature.com/nature/journal/v521/n7553/full/nature14542.html?foxtrotcallback=true (accessed July 31, 2017).
70. Hanna Kozlowska, "The Air Force Needs a Lot More Drone Pilots," *Defense One*, January 6, 2015, http://www.defenseone.com/

technology/2015/01/air-force-needs-lot-more-drone-pilots/102306/?oref=search_Pentagon%20Drone%20pilots (accessed July 31, 2017).

71. Patrick Tucker, "The US Military Is Building Gangs of Autonomous Flying War Bots," *Defense One*, January 23, 2015, http://www.defenseone.com/technology/2015/01/us-military-building-gangs-autonomous-flying-war-bots/103614 (accessed July 31, 2017).
72. Andrew Tarantola, "The Air Force's Stealth Cruise Missile Just Got Even More Stealthy," Gizmodo, December 18, 2014, http://gizmodo.com/the-air-forces-stealth-cruise-missile-just-got-even-mor-1672614993 (accessed July 31, 2017).
73. Adele Burney, "Does the Coast Guard Carry Weapons?" *Houston Chronicle*, http://work.chron.com/coast-guard-carry-weapons-25638.html (accessed July 31, 2017).
74. Ibid.
75. Brett Rouzer, *United States Coast Guard Cyber Command: Achieving Cyber Security Together* (Washington, DC: US Department of Homeland Security, 2012), http://onlinepubs.trb.org/onlinepubs/conferences/2012/HSCAMSC/Presentations/6B-Rouzer.pdf (accessed July 31, 2017).
76. United States Marine Corps, http://www.marines.mil (accessed August 1, 2017).
77. David Emery, "Robots with Guns: The Rise of Autonomous Weapons Systems," *Snopes*, April 21, 2017, http://www.snopes.com/2017/04/21/robots-with-guns (accessed August 1, 2017).
78. "US Marine Corps Forces Cyberspace (MARFORCYBER)," US Marine Corps Concepts & Programs, February 17, 2015, https://web.archive.org/web/20150722005125/https://marinecorpsconceptsandprograms.com/organizations/operating-forces/us-marine-corps-forces-cyberspace-marforcyber (accessed July 6, 2018).
79. "The Position Paper Submitted by the Chinese Delegation to CCW 5th Review Conference," 2016, https://www.unog.ch/80256EDD006B8954/(httpAssets)/DD1551E60648CEBBC125808A005954FA/$file/China's+Position+Paper.pdf (accessed July 10, 2018).
80. Markoff and Rosenberg, "China's Intelligent Weaponry."
81. Ibid.
82. Zhao Lei, "Nation's Next Generation of Missiles to Be Highly Flexible," *China Daily*, August 19, 2016, http://www.chinadaily.com.cn/china/2016-08/19/content_26530461.htm (accessed August 2, 2017).
83. Sydney J. Freedberg Jr., "Navy Warships Get New Heavy Missile: 2,500-

Lb LRASM," Breaking Defense, July 26, 2017, http://breakingdefense.com/2017/07/navy-warships-get-new-heavy-missile-2500-lb-lrasm (accessed August 2, 2017).
84. Markoff and Rosenberg, "China's Intelligent Weaponry."
85. Brian Barrett, "China's New Supercomputer Puts the US Even Further Behind," *Wired*, June 21, 2016, https://www.wired.com/2016/06/fastest-supercomputer-sunway-taihulight (accessed August 2, 2017).
86. Ibid.
87. Stephanie Condon, "U.S. Once Again Boasts the World's Fastest Supercomputer," *ZDNet*, June 8, 2018, https://www.zdnet.com/article/us-once-again-boasts-the-worlds-fastest-supercomputer (accessed July 10, 2018).
88. "June 2018," Top500, https://www.top500.org/lists/2018/06/ (accessed July 10, 2018).
89. Mara Hvistendahl, "China's Hacker Army," *Foreign Policy*, March 3, 2010, https://foreignpolicy.com/2010/03/03/chinas-hacker-army (accessed August 3, 2017).
90. Martin Libicki, "China Developing Cyber Capabilities to Disrupt U.S. Military Operations," Cipher Brief, April 2, 2017, available online at https://www.linkedin.com/pulse/china-developing-cyber-capabilities-disrupt-us-military-maha-hamdan/ (accessed July 18, 2018).
91. Ibid.
92. Ibid.
93. Ibid.
94. Ibid.
95. Ibid.
96. CNN Library, "2016 Presidential Campaign Hacking Fast Facts," CNN, May 16, 2018, http://www.cnn.com/2016/12/26/us/2016-presidential-campaign-hacking-fast-facts/index.html (accessed August 3, 2017).
97. Libicki, "China Developing Cyber Capabilities."
98. Nikolai Litovkin, "Russia Successfully Tests New Missile for Defense System Near Moscow," *Russia Beyond the Headlines*, June 23, 2016, https://www.rbth.com/defence/2016/06/23/russia-successfully-tests-new-missile-for-defense-system-near-moscow_605711 (accessed August 2, 2017).
99. Ibid.
100. "Terminal High Altitude Area Defense," Lockheed Martin, 2018, http://www.lockheedmartin.com/us/products/thaad.html (accessed August 2, 2017).
101. Litovkin, "Russia Successfully Tests New Missile."

102. David Willman, "US Missile Defense System Is 'Simply Unable to Protect the Public,' Report Says," *Los Angeles Times*, July 14, 2016, http://www.latimes.com/projects/la-na-missile-defense-failings (accessed August 2, 2017).
103. "Kalashnikov Gunmaker Develops Combat Module Based on Artificial Intelligence," TASS, July 5, 2017, http://tass.com/defense/954894 (accessed August 3, 2017).
104. Ibid.
105. "Russian Military to Deploy Security Bots at Missile Bases," Sputnik, March 13, 2014, https://sputniknews.com/russia/20140313188363867-Russian-Military-to-Deploy-Security-Bots-at-Missile-Bases (accessed August 3, 2017).
106. Tristan Greene, "Russia Is Developing AI Missiles to Dominate the New Arms Race," TNW, July 27, 2017, https://thenextweb.com/artificial-intelligence/2017/07/27/russia-is-developing-ai-missiles-to-dominate-the-new-arms-race/#.tnw_NFwQAzWf (accessed August 3, 2017).
107. Dmitry Litovkin and Nikolai Litovkin, "Russia's Digital Doomsday Weapons: Robots Prepare for War," *Russia Beyond the Headlines*, May 31, 2017, https://www.rbth.com/defence/2017/05/31/russias-digital-weapons-robots-and-artificial-intelligence-prepare-for-wa_773677 (accessed August 3, 2017).
108. Rob Knake, "Russian Hackers Were Only Getting Started in the 2016 Election," *Fortune*, January 15, 2017, http://fortune.com/2017/01/15/russian-hackers-2016-election-cyber-war (accessed August 3, 2017).
109. Ted Koppel, *Lights Out: A Cyberattack, A Nation Unprepared, Surviving the Aftermath* (New York: Broadway Books, 2015), p. 226.
110. *Business Blackout: The Insurance Implications of a Cyber Attack on the US Power Grid* (Emerging Risk Report; Cambridge, UK: Lloyd's of London and the University of Cambridge Centre for Risk Studies, 2015), https://www.lloyds.com/news-and-risk-insight/risk-reports/library/society-and-security/business-blackout (accessed April 13, 2018).
111. Michael Connell and Sarah Vogler, *Russia's Approach to Cyber Warfare* (Arlington, VA: Center for Naval Analysis, September 2016), http://www.dtic.mil/get-tr-doc/pdf ?AD=AD1019062 (accessed April 13, 2018).

第四章　新しい現実

1. Frank Hoffman, "The Contemporary Spectrum of Conflict," in *2016 Index of US Military Strength* (Washington, DC: Heritage Foundation, 2016),

http://index.heritage.org/military/2016/essays/contemporary-spectrum-of-conflict (accessed August 6, 2017).
2. Campaign to Stop Killer Robots, 2018, https://www.stopkillerrobots.org/about-us (accessed August 5, 2017).
3. Stuart Russell et al., "Autonomous Weapons: An Open Letter from AI & Robotics Researchers," Future of Life Institute, July 28, 2015, https://futureoflife.org/open-letter-autonomous-weapons (accessed August 5, 2017).（日本語版「自律型兵器――人工知能とロボット工学研究者からの公開質問状」）
4. Richard Roth, "UN Security Council Imposes New Sanctions on North Korea," CNN, August 6, 2017, http://www.cnn.com/2017/08/05/asia/north-korea-un-sanctions/index.html (accessed August 6, 2017).
5. Warren Mass, "N. Korea Continues Missile Tests; US Moves 3rd Carrier Strike Force to Western Pacific," *New American*, May 29, 2017, https://www.thenewamerican.com/world-news/asia/item/26129-n-korea-continues-missile-tests-u-s-moves-3rd-carrier-strike-force-to-western-pacific (accessed August 6, 2017).
6. Franz-Stefan Gady, "Trump: 2 Nuclear Subs Operating in Korean Waters," *Diplomat*, May 25, 2017, http://thediplomat.com/2017/05/trump-2-nuclear-subs-operating-in-korean-waters (accessed August 6, 2017).
7. Jin Kai, "What THAAD Means for China's Korean Peninsula Strategy," *Diplomat*, July 27, 2017, http://thediplomat.com/2017/07/what-thaad-means-for-chinas-korean-peninsula-strategy (accessed August 6, 2017).
8. Hannah Beech, Yang Siqi, and Mark Thompson, "Inside the International Contest Over the Most Important Waterway in the World," *Time*, May 26, 2016, http://time.com/4348957/inside-the-international-contest-over-the-most-important-waterway-in-the-world (accessed August 6, 2017).
9. Will Nicol, "Showdown in the South China Sea: China's Artificial Islands Explained," Digital Trends, May 3, 2017, https://www.digitaltrends.com/cool-tech/chinas-artificial-islands-news-rumors (accessed August 6, 2017).
10. Volodymyr Valkov, "Expansionism: The Core of Russia's Foreign Policy," *New Eastern Europe*, August 12, 2014, http://neweasterneurope.eu/2014/08/12/expansionism-core-russias-foreign-policy/ (accessed August 6, 2017).
11. Adrian Bonenberger, "The War No One Notices in Ukraine," *New York Times*, June 20, 2017, https://www.nytimes.com/2017/06/20/opinion/ukraine-russia.html (accessed August 6, 2017).
12. "The Biological Weapons Convention," United Nations Office at Geneva,

https://www.unog.ch/80256EE600585943/(httpPages)/04FBBDD6315AC720C1257180004B1B2F?OpenDocument (accessed August 7, 2017).
13. "Convention on the Prohibition of the Development, Production, Stockpiling and Use of Chemical Weapons and on their Destruction," United Nations Treaty Collection, September 3, 1992, https://treaties.un.org/Pages/ViewDetails.aspx?src=TREATY&mtdsg_no=XXVI-3&chapter=26&lang=en (accessed August 7, 2017).
14. *United Nations Treaties and Principles on Outer Space* (New York: United Nations Office for Outer Space Affairs), ST/SPACE/61/Rev.1, http://www.unoosa.org/pdf/publications/ST_SPACE_061Rev01E.pdf (accessed August 7, 2017).
15. "Additional Protocol to the Convention on Prohibitions or Restrictions on the Use of Certain Conventional Weapons Which May Be Deemed to Be Excessively Injurious or to Have Indiscriminate Effects (Protocol IV, Entitled Protocol on Blinding Laser Weapons)," *United Nations Treaty Collection*, October 13, 1995, https://treaties.un.org/pages/ViewDetails.aspx?src=TREATY&mtdsg_no=XXVI-2-a&chapter=26&lang=en (accessed August 7, 2017).
16. Dan Drollette Jr., "Blinding Them with Science: Is Development of a Banned Laser Weapon Continuing?" *Bulletin of the Atomic Scientists*, September 14, 2014, http://thebulletin.org/blinding-them-science-development-banned-laser-weapon-continuing7598 (accessed August 7, 2017).
17. Michael R. Gordon, "US Says Russia Tested Cruise Missile, Violating Treaty," *New York Times*, July 28, 2014, https://www.nytimes.com/2014/07/29/world/europe/us-says-russia-tested-cruise-missile-in-violation-of-treaty.html?_r=0 (accessed August 5, 2017).
18. Michael R. Gordon, "Russia Deploys Missile, Violating Treaty and Challenging Trump," *New York Times*, February, 14, 2017, https://www.nytimes.com/2017/02/14/world/europe/russia-cruise-missile-arms-control-treaty.html (accessed August 5, 2017).
19. "Brain Neurons & Synapses," The Human Memory, http://www.human-memory.net/brain_neurons.html (accessed August 8, 2017).
20. Susan Perry, "Glia: The Other Brain Cells," BrainFacts.org, September 15, 2010, http://www.brainfacts.org/Archives/2010/Glia-the-Other-Brain-Cells (accessed August 8, 2017).
21. "Brain Neurons & Synapses."
22. Gideon Lewis-Kraus, "The Great AI Awakening," *New York Times*,

December 14, 2016, https://www.nytimes.com/2016/12/14/magazine/the-great-ai-awakening.html?_r=0&mtrref=undefined (accessed August 9, 2017).
23. Marc Andreessen, Ben Horowits, Scott Kupor, and Sonal Chokshi, "a16z Podcast: Software Programs the World," Andreessen Horowitz, July 10, 2016, https://a16z.com/2016/07/10/software-programs-the-world (accessed August 9, 2017).
24. Walden C. Rhines, "Moore's Law and the Future of Solid-State Electronics," *Scientific American*, April 12, 2016, https://blogs.scientificamerican.com/guest-blog/moore-s-law-and-the-future-of-solid-state-electronics/ (accessed July 18, 2018).
25. Editorial Team, "The Exponential Growth of Data," InsideBIGDATA, February 16, 2017, https://insidebigdata.com/2017/02/16/the-exponential-growth-of-data (accessed August 9, 2017).
26. "Raymond Kurzweil," National Inventors Hall of Fame, 2016, http://www.invent.org/honor/inductees/inductee-detail/?IID=180 (accessed August 10, 2017).
27. "Chris F. Westbury," University of Alberta, https://sites.ualberta.ca/~chrisw (accessed August 10, 2017).
28. Chris F. Westbury, "On the Processing Speed of the Human Brain," *Chris F. Westbury* (blog), June 26, 2014, http://chrisfwestbury.blogspot.com/2014/06/on-processing-speed-of-human-brain.html (accessed August 10, 2017).
29. Vincent C. Müller and Nick Bostrom, "Future Progress in Artificial Intelligence: A Survey of Expert Opinion," in *Fundamental Issues of Artificial Intelligence*, ed. Vincent C. Müller (Berlin: Springer, 2014), https://nickbostrom.com/papers/survey.pdf (accessed August 10, 2017).
30. James Vincent, "Chinese Supercomputer Is the World's Fastest—and Without Using US Chips," *The Verge*, June 20, 2016, https://www.theverge.com/2016/6/20/11975356/chinese-supercomputer-worlds-fastes-taihulight (accessed August 10, 2017).
31. Müller and Bostrom, "Future Progress in Artificial Intelligence."
32. Ibid.
33. Ray Kurzweil, *The Singularity Is Near: When Humans Transcend Biology* (New York: Viking, 2005), p. 136.（レイ・カーツワイル『シンギュラリティは近い——人類が生命を超越するとき』井上健監修、小野木明恵／野中香方子／福田実訳、NHK出版、2016年）
34. Ashton B. Carter, "Directive 3000.09: Autonomy in Weapon Systems"

(Washington, DC: US Department of Defense Directive, November 21, 2012), p. 2, http://www.esd.whs.mil/Portals/54/Documents/DD/issuances/dodd/300009p.pdf (accessed August 11, 2017).

35. Matthew Rosenberg and John Markoff, "The Pentagon's 'Terminator Conundrum': Robots That Could Kill on Their Own," *New York Times*, October 25, 2016, https://www.nytimes.com/2016/10/26/us/pentagon-artificial-intelligence-terminator.html?_r=0 (accessed August 11, 2017).
36. Vasily Kashin, "Russia's S-400 to Help China Control Taiwan and Diaoyu Airspace—Expert," *Russia Beyond the Headlines*, February 20, 2017, https://www.rbth.com/opinion/2017/02/20/russia-s-400-china-taiwan-705823 (accessed August 11, 2017).
37. "S-400 Triumph Air Defense Missile System, Russia," Army Technology, http://www.army-technology.com/projects/s-400-triumph-air-defence-missile-system (accessed August 11, 2017).
38. Clare Wilson, "Maxed Out: How Many Gs Can You Pull?" *New Scientist*, April 14, 2010, https://www.newscientist.com/article/mg20627562-200-maxed-out-how-many-gs-can-you-pull (accessed August 11, 2017).

第五章　全能兵器の開発

1. David Smalley, "The Future Is Now: Navy's Autonomous Swarmboats Can Overwhelm Adversaries," US Navy, Office of Naval Research, October 5, 2014, https://www.onr.navy.mil/Media-Center/Press-Releases/2014/autonomous-swarm-boat-unmanned-caracas.aspx (accessed August 13, 2017).
2. CNN Library, "USS Cole Bombing Fast Facts," CNN, June 2, 2017, http://www.cnn.com/2013/09/18/world/meast/uss-cole-bombing-fast-facts/index.html (accessed August 13, 2017).
3. Patrick Tucker, "The US Navy's Autonomous Swarm Boats Can Now Decide What to Attack," *Defense One*, December 14, 2016, http://www.defenseone.com/technology/2016/12/navys-autonomous-swarm-boats-can-now-decide-what-attack/133896 (accessed August 13, 2017).
4. Louis A. Del Monte, *Nanoweapons: A Growing Threat to Humanity* (Lincoln, NE: Potomac Books, 2017), p. 67.（ルイス・A・デルモンテ『人類史上最強 ナノ兵器——その誕生から未来まで』黒木章人訳、原書房、2017年）
5. Ibid., pp. 8–10.
6. Ibid., p. 46.
7. Ibid., p. 58.
8. Vincent C. Müller and Nick Bostrom, "Future Progress in Artificial

Intelligence: A Survey of Expert Opinion," in *Fundamental Issues of Artificial Intelligence*, ed. Vincent C. Müller (Berlin: Springer, 2014), https://nickbostrom.com/papers/survey.pdf (accessed August 10, 2017).
9. Ibid., p. 48.
10. Ibid.
11. Ibid.
12. Patrick Tucker, "The Military Wants Smarter Insect Spy Drones," *Defense One*, December 23, 2014, http://www.defenseone.com/technology/2014/12/military-wants-smarter-insect-spy-drones/101970 (accessed August 14, 2017).
13. Staff Reporter, "Botulinum Toxin Type H: The Deadliest Known Toxin with No Known Antidote Discovered," *Nature World News*, October 15, 2013, http://www.natureworldnews.com/articles/4442/20131015/botulinum-toxin-type-h-deadliest-known-antidote-discovered.htm (accessed August 14, 2017).
14. Del Monte, *Nanoweapons*, pp. 83-84.（デルモンテ『人類史上最強 ナノ兵器』）
15. Ibid., pp. 84-85.
16. Ibid., p. 183.
17. Leukemia Research Foundation, "Leukemia Research Foundation-Funded Researcher Utilizes Nanobots for Groundbreaking Leukemia Treatment," news release, January 6, 2016, http://www.allbloodcancers.org/index.cfm?fuseaction=news.details&ArticleId=74 (accessed August 16, 2017).
18. Brian Wang, "Pfizer Partnering with Ido Bachelet on DNA Nanorobots," *Next Big Future* (blog), May 15, 2015, https://www.nextbigfuture.com/2015/05/pfizer-partnering-with-ido-bachelet-on.html (accessed August 16, 2017).
19. Daniel Korn, "DNA Nanobots Will Target Cancer Cells in the First Human Trial Using a Terminally Ill Patient," *Plaid Zebra*, March 27, 2015, http://www.theplaidzebra.com/dna-nanobots-will-target-cancer-cells-in-the-first-human-trial-using-a-terminally-ill-patient (accessed August 16, 2017).
20. Tom Regan, "Nanobots Can Swim Your Bloodstream Faster by Doing the Front Crawl," *engadget*, July 25, 2017, https://www.engadget.com/2017/07/25/the-next-wave-of-nanobots-will-swim-front-crawl-in-your-blood (accessed August 16, 2017).
21. Del Monte, *Nanoweapons*, p. vii.（デルモンテ『人類史上最強 ナノ兵器』）
22. Eric Drexler, "Molecular Manufacturing Will Use Nanomachines to Build Large Products with Atomic Precision," E-drexler.com, http://e-drexler.

com/p/04/03/0325molManufDef.html (accessed August 17, 2017).
23. Del Monte, *Nanoweapons*, chapter 2.（デルモンテ『人類史上最強 ナノ兵器』）
24. Eric Drexler, " 'There's Plenty of Room at the Bottom' (Richard Feynman, Pasadena, 29 December 1959)," *Metamodern*, December 29, 2009, http://metamodern.com/2009/12/29/theres-plenty-of-room-at-the-bottom"-feynman-1959/ (accessed August 17, 2017).
25. Andrea Thompson, "Nanotech Produces Plastic as Strong as Steel," Innovation, NBC News, October 12, 2007, http://www.nbcnews.com/id/21268376/ns/technology_and_science-innovation/t/nanotech-produces-plastic-strong-steel/#.WZXxJ1WGPIU (accessed August 17, 2017).
26. Del Monte, *Nanoweapons*, p. 17.（デルモンテ『人類史上最強 ナノ兵器』）
27. G. I. Yakovlev et al., "Modification of Cement Matrix Using Carbon Nanotube Dispersions and Nanosilica," *Procedia Engineering* 172 (2017): 1261–1269, http://www.sciencedirect.com/science/article/pii/S1877705817306549# (accessed August 17, 2017).
28. Del Monte, *Nanoweapons*, pp. 55–56.（デルモンテ『人類史上最強 ナノ兵器』）
29. Neil Gershenfeld and Isaac L. Chuang, "Quantum Computing with Molecules," *Scientific American*, June 1998, http://cba.mit.edu/docs/papers/98.06.sciqc.pdf (accessed August 18, 2017).
30. Sophia Chen, "Chinese Satellite Relays a Quantum Signal between Cities," *Wired*, June 15, 2017, https://www.wired.com/story/chinese-satellite-relays-a-quantum-signal-between-cities (accessed August 18, 2017).
31. Richard Haughton, "Quantum Teleportation Is Even Weirder Than You Think," *Nature*, July 20, 2017, https://www.nature.com/news/quantum-teleportation-is-even-weirder-than-you-think-1.22321 (accessed July 14, 2018).
32. Charles H. Bennett, "Notes on Landauer's Principle, Reversible Computation and Maxwell's Demon," *Studies in History and Philosophy of Modern Physics* 34, no. 3 (September 2003): 501–510, https://arxiv.org/pdf/physics/0210005.pdf (accessed July 15, 2018).

第六章　自律型兵器の制御

1. H+Pedia, s.v. "Artificial Life," last edited December 31, 2015, https://hpluspedia.org/wiki/Artificial_Life (accessed August 21, 2017).
2. Thomas Ray, "An Approach to the Synthesis of Life," *Artificial Life II, Santa Fe Institute Studies in the Sciences of Complexity*, ed. Christopher G. Langton et al., vol. 11 (Boston: Addison-Wesley, 1991), pp. 371–408, http://

life.ou.edu/pubs/alife2/tierra.tex (accessed August 21, 2017).

3. Arthur C. Clarke, *2010: Odyssey Two* (New York: Del Rey, 1984), pp. 255–261.（アーサー・C・クラーク『2010年宇宙の旅〔新版〕』伊藤典夫訳、早川書房、2009年）
4. Joanne Pransky, "The Essential Interview: Gianmarco Veruggio, Telerobotics and 'Roboethics' Pioneer," *Robotics Business Review*, February 1, 2017, https://www.roboticsbusinessreview.com/research/essential-interview-gianmarco-veruggio-telerobotics-roboethics-pioneer (accessed August 21, 2017).
5. Kristina Grifantini, "Robots 'Evolve' the Ability to Deceive," *MIT Technology Review*, August 18, 2009, https://www.technologyreview.com/s/414934/robots-evolve-the-ability-to-deceive (accessed August 23, 2017).
6. Ibid.
7. *Brain Waves Module 3: Neuroscience, Conflict, and Security* (London: Royal Society, February 2012), https://royalsociety.org/~/media/Royal_Society_Content/policy/projects/brain-waves/2012-02-06-BW3.pdf (accessed August 23, 2017).
8. V. P. Clark et al., "TDCS Guided Using fMRI Significantly Accelerates Learning to Identify Concealed Objects," *Neuroimage* 59, no. 1 (January 2, 2012): 117–128, https://www.ncbi.nlm.nih.gov/pubmed/21094258 (accessed August 23, 2017).
9. *Brain Waves Module 3.*
10. Johns Hopkins Medicine, "Mind-Controlled Prosthetic Arm Moves Individual 'Fingers,'" news release, February 15, 2016, https://www.hopkinsmedicine.org/news/media/releases/mind_controlled_prosthetic_arm_moves_individual_fingers (accessed August 24, 2017).
11. Rachel Metz, "Mind-Controlled VR Game Really Works," *MIT Technology Review*, August 9, 2017, https://www.technologyreview.com/s/608574/mind-controlled-vr-game-really-works (accessed August 24, 2017).
12. José Delgado and Hannibal Hamlin, "Surface and Depth Electrography of the Frontal Lobes in Conscious Patients," *Electroencephalography and Clinical Neurophysiology* 8, no. 3 (August 1956): 371–384, http://www.sciencedirect.com/science/article/pii/0013469456900037 (accessed August 24, 2017).
13. Max O. Krucoff et al., "Enhancing Nervous System Recovery through Neurobiologics, Neural Interface Training, and Neurorehabilitation," *Frontiers in Neuroscience* 10, no. 584 (December 27, 2016), https://www.ncbi.nlm.nih.gov/pmc/articles/PMC5186786 (accessed August 24, 2017).

14. C. Hammond et al., "Latest View on the Mechanism of Action of Deep Brain Stimulation," *Movement Disorders* 23, no. 15 (2008): 2111–2121.
15. Vincent C. Müller and Nick Bostrom, "Future Progress in Artificial Intelligence: A Survey of Expert Opinion," in *Fundamental Issues of Artificial Intelligence*, ed. Vincent C. Müller (Berlin: Springer, 2014), https://nickbostrom.com/papers/survey.pdf (accessed August 10, 2017).
16. Alice Park, "There's No Known Limit to How Long Humans Can Live, Scientists Say," *Time*, June 28, 2017, http://time.com/4835763/how-long-can-humans-live (accessed July 20, 2018).
17. Elizabeth Arias, "United States Life Tables, 2003," *National Vital Statistics Reports* 54, no. 14 (April 19, 2006; revised March 28, 2007), https://www.cdc.gov/nchs/data/nvsr/nvsr54/nvsr54_14.pdf (accessed July 20, 2018).
18. Fiona Macdonald, "A Robot Has Just Passed a Classic Self-Awareness Test for the First Time," *Science Alert*, July 17, 2015, https://www.sciencealert.com/a-robot-has-just-passed-a-classic-self-awareness-test-for-the-first-time (accessed August 24, 2017).
19. Ibid.

第七章　倫理的ディレンマ

1. Campaign to Stop Killer Robots, 2018, https://www.stopkillerrobots.org (accessed August 29, 2017).
2. "The Problem," Campaign to Stop Killer Robots, http://www.stopkillerrobots.org/the-problem (accessed August 29, 2017).
3. "Concern from the United Nations," Campaign to Stop Killer Robots, https://www.stopkillerrobots.org/2017/07/unitednations (accessed August 29, 2017).
4. Ibid.
5. "Fully Autonomous Weapons," Reaching Critical Will, http://www.reachingcriticalwill.org/resources/fact-sheets/critical-issues/7972-fully-autonomous-weapons (accessed August 28, 2017).
6. Women's International League for Peace and Freedom, https://wilpf.org (accessed July 23, 2018).
7. Ashton B. Carter, "Directive 3000.09: Autonomy in Weapon Systems" (Washington, DC: US Department of Defense Directive), November 21, 2012, pp. 13–14, http://www.esd.whs.mil/Portals/54/Documents/DD/issuances/dodd/300009p.pdf (accessed July 26, 2017).
8. Vincent C. Müller and Nick Bostrom, "Future Progress in Artificial Intelligence: A Survey of Expert Opinion," in *Fundamental Issues of*

Artificial Intelligence, ed. Vincent C. Müller (Berlin: Springer, 2014), https://nickbostrom.com/papers/survey.pdf (accessed July 24, 2018).
9. Seth Thornhill, "Future Autonomous Robotic Systems in the Pacific Theater" (master's thesis, Joint Advanced Warfighting School, May 6, 2015), p. 20, http://www.dtic.mil/dtic/tr/fulltext/u2/a624818.pdf (accessed August 29, 2017).
10. Patrick Tucker, "Russian Weapons Maker to Build AI-Directed Guns," *Defense One*, July 14, 2017, https://www.defenseone.com/technology/2017/07/russian-weapons-maker-build-ai-guns/139452 (accessed July 25, 2018).
11. *The United States Strategic Bombing Survey, Summary Report: European War* (Washington, DC: US Government Printing Office, September 30, 1945), p. 5, http://www.anesi.com/ussbs02.htm (accessed August 29, 2017).
12. Malcolm W. Browne, "Invention That Shaped the Gulf War: The Laser-Guided Bomb," *New York Times*, February 26, 1991, http://www.nytimes.com/1991/02/26/science/invention-that-shaped-the-gulf-war-the-laser-guided-bomb.html (accessed August 29, 2017).
13. "Reagan National Defense Forum Keynote as Delivered by Secretary of Defense Chuck Hagel," Ronald Reagan Presidential Library, November 15, 2014, https://www.defense.gov/News/Speeches/Speech-View/Article/606635 (accessed August 30, 2017).
14. Ibid.
15. John Markoff and Matthew Rosenberg, "China's Intelligent Weaponry Gets Smarter," *New York Times*, February 3, 2017, https://www.nytimes.com/2017/02/03/technology/artificial-intelligence-china-united-states.html (accessed July 24, 2017).
16. Carter, "Directive 3000.09," p. 2.
17. April Glaser, "The UN Has Decided to Tackle the Issue of Killer Robots in 2017," Recode, December 16, 2016, https://www.recode.net/2016/12/16/13988458/un-killer-robots-elon-musk-wozniak-hawking-ban (accessed August 30, 2017).
18. Harold C. Hutchison, "Russia Says It Will Ignore Any UN Ban of Killer Robots," *Business Insider*, November 30, 2017, https://www.businessinsider.com/russia-will-ignore-un-killer-robot-ban-2017-11 (accessed July 25, 2018).
19. Tucker Davey, "Lethal Autonomous Weapons: An Update from the United Nations," Future of Life Institute, April 30, 2018, https://futureoflife.org/2018/04/30/lethal-autonomous-weapons-an-update-from-the-united-nations/?cn-reloaded=1 (accessed July 25, 2018).

20. Steven Groves, "The US Should Oppose the UN's Attempt to Ban Autonomous Weapons," Heritage Foundation, March 5, 2015, https://www.heritage.org/defense/report/the-us-should-oppose-the-uns-attempt-ban-autonomous-weapons (accessed August 30, 2017).
21. Office of the Historian, "Milestones: 1969–1976: Strategic Arms Limitations Talks/Treaty (SALT) I and II," US Department of State, https://history.state.gov/milestones/1969-1976/salt (accessed August 31, 2017).
22. "The Treaty between the United States of America and the Union of Soviet Socialist Republics on the Reduction and Limitation of Strategic Offensive Arms (START)," US Department of State, July 31, 1991, October 2001 ed., last revised May 2002, https://www.state.gov/t/avc/trty/146007.htm (accessed August 31, 2017).
23. "New START," US Department of State, February 5, 2011, https://www.state.gov/t/avc/newstart (accessed August 31, 2017).
24. Groves, "US Should Oppose the UN's Attempt."
25. Ibid.
26. Heather M. Roff, "What Do People Around the World Think about Killer Robots?" *Slate*, February 8, 2017, http://www.slate.com/articles/technology/future_tense/2017/02/what_do_people_around_the_world_think_about_killer_robots.html (accessed August 31, 2017).
27. Ibid.
28. John Lewis, "The Case for Regulating Fully Autonomous Weapons," *Yale Law Journal* 124, no. 4 (January–February 2015), https://www.yalelawjournal.org/comment/the-case-for-regulating-fully-autonomous-weapons (accessed August 31, 2017).
29. Protocol Additional to the Geneva Conventions of August 12, 1949, and relating to the Protection of Victims of International Armed Conflicts (Protocol I), June 8, 1977, art. 51(5)(b), https://www.icrc.org/eng/assets/files/other/icrc_002_0321.pdf (accessed July 20, 2018).
30. Lewis, "Case for Regulating."
31. Carl Hoffman, "China's Space Threat: How Missiles Could Target US Satellites," *Popular Mechanics*, December 17, 2009, http://www.popularmechanics.com/space/satellites/a1782/4218443 (September 1, 2017).
32. Paul Bedard, "Congress Warned North Korean EMP Attack Would Kill '90% of All Americans,' " *Washington Examiner*, October 12, 2017, https://www.washingtonexaminer.com/congress-warned-north-korean-emp-attack-would-kill-90-of-all-americans (accessed July 25, 2018).
33. Ferris Jabr, "Know Your Neurons: What Is the Ratio of Glial to

Neurons in the Brain?" *Scientific American*, June 13, 2012, https://blogs.scientificamerican.com/brainwaves/know-your-neurons-what-is-the-ratio-of-glia-to-neurons-in-the-brain/ (accessed September 2, 2017).
34. Müller and Bostrom, "Future Progress in Artificial Intelligence."

第八章　自動操縦による戦争

1. Erik Sofge, "Tale of the Teletank: The Brief Rise and Long Fall of Russia's Military Robots," *Popular Science*, March 7, 2014, http://www.popsci.com/blog-network/zero-moment/tale-teletank-brief-rise-and-long-fall-russia%E2%80%99s-military-robots (accessed September 8, 2017).
2. Ibid.
3. Dave Majumdar, "Russia's Lethal New Robotic Tanks Are Going Global," *National Interest*, February 8, 2016, http://nationalinterest.org/blog/russias-lethal-new-robotic-tanks-are-going-global-15143 (accessed September 8, 2017).
4. Ibid.
5. Aric Jenkins, "The USS Gerald Ford Is the Most Advanced Aircraft Carrier in the World," *Fortune*, July 22, 2017, http://fortune.com/2017/07/22/uss-gerald-ford-commissioning (accessed September 8, 2017).
6. "Nimitz Class Aircraft Carrier, United States of America," Naval Technology, http://www.naval-technology.com/projects/nimitz (accessed September 8, 2017).
7. "DDG-51 Arleigh Burke-Class," GlobalSecurity.org, https://www.globalsecurity.org/military/systems/ship/ddg-51.htm (accessed September 8, 2017).
8. "Prepared to Defend," *All Hands*, http://www.navy.mil/ah_online/zumwalt (accessed September 8, 2017).
9. Advisory Service on International Humanitarian Law, "What Is International Humanitarian Law?" (Geneva: International Committee of the Red Cross, July 2004), https://www.icrc.org/eng/assets/files/other/what_is_ihl.pdf (accessed September 8, 2017).
10. John Naisbitt, *Megatrends: Ten New Directions Transforming Our Lives* (New York: Warner Books, October 27, 1982).（ジョン・ネイスビッツ『メガトレンド――10の社会潮流が近未来を決定づける！』竹村健一訳、三笠書房、1983年）
11. Erwin Chemerinsky and Laurie L. Levenson, *Criminal Procedure: Adjudication*, 2nd ed. (New York: Aspen Publishers, July 29, 2013), p. 221.

12. Office of Public Health Preparedness and Response, "Possible Health Effects of Radiation Exposure and Contamination," Center for Disease Control and Prevention, last updated October 10, 2014, https://emergency.cdc.gov/radiation/healtheffects.asp (accessed September 9, 2017).
13. Zoe T. Richards et al., "Bikini Atoll Coral Biodiversity Resilience Five Decades after Nuclear Testing," *Marine Pollution Bulletin* 56, no. 3 (April 2008): 503–515.
14. *Nuclear Weapons and International Humanitarian Law*, Information Note no. 4 (Geneva, Switzerland: International Committee of the Red Cross, March 3, 2013), https://www.icrc.org/eng/resources/documents/legal-fact-sheet/03-19-nuclear-weapons-ihl-4-4132.htm (accessed September 9, 2017).
15. George Sylvester Viereck, *Saturday Evening Post*, October, 26, 1929, p. 17.
16. "Why Do We Age and Is There Anything We Can Do about It?" *The Tech*, https://genetics.thetech.org/original_news/news10 (accessed September 10, 2017).
17. Ibid.
18. Anthony Atala, "Growing New Organs," TEDMED 2009, October 2009, Ted, 17:45, https://www.ted.com/talks/anthony_atala_growing_organs_engineering_tissue?language=en (accessed September 10, 2017).
19. "Nearby Super-Earth Likely a Diamond Planet," *Yale News*, October 11, 2012, https://news.yale.edu/2012/10/11/nearby-super-earth-likely-diamond-planet (accessed September 11, 2017).
20. *United Nations Treaties and Principles on Outer Space* (New York: United Nations Office For Outer Space Affairs), ST/SPACE/61/Rev.1, http://www.unoosa.org/pdf/publications/ST_SPACE_061Rev01E.pdf (accessed September 11, 2017).
21. *Wikipedia*, s.v. "Militarisation of Space," last edited June 20, 2018, https://en.wikipedia.org/wiki/Militarisation_of_space#Outer_Space_Treaty (accessed June 26, 2018).
22. "Proposed Prevention of an Arms Race in Space (PAROS) Treaty," Nuclear Threat Initiative (NTI), last updated September 29, 2017, http://www.nti.org/learn/treaties-and-regimes/proposed-prevention-arms-race-space-paros-treaty/ (accessed July 30, 2018).
23. Brendan Nicholson, "World Fury at Satellite Destruction," *The Age* (Melbourne, Australia), January 20, 2007, https://www.theage.com.au/national/world-fury-at-satellite-destruction-20070120-ge416d.html (accessed July 26, 2018).
24. Harsh Vasani, "How China Is Weaponizing Outer Space," *The Diplomat*,

January 19, 2017, http://thediplomat.com/2017/01/how-china-is-weaponizing-outer-space (accessed September 12, 2017).
25. Ibid.
26. Ibid.
27. "How Do Satellites Survive Hot and Cold Orbit Environments?" *Astrome* (blog), July 22, 2015, http://www.astrome.co/blogs/how-do-satellites-survive-hot-and-cold-orbit-environments (accessed September 12, 2017).
28. Karl Tate, "Space Radiation Threat to Astronauts Explained," Space.com, May 30, 2013, https://www.space.com/21353-space-radiation-mars-mission-threat.html (accessed September 12, 2017).
29. "Understanding Space Radiation," *NASA Facts*, October 2002, https://spaceflight.nasa.gov/spacenews/factsheets/pdfs/radiation.pdf (accessed September 12, 2017).
30. Tate, "Space Radiation Threat."

第九章　誰が敵なのか？

1. Vincent C. Müller and Nick Bostrom, "Future Progress in Artificial Intelligence: A Survey of Expert Opinion," in *Fundamental Issues of Artificial Intelligence*, ed. Vincent C. Müller (Berlin: Springer, 2014), https://nickbostrom.com/papers/survey.pdf (accessed August 10, 2017).
2. K. Eric Drexler, *Engines of Creation: The Coming Era of Nanotechnology* (New York: Anchor Books, 1987), pp. 53-63.（K・エリック・ドレクスラー『創造する機械――ナノテクノロジー』相澤益男訳、パーソナルメディア、1992年）
3. Inbal Wiesel-Kapah et al., "Rule-Based Programming of Molecular Robot Swarms for Biomedical Applications," *Proceedings of the Twenty-Fifth International Joint Conference on Artificial Intelligence*, July 2016, https://www.ijcai.org/Proceedings/16/Papers/495.pdf (accessed September 14, 2017).
4. Subbarao Kambhampati, ed., *Proceedings of the Twenty-Fifth International Joint Conference on Artificial Intelligence*, International Joint Conferences on Artificial Intelligence Organization, Palo Alto, CA, July 9-15, 2016, https://www.ijcai.org/proceedings/2016 (accessed September 14, 2017).
5. Wiesel-Kapah et al., "Rule-Based Programming."
6. Peter Rüegg, "Nanoscale Assembly Line," Eidgenössische Technische Hochschule Zürich, August 26, 2014, https://www.ethz.ch/en/news-and-events/eth-news/news/2014/08/Nanoscale-assembly-line.html (accessed September 14, 2017).

7. "IBM Research: Major Nanoscale Breakthroughs," IBM, http://www-03.ibm.com/press/attachments/28488.pdf (accessed September 14, 2017).
8. Larisa Brown, "Now You Can Be Bugged Anywhere: Military Unveils Insect-Sized Spy Drone with Dragonfly-Like Wings," *Daily Mail*, August 11, 2016, http://www.dailymail.co.uk/sciencetech/article-3734945/Now-bugged-Military-unveils-insect-sized-spy-drone-dragonfly-like-wings.html (accessed September 14, 2017).
9. Carl Von Clausewitz, *On War*, ed. and trans. Michael Howard and Peter Paret (Princeton, NJ: Princeton University Press, 1976), https://docentes.fd.unl.pt/docentes_docs/ma/FPG_MA_31565.pdf (accessed September 15, 2017).（カール・フォン・クラウゼヴィッツ『戦争論〈上・下〉』清水多吉訳、中央公論新社、2001年）
10. Ibid., p. 101.
11. Ibid., p. 108.
12. Ibid., p. 120.
13. Lonsdale Hale, *The Fog of War* (Charing Cross: Edward Stanford, March 24, 1896).
14. *Wikipedia*, s.v. "*The Fog of War*" (2003 American documentary film), last edited June 9, 2018, https://en.wikipedia.org/wiki/The_Fog_of_War (accessed June 26, 2018).（エロール・モリス〔監督〕『フォッグ・オブ・ウォー――マクナマラ元米国防長官の告白』ソニー・ピクチャーズエンタテインメント、2005年）
15. *Wikipedia*, s.v. "Operation Fortitude," last edited June 18, 2018, https://en.wikipedia.org/wiki/Operation_Fortitude (accessed June 26, 2018).
16. Blake Stilwell, "The Army Built a Fake Base to Fool Saddam Hussein, and It Worked," *Business Insider*, October 9, 2015, https://www.businessinsider.com/the-army-built-a-fake-base-to-fool-saddam-hussein-and-it-worked-2015-10 (accessed July 29, 2018).
17. Diane Maye, "History's Last Left Hook?" *Medium*, December 14, 2015, https://medium.com/@DianeLeighMaye/history-s-last-left-hook-4711b1768cdd (accessed July 30, 2018).
18. Agence France Presse, "Putin Describes Secret Operation to Seize Crimea," Yahoo! News, March 8, 2015, https://www.yahoo.com/news/putin-describes-secret-operation-seize-crimea-212858356.html (accessed September 15, 2017).
19. Stephen A. Cook, "The Complexity of Theorem-Proving Procedures," Proceeding STOC'71 Proceedings of the Third Annual ACM Symposium on Theory of Computing, Shaker Heights, OH, May 3–5, 1971, pp. 151–158,

http://dl.acm.org/citation.cfm?coll=GUIDE&dl=GUIDE&id=805047 (accessed September 17, 2017).
20. Adam Morton, *Emotion and Imagination* (Cambridge, UK: Polity, 2013), p. 3.
21. Müller and Bostrom, "Future Progress in Artificial Intelligence."
22. Aristotle, *Rhetoric Book II*, written 350 BCE, trans. W. Rhys Roberts, http://classics.mit.edu/Aristotle/rhetoric.2.ii.html (accessed September 18, 2017).（アリストテレス『弁論術』戸塚七郎訳、岩波書店、1992年）
23. Robert Plutchik and Hope R. Conte, *Circumplex Models of Personality and Emotions*, 1st ed. (Washington, DC: American Psychological Association, 1997), pp. 17–45.（ロバート・プルチック／ホープ・R・コント編著『円環モデルからみたパーソナリティと感情の心理学』橋本泰央／小塩真司訳、福村出版、2019年）
24. Timothy Williamson, "Reclaiming the Imagination," *The Stone* (blog), *New York Times*, August 15, 2010, https://opinionator.blogs.nytimes.com/2010/08/15/reclaiming-the-imagination/?mcubz=0&_r=0 (accessed September 19, 2017).
25. Ibid.
26. John Montgomery, "Emotions, Survival, and Disconnection," *Embodied Mind* (blog), *Psychology Today*, September 30, 2012, https://www.psychologytoday.com/blog/the-embodied-mind/201209/emotions-survival-and-disconnection (accessed September 19, 2017).
27. Ibid.
28. "History: The Organization of the National Research Council," National Academies of Sciences, http://www.nasonline.org/about-nas/history/archives/milestones-in-NAS-history/organization-of-the-nrc.html (accessed July 29, 2018).
29. Jim Blascovich, Christine R Harte, and the National Research Council, *Human Behavior in Military Contexts* (Washington, DC: National Academies Press, February 3, 2008), pp. 55–63.
30. Karl Smallwood, "The Top 10 Most Inspiring Self-Sacrifices," Listverse, January 15, 2013, http://listverse.com/2013/01/15/the-top-10-most-inspiring-self-sacrifices (accessed September 20, 2017).
31. John 15:13 (King James Version).
32. "Fall of the Soviet Union," History, http://www.history.com/topics/cold-war/fall-of-soviet-union (accessed September 20, 2017).
33. *Wikipedia*, s.v. "Cold War," last edited June 26, 2018, https://en.wikipedia.org/wiki/Cold_War (accessed September 20, 2017).

34. Scott Sumner, "The Soviet Union: Military Spending," *Nintil* (blog), May 31, 2016, https://nintil.com/the-soviet-union-military-spending (accessed September 20, 2017).
35. Ibid.
36. "Fall of the Soviet Union."
37. Albert Einstein, "To The General Assembly of the United Nations," open letter, United Nations World New York, October 1947, http://neutrino.aquaphoenix.com/un-esa/ws1997-letter-einstein.html (accessed September 20, 2017).
38. Ronald Reagan, "Address to the 42d Session of the United Nations General Assembly in New York, New York," September 21, 1987, Ronald Reagan Presidential Library and Museum, https://www.reaganlibrary.gov/research/speeches/092187b (accessed July 30, 2018).
39. "Mutual Assured Destruction," Nuclear Age Peace Foundation, http://www.nuclearfiles.org/menu/key-issues/nuclear-weapons/history/cold-war/strategy/strategy-mutual-assured-destruction.htm (accessed September 21, 2017).
40. Alfred Werner, *Liberal Judaism* 16 (April–May 1949), Einstein Archive 30-1104, as sourced in Albert Einstein, *The New Quotable Einstein*, ed. Alice Calaprice (Princeton, NJ: Princeton University Press, 2005), p. 173.（アリス・カラプリス編『増補新版 アインシュタインは語る』林一／林大訳、大月書店、2006年）

第一〇章　人類対マシン

1. Sun Tzu, *The Art Of War*, trans. Lionel Giles (Norwalk, CT: Puppet Press, 1910).（『孫子』町田三郎訳、中央公論新社、2001年）
2. John 14: 3 (King James Version).
3. "The Biological Weapons Convention," United Nations Office for Disarmament Affairs, New York, https://www.un.org/disarmament/wmd/bio (accessed September 22, 2017).
4. *Universal Declaration of Human Rights* (New York: United Nations, December 10, 1948), http://www.un.org/en/universal-declaration-human-rights/index.html (accessed September 23, 2017).（日本語版：「世界人権宣言」）
5. Isaac Asimov, "Runaround," in *I, Robot* (New York: Doubleday, 1950), p. 40.（アイザック・アシモフ『われはロボット 決定版 アシモフのロボット傑作集』小尾芙佐訳、早川書房、2004年）
6. *Wikipedia*, s.v. "Three Laws of Robotics," last edited May 7, 2018, https://

en.wikipedia.org/wiki/Three_Laws_of_Robotics (accessed June 26, 2018).（日本語版：「ロボット工学三原則」）

7. James Gunn, *Isaac Asimov: The Foundations of Science Fiction, Revised Edition* (Lanham, MD: Scarecrow Press, 2005), p. 48.

終章　自律型兵器と全能兵器を規制する緊急性

1. Maureen Dowd, "Elon Musk's Billion-Dollar Crusade to Stop The AI Apocalypse," *Vanity Fair*, April 2017, https://www.vanityfair.com/news/2017/03/elon-musk-billion-dollar-crusade-to-stop-ai-space-x (accessed September 24, 2017).
2. Rory Cellan-Jones, "Stephen Hawking Warns Artificial Intelligence Could End Mankind," BBC, December 2, 2014, http://www.bbc.com/news/technology-30290540 (accessed September 24, 2017).
3. James Barrat, *Our Final Invention: Artificial Intelligence and the End of the Human Era* (New York: Thomas Dunne Books, 2013).（ジェイムズ・バラット『人工知能――人類最悪にして最後の発明』水谷淳訳、ダイヤモンド社、2015年）
4. Nick Bostrom, *Superintelligence: Paths, Dangers, Strategies* (New York: Oxford University Press, 2014).
5. Louis A. Del Monte, *The Artificial Intelligence Revolution: Will Artificial Intelligence Serve Us or Replace Us?* (self-pub., April 17, 2014).
6. James Barrat, *Our Final Invention: Artificial Intelligence and the End of the Human Era* (New York: St. Martin's, 2015).（バラット『人工知能』）
7. "June 2020," Top500, https://www.top500.org/lists/2020/06 (accessed July 31, 2020).
8. J. K. Rowling, "The Fringe Benefits of Failure, and the Importance of Imagination," *Harvard Gazette*, June 5, 2008, https://news.harvard.edu/gazette/story/2008/06/text-of-j-k-rowling-speech (accessed September 25, 2017). J・K・ローリング『とても良い人生のために――失敗の思いがけない恩恵と想像力の大切さ』松岡佑子訳、静山社、2017年）
9. "Thomas A. Edison Quotes," Goodreads, https://www.goodreads.com/author/quotes/3091287.Thomas_A_Edison (accessed September 25, 2017).

用語解説

AI：「人工知能」（Artificial Intelligence）の頭字語。

アルゴリズム（algorithm）：計算処理や問題を解くための演算処理を実行させるコンピュータ指示の一連の手順。

人工生命（Alife）：人工生命（artificial life）の短縮形。

人工知能（artificial intelligence）：コンピュータの内部で人間の知能を模倣することを目的としたテクノロジーの理論および開発。

人工ニューラルネットワーク（artificial neural network）：生物学的なニューラル・ネットワークの構造と機能に基づくコンピュータ・モデル。

自動音声認識（automatic speech recognition）：人間の話し言葉を認識できるコンピュータ・ソフトウェア。

自律型兵器／自律型兵器システム（autonomous weapon/autonomous weapon system）：いちど起動された後、人間のオペレータの介入なしに標的を選定・交戦する兵器システム。これは人間監視型の自律型兵器システム——起動後に人間からの指示を受けることなく標的を選定・交戦することができるが、人間のオペレータが兵器システムの行動を制御できるよう設計されたもの——を含んでいる〔「アメリカ合衆国国防省指令3000.09」の定義より〕。

ビッグデータ（big data）：巨大なデータ群のことで、特定のコンピュータ・アルゴリズムによりデータ群の中にパターン、傾向、関連を見出すため解析される。

生体工学（bioengineering）：遺伝子コードの変更を扱う工学分野。

生物学（biology）：有機的生命を研究対象とする科学分野。

ビット（bit）：「二進数」（binary digit）の短縮形。

ブルートゥース（Bluetooth）：短距離の無線接続方式でモバイル機器やコンピュータの相互通信を可能にする電気通信産業界の無線通信規格。

ビジネスインテリジェンス（business intelligence）：組織が有する生データを解析し、データマイニング、オンライン分析処理、検索、報告を行うためのソフトウェア。

中央演算処理装置（central processing unit: CPU）：コンピュータ・プログラムからの指示を実行するコンピュータ内部の電子回路。

クラウドコンピューティング（cloud computing）：データを蓄積・管理・処理するためにローカル・サーバではなく遠隔サーバのネットワークを活用したインターネット環境。

コンピューテーション（computation）：コンピュータによる計算結果。

コンピュータ支援設計（computer-aided design：CAD）：コンピュータを利用

して設計作業を支援する処理要領。

コンピュータ言語（computer language）：コンピュータを利用して意図した機能を発揮する特定のアルゴリズム。

意識（consciousness）：主観的な経験や考えを引き起こす状態。

サイボーグ（cyborgs）：人工部位（人工知能の脳内インプラントを含む）を有する人間。

決定木（decision tree）：意思決定と結果（偶然の出来事の結果、資源コスト、効用など）の関係を系統的に描いた樹木式のグラフ。

国防高等研究計画局（Defense Advanced Research Projects Agency：DARPA）：新たな軍事テクノロジーの開発を所掌するアメリカ合衆国国防省の機関。

DNA：「デオキシリボ核酸（deoxyribonucleic acid）」の頭字語。生命体の中に染色体の主成分として存在している物質。

ドローン（drone）：無人の遠隔操縦の航空機。

電磁パルス攻撃（EMP attack）：ある地域の上空の宇宙空間において核爆発を起こし、放射された電磁エネルギーの衝撃により、影響地域内の電子機器を切断・破壊すること。

誤り訂正符号（error-correcting code）：コンピュータ内部のデータ破損を検知・訂正するコンピュータ符号。

進化（evolution）：地球上の有機種の進化のように、単純なものから複雑な形態へと漸進的に変化すること。

生存リスク（existential risk）：人類の破滅や人類の文明の進歩を著しく妨げる可能性のある危険。

エキスパート・システム（expert system）：チェスをプレーするなど、特定の問題を解くために設計されたコンピュータに組み込まれた人工知能アルゴリズム。

指数関数的増加（exponential growth）：時間の経過とともに数倍の進度で起こる増加。

ファームウェア（firmware）：マシンのハードウェアやソフトウェアに書き込まれた指示や規則のセット。

機能的磁気共鳴画像法（functional magnetic resonance imaging：fMRI）：血流の変化を検知して脳内活動を測定するテクニック。

汎用人工知能（general artificial intelligence）：「強い人工知能」と同義で、人間レベルの知能と同等のAIを指す。

全能兵器（genius weapons）：超絶知能によって制御された兵器。

国内総生産（gross domestic product: GDP）：ある国が一年間で生産するすべての製品・サービスの市場総額。

ハードワイヤー（hardwire）：コンピュータ科学で使われる用語で、コンピュ

ータ機能を制御するため、ソフトウェアではなく、ハードウェアを利用すること。

人工知能エージェント（intelligent agent）：人間とチェスをするなど、複雑な仕事を実行するようプログラム化されたコンピュータ。

モノのインターネット（internet of things: IoT）：パソコン、タブレット、スマートフォン以外の電子機器を相互にインターネットに接続したネットワーク。

収穫加速の法則（Law of accelerating returns）：電子機器やコンピュータ技術に関連し、ムーアの法則を一般化したもの。

意図せざる結果の法則（Law of Unintended Consquences）：国民や政府の行動が予期しない意図せざる結果をもたらす原則。

致死性自律型兵器（lethal autonomous weapons）：人を殺害できる自律型兵器。

生命（life）：死に至るまでの成長、繁殖、機能的活動、変化など、動物や植物とその他の物質を区別する条件。

機械学習（machine learning）：特定の機能を実行するためのプログラムがなくても、その機能を果たすための学習する能力をコンピュータに付与するコンピュータ科学の一分野。

マイクロプロセッサー（microprocessor）：CPU機能を持つ集積回路。

ムーアの法則（Moore's law）：集積回路上のトランジスタの数が概ね二年おきに倍増し、コスト効率が良くなるという観察結果。

ナノバイオロジー（nanobiology）：ナノテクノロジーとバイオロジーの関連分野。

ナノボット（nanobot）：ナノテクノロジーを組み込んだ微小型ロボット。

ナノテクノロジー（nanotechnology）：アメリカの「国家ナノテクノロジーイニシアティブ」のウェブサイト（nano.gov）によると、「ナノテクノロジーとは、ナノスケール（1から100ナノメートル）の物質を扱う科学、工学、技術である」。

ナノ兵器（nanoweapons）：ナノテクノロジーの力を利用した軍事技術。

ニューラル・ネットワーク・コンピュータ（neural network computer）：プログラム化されたアルゴリズムや蓄積した経験を利用してデータ処理を行うことができる人間の脳内のニューラル構造をモデルにしたコンピュータ。

オフセット戦略（offset strategy）：軍事分野の競争において、非対称的な手段を用いて不利な状況を補完すること。敵の長所に有利な競争分野で敵に対抗しようとするのではなく、競争を実行者に有利な状況に変えることが追求される。オフセット戦略の長期目標は、可能なら平和を確保する一方で、潜在的敵対者に優位を維持することである。

生身の人間（organic human）：「強い人工知能」の脳内インプラントを装着していない人間。

P対NP問題（P versus NP question）：コンピュータによって「答えが合っているかどうか素早くチェックできる」問題は、コンピュータによって「その問題の答えも素早く解くことができる」だろうか？　Pとは、〔後者の〕コンピュータが問題の答えを素早く解くことができる問題を指し、したがってその問題は「簡単」であることを表す。NPとは、コンピュータによって答えが合っているかどうかのチェックを素早く簡単にできる問題であるが、答えを解くことは「簡単」ではない可能性がある。

量子コンピュータ（quantum computers）：データ演算を行うため「もつれ」などの量子力学的現象を利用するコンピュータ。

量子暗号（quantum cryptography）：暗号処理を行うため量子力学的属性を利用する方法。

量子のもつれ（quantum entanglement）：距離が離れているときでも相互に影響し合っている亜原子粒子の一組またはグループの状態（亜原子粒子または素粒子群の物理学的表現）。

ロボット（robot）：自動組み立て機械など、コンピュータに接続あるいは組み込まれたプログラム機能を実行するための装置。

SAIH：「強い人工知能をもつ人間」（strong artificially intelligent human）の頭字語。人間の知能増強に使われる人工知能脳内インプラントを装着した人間を指す。

走査型トンネル顕微鏡（scanning tunneling microscope）：IBM社の科学者ゲルト・ビーニッヒとハインリッヒ・ローラーによって、1981年に発明された顕微鏡で、超高解像度能力をもち、単一原子を撮像できる。

科学的方法（scientific method）：仮説の提示、検証、修正を目的とし、体系的な観察、測定、実験を行う方法。

半自律型兵器システム（semiautonomous weapon system）：いったん起動した後、人間のオペレータが選定した個別の攻撃目標あるいは特定の目標群に対して交戦のみ自動的に行えるよう設計された兵器システム。これには次のような機能がある。半自律型兵器システムは交戦に関連した機能に対して自律性を与えており、その機能としては、標的となる攻撃目標の補足・追跡・識別、人間オペレータへの目標の伝達、目標の優先順位の設定、射撃時期の設定、目標を追尾する終末誘導などがある。ただし、個別目標や特定の目標群の選定を決定するのは、あくまで人間である。

シンギュラリティ（singularity）：実質的なあらゆる関心領域において、知能マシンが人間の認知能力をはるかに上回るにいたった時点。

スマート・エージェント（smart agent）：「エキスパート・システム」と同意語。

スマート兵器（smart weapons）：人工知能によって制御される兵器。

ソフトウェア（software）：計算処理など、コンピュータに所定の機能を実行

させるコンピュータ命令のセット。

強いAI搭載の脳内インプラント（strong AI brain implant）：強いAIを装着した受容者の頭脳を増強し、受容者の知能を高める脳内インプラント。

強い人工知能（strong artificial intelligence: strong AI）：人間の知能レベルと同等の知能をもつコンピュータ。

超絶知能（superintelligence）：実質的なあらゆる関心領域において、人間の認知能力をはるかに上回るコンピュータ。

経頭蓋直流電気刺激（transcranial direct current stimulation: tDCS）：頭皮電極を経由して脳に送られてくる定電流・弱電流による脳神経刺激。

チューリング・テスト（Turing test）：人間たちがコンピュータも人間だと信じ込むかどうかを判定するため、アラン・チューリングによって1950年に考案されたテスト法。

アップロードされた人間性（uploaded human）：ある特定の人間の心の機能をコンピュータに移植すること。

仮想現実（virtual reality）：コンピュータによってシミュレートされた偽の現実。

弱いAI（weak AI）：人間レベルの知能より低いAIテクノロジー。

付録Ｉ

アメリカ海兵隊サイバー空間部隊（MARFORCYBER）

US Marine Corps Forces, Cyberspace Command, Mission, http://www.candp.marines.mil/Organization/Operating-Forces/US-Marine-Corps-Forces-Cyberspace-Command (accessed July 31, 2018).

任　務

(1) 海兵隊部隊サイバー空間コマンド司令官（COMMARFORCYBERCOM）は、アメリカ合衆国サイバーコマンド司令官のための海兵隊軍種構成部隊指揮官として、海兵隊の能力と利益を代表し、海兵隊部隊の適切な運用と支援に関してCDRUSCYBERCOM〔アメリカ合衆国サイバーコマンド司令官〕に助言を与え、配属部隊の展開、運用、再展開に関する計画の作成と実施について調整する。

(2) COMMARFORCYBERCOMは、①海兵隊エンタープライズ・ネットワーク作戦（MCEN Ops）、海兵隊・統合部隊・連合部隊を支援する防御的サイバー空間作戦の計画立案と指揮、②統合・連合部隊を支援して攻撃的サイバー空間作戦（OCO）の計画立案、必要に応じ、あらゆる戦闘領域にわたる行動の自由を確保するとともに、敵部隊のそれを拒否して、フルスペクトラムのサイバー空間作戦を遂行する。

(3) COMMARFORCYBERCOMは、任務要求とタスクを支援するため、海兵隊サイバー空間戦群（MCCYWG）および海兵隊サイバー空間作戦群（MCCOG）に対して直接的な作戦統制を行う。また、海兵隊情報作戦センター（MCIOC）は、フルスペクトラムのサイバー作戦のため、MARFORCYBERを直接支援する。

(4) COMMARFORCYBERCOMは、統合軍司令部の海兵隊サイバー部門の指揮官に寄与する。統合軍司令部の海兵隊サイバー部門は攻勢的サイバー空間作戦（OCO）を指揮する統合軍司令官を支援し、サイバー空間部隊の配属を受けてサイバー空間作戦を実施する。統合軍司令部の海兵隊サイバー部門は、配属されたサイバー空間部隊の指揮、統制および戦術的指示に責任を有する。

付録Ⅱ

自律型兵器：AIおよびロボット工学研究者からの公開書簡

Stuart Russell et al., "Autonomous Weapons: An Open Letter from AI & Robotics Researchers," Future of Life Institute, July 28, 2015, https://futureoflife.org/open-letter-autonomous-weapons (accessed July 31, 2018).

自律型兵器は、人間の関与なしに目標を選定し、交戦する。例えば、あらかじめ設定された基準に従って人を捜索し殺害する武装クワッドコプター〔四個の回転翼を持つヘリコプター型ドローン〕が含まれるが、人間がすべて攻撃目標の決定を行う巡航ミサイルや遠隔操縦型ドローンは含まれない。人工知能（AI）テクノロジーは、かかるシステムの実戦配備が――法的には未整備でも、実用的上は――数十年ではなく数年以内に実現するところまで到達している。そして、自律型兵器は、火薬、核兵器に次いで戦争における第三の革命に位置付けられており、その波及効果も高い。

自律型兵器をめぐってはこれまで賛否両論が存在してきた。例えば、人間の兵士の役目をマシンが果たすことができれば犠牲者を減らせるという観点からは良いことであるし、戦闘行為への敷居を下げるという意味では悪いことである。今日の人類に投げかけられた重要な問いかけは、世界的なAI軍備競争を開始するか、その開始を防ぐか、という点にある。もし主要な軍事大国がAI兵器の開発を推し進めたならば、世界的軍備競争は避けられなくなり、その技術的進展の行き着く先は明白だった。すなわち、自律型兵器は明日のカラシニコフ銃になるだろう。

核兵器と異なり、自律型兵器はコストがかからず、入手困難な天然資源もいらないため世界中に拡散し、軍事大国ならどこでも安上がりに大量生産できる。自律型兵器が闇市場に流れ、テロリストや、人民の効果的支配を欲する独裁者、民族浄化を実行したがっている軍閥指導者たちの手に渡ることは、時間の問題となるだろう。自律型兵器は、暗殺、国家の攪乱、暴徒の鎮圧、エスニック集団の選別的殺戮といったタスクに向いている。したがって、我々は軍用AIの軍備競争は人類にとって有益ではないと考えている。他方、AIは、人間を殺戮する新たな道具を作り出すことなく、戦場を人類とりわけ民間人にとって安全にする多くの方法がある。

化学者や生物学者が、化学兵器や生物兵器の製造に何ら関心を持たないのと同様、多くのAI研究者もAI兵器の製造に関心をもたない――AI兵器とかかわることで、研究分野に対する評判を貶め、AIへの国民の反発を買い、将来の社会的便益を損なうことを欲していない。実際、化学者や生物学者は、化

学・生物兵器を効果的に禁じてきた国際合意を支持してきたが、それは物理学者が核兵器と目潰し用レーザー兵器の宇宙空間設置を禁止する条約を支持しているのと同様である。
つまり、AIは多くの点で人類の利益となる大きな潜在的可能性を持ち、この分野の目標はそれを目指すはずだ。軍用AIの軍備競争の開始は悪しき考えであり、有意義な人間のコントロールを超えた攻撃型自律型兵器を禁止して〔軍備競争を〕防止すべきだ。

〔注：この公開書簡への署名を希望する者は、次のサイトから可能です。https://futureoflife.org/open-letter-sutonomous-weapons.〕

付録Ⅲ

推薦図書

Barrat, James. *Our Final Invention: Artificial Intelligence and the End of the Human Era.* New York: Thomas Dunne Books, 2013.
（ジェイムズ・バラット『人工知能――人類最悪にして最後の発明』水谷淳訳、ダイヤモンド社、2015年）。

Bostrom, Nick. *Superintelligence: Paths, Dangers, Strategies.* Oxford, UK: Oxford University Press, 2014.
（ニック・ボストロム『スーパーインテリジェンス――超絶ＡＩと人類の命運』倉骨彰訳、日本経済新聞出版社、2017年）。

Del Monte, Louis A. *The Artificial Intelligence Revolution: Will Artificial Intelligence Serve Us Or Replace Us?* Louis A. Del Monte:self-pub., 2014.

Drexler, K. Eric. *Engines of Creation: The Coming Era of Nanotechnology.* New York: Anchor Books, 1987.
（K・エリック・ドレクスラー『創造する機械――ナノテクノロジー』相沢益男訳、パーソナルメディア、1992年）。

Kurzweil, Ray. *The Singularity Is Near: When Humans Transcend Biology.* New York: Viking, 2005.
（レイ・カーツワイル『シンギュラリティは近い――人類が生命を超越するとき』井上健監修、小野木明恵／野中香方子／福田実訳／ NHK出版、2016年）。

【訳者紹介】

川村幸城（かわむら　こうき）

慶應義塾大学卒業後、陸上自衛隊に入隊。防衛大学校総合安全保障研究科後期課程を修了し、博士号（安全保障学）を取得。訳書に『防衛の経済学』（共訳、日本評論社）、『戦場——元国家安全保障担当補佐官による告発』（中央公論新社）、『不穏なフロンティアの大戦略——辺境をめぐる攻防と地政学的考察』（中央公論新社）のほか、主な論文に「国家安全保障機構における情報フローの組織論的分析」などがある。

AI・兵器・戦争の未来

2021年4月1日発行

著　者——ルイス・A・デルモンテ
訳　者——川村幸城
発行者——駒橋憲一
発行所——東洋経済新報社
〒103-8345　東京都中央区日本橋本石町1-2-1
電話＝東洋経済コールセンター　03(6386)1040
https://toyokeizai.net/

装　丁…………秦　浩司
ＤＴＰ…………朝日メディアインターナショナル
印　刷…………東港出版印刷
製　本…………積信堂
編集協力………パプリカ商店
編集担当………岡田光司

Printed in Japan　ISBN 978-4-492-44459-7